工业和信息化高职高专
"十二五"规划教材立项项目

高等职业院校
机电类"十二五"规划教材

电气控制与PLC应用

（三菱FX系列）

Electrical Control and PLC Application (Mitsubishi FX Series)

◎ 华满香 陈庆 主编
◎ 王玺珍 詹昌义 副主编

人民邮电出版社
北京

精品系列

图书在版编目（C I P）数据

电气控制与PLC应用 ： 三菱FX系列 / 华满香, 陈庆主编. -- 北京 : 人民邮电出版社, 2015.9（2023.8重印）
高等职业院校机电类“十二五”规划教材
ISBN 978-7-115-39840-6

Ⅰ. ①电… Ⅱ. ①华… ②陈… Ⅲ. ①电气控制－高等职业教育－教材②plc技术－高等职业教育－教材 Ⅳ. ①TM571.2②TM571.6

中国版本图书馆CIP数据核字(2015)第149887号

内 容 提 要

本书是项目式教学的特色教材，每个项目都以实际工程案例引入，由浅入深地讲述相关理论知识和实际应用案例。全书共分两大部分。第一部分为电气控制，包括电动机正反转控制、Z3050 型摇臂钻床电气控制、卧式镗床及磨床电气控制、铣床电气控制、桥式起重机电气控制；第二部分为三菱 FX_{2N} 系列 PLC 应用，包括电动机正反转 PLC 控制系统、自动门 PLC 控制系统、十字路口交通灯 PLC 控制系统、广告牌循环彩灯 PLC 控制系统、PLC 综合控制系统。

本书可作为高职高专的电气自动化技术、数控技术与应用、机电一体化、电气化铁道技术、电机电器、应用电子类专业相关课程的教材，也可供工程技术人员参考使用，还可作为培训教材。

◆ 主　　编　华满香　陈　庆
副 主 编　王玺珍　詹昌义
责任编辑　刘盛平
执行编辑　王丽美
责任印制　杨林杰

◆ 人民邮电出版社出版发行　北京市丰台区成寿寺路 11 号
邮编　100164　电子邮件　315@ptpress.com.cn
网址　http://www.ptpress.com.cn
北京捷迅佳彩印刷有限公司印刷

◆ 开本：787×1092　1/16
印张：15.5　　2015 年 9 月第 1 版
字数：373 千字　　2023 年 8 月北京第 8 次印刷

定价：36.00 元

读者服务热线：(010)81055256　印装质量热线：(010)81055316
反盗版热线：(010)81055315

Foreword

前 言

本书是根据学生毕业后所从事职业岗位的实际需要，确定学生应具备的知识能力结构，将理论知识和实践技能整合，形成的以就业为导向的项目式教材。本书特点如下所述。

1．采用模块化的结构，利用项目的形式编写，内容紧密联系专业应用实际，将知识点贯穿于整个项目中。

2．在内容的安排上，理论力求简明扼要，难易适中，保证理论知识的系统性和够用性。

3．本书应用案例非常丰富，50多个实际案例充分保证对学生实践技能的培养，突出了知识的针对性、实用性和先进性。全书内容尽可能多地利用图片或现场照片，做到图文并茂，以增强直观效果。

4．本书的各个项目选自生产现场，每个项目不但具有完整的硬件设计、软件设计，还有详细的调试过程。

全书共分两大部分。第一部分为电气控制，该部分以18个实际应用案例，系统地讲述了常用低压电器的结构、原理、符号、型号及其选择，典型电气控制线路的组成、原理及安装调试，最后对每个典型项目都进行了原理分析，并就常见故障的排除方法进行了讲解。第二部分是PLC应用，该部分以国内广泛使用的日本三菱FX_{2N}系列PLC为对象，通过28个最典型PLC的应用案例，详细地介绍了PLC的结构组成、工作原理、编程器件、三菱FX编程和仿真软件的使用、三菱PLC基本指令和步进指令以及常用功能指令的使用，并通过典型应用案例讲述了PLC程序设计的方法和技能，最后通过三菱FX_{2N}系列PLC对T68型卧式镗床、Z3050钻床和X62W型铣床的改造以及PLC在电镀生产线和电梯中的综合应用讲述了PLC综合控制系统的设计技能。

本书的每个项目既可以讲述理论，也可以作为实训项目。建议总课时94课时（包括实训内容），电气控制部分46课时，PLC部分48课时。具体课时分配如下表所示。

序号	项目内容		理论课时	实训课时
1	第一部分 电气控制	项目一　电动机正反转控制	8	6
2		项目二　Z3050 型摇臂钻床电气控制	6	2
3		项目三　卧式镗床及磨床电气控制	6	2
4		项目四　铣床电气控制	6	2

续表

序号	项目内容		理论课时	实训课时
5	第一部分 电气控制	项目五　桥式起重机电气控制	6	2
小计			32	14
6	第二部分 PLC应用	项目六　电动机正反转PLC控制系统	8	6
7		项目七　自动门PLC控制系统	6	4
8		项目八　十字路口交通灯PLC控制系统	6	4
9		项目九　广告牌循环彩灯PLC控制系统	6	2
10		项目十　PLC综合控制系统	6	0
小计			32	16
	合计		64	30
	总　计		94	

本书由湖南铁道职业技术学院的华满香教授和陈庆任主编，王玺珍、安徽工业职业技术学院詹昌义任副主编。另外，李庆梅、刘小春也参与了本书的编写。其中项目六、项目七由华满香编写，项目五、项目九和项目十由陈庆编写，项目二和项目三由王玺珍编写，项目一由詹昌义编写，项目四由李庆梅编写，项目八由刘小春编写。全书由湖南铁道职业技术学院的张莹教授主审。

本书在编写过程中，参阅了许多同行专家们的论著文献，湖南铁道职业技术学院的刘小春副教授为我们的书稿提出了很多宝贵意见，在此一并真诚感谢。

由于编者的学识水平和实践经验有限，书中不足之处在所难免，敬请读者批评指正。

编者

2015年5月

Contents

目 录

第一部分 电气控制

第一部分

电气控制

Chapter 1

项目一

电动机正反转控制

【学习目标】

1. 熟悉低压电器的结构、工作原理、型号、规格、正确选择、使用方法及其在控制线路的作用。
2. 能识读相关电气原理图和安装图。
3. 会安装调试交流电动机正反转控制线路及联锁控制线路。
4. 会安装与检修 CA6140 型车床电气控制线路。
5. 了解电力拖动控制线路常见故障及其排除方法。
6. 了解现代低压电器应用及发展。

一、项目导入

工农业生产中，生产机械的运动部件往往要求能实现正反两个方向运动，这就要求拖动电动机能正反向旋转。例如，铣床加工工作台的左右、前后和上下运动，起重机的上升与下降运动等，可以采用机械控制、电气控制或机械电气混合控制的方法来实现。当采用电气控制的方法实现时，电动机能实现正反转控制。从电动机的原理可知，改变电动机三相电源的相序即可改变电动机的旋转方向，而改变三相电源的相序只需任意调换电源的两根进线即可，如图 1-1 所示。

合上开关 QS，按下起动按钮 SB2，电动机正转；按下停止按钮 SB1，电动机停止；按下反转起动按钮 SB3，电动机反转。

本项目涉及低压电器（包括刀开关、熔断器、按钮开关、交流接触器、热继电器等），电气识图及绘图标准，电动机的点动、连续控制及正反转控制电路等内容。

低压电器种类有很多，分类方法也有很多。按操作方式可分为手动操作方式和自动切换电器方式。手动操作方式主要是用手直接操作来进行切换；自动切换电器方式是依靠本身参数的变化或外来信号的作用来自动完成接通或分断等动作。按用途可分为低压配电电器和低压控制电器两大类。低压配电电器是指正常或事故状态下接通和断开用电设备和供电电网所用的电器；低压控制电器是指电动机完成生产机械要求的起动、调速、反转和停止所用的电器。

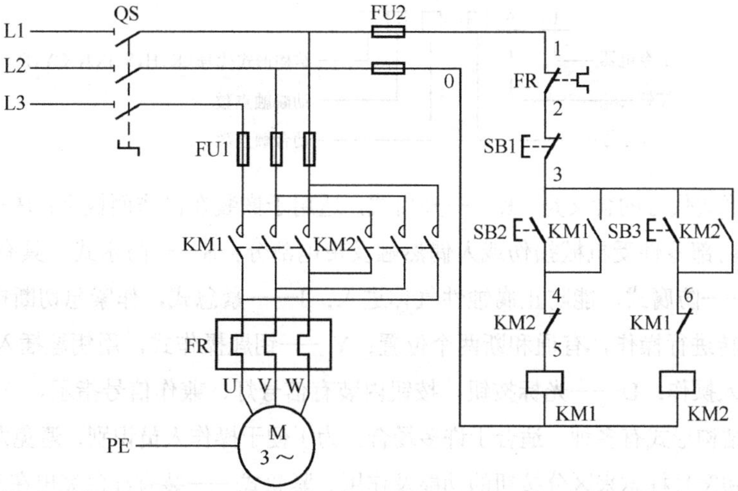

图1-1　电动机正反转控制电路图

二、相关知识

（一）按钮、刀开关

1. 按钮

按钮开关（简称按钮）是一种用人力（一般为手指或手掌）操作，并具有储能（弹簧）复位功能的控制开关。按钮的触点允许通过的电流较小，一般不超过 5 A，因此一般情况下不直接控制主电路，而是在控制电路中发出指令或信号去控制接触器、继电器等电器，再由它们去控制主电路的通断、功能转换或电气联锁等。

（1）结构。按钮开关一般由按钮帽、复位弹簧、桥式常闭触点、常开触点、支柱连杆及外壳等部分组成。按钮的外形、结构与符号如图 1-2 所示，其中按钮是一个复合按钮，工作时常开和常闭触点是联动的，当按钮被按下时，常闭触点先动作，常开触点随后动作；而松开按钮时，常开触点先动作，常闭触点再动作。也就是说，两种触点在改变工作状态时，先后有个时间差，尽管这个时间差很短，但在分析线路控制过程时应特别注意。

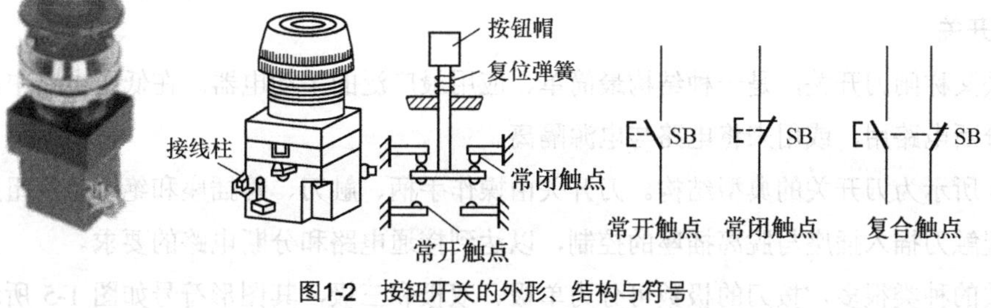

图1-2　按钮开关的外形、结构与符号

（2）型号。按钮型号说明如下。

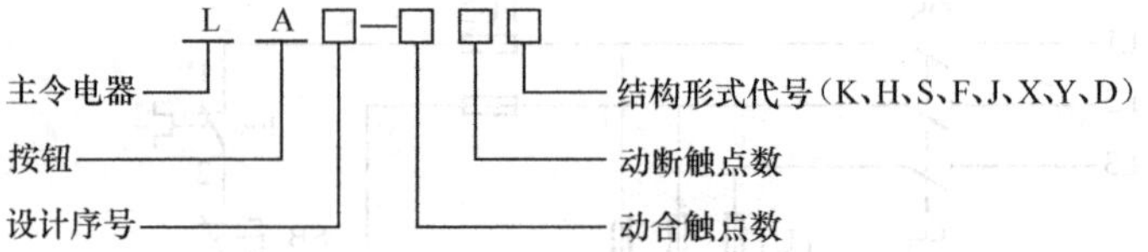

其中，结构形式代号的含义是：K——开启式，适用于嵌装在操作面板上；H——保护式，带保护外壳，可防止内部零件受机械损伤或人偶然触及带电部分；S——防水式，具有密封外壳，可防止雨水侵入；F——防腐式，能防止腐蚀性气体进入；J——紧急式，作紧急切断电源用；X——旋钮式，用旋钮旋转进行操作，有通和断两个位置；Y——钥匙操作式，用钥匙插入进行操作，可防止误操作或供专人操作；D——光标按钮，按钮内装有信号灯，兼作信号指示。

按钮开关的结构形式有多种，适合于许多场合。为了便于操作人员识别，避免发生误操作，生产中用不同的颜色和符号标志来区分按钮的功能及作用。紧急式——装有红色突出在外的蘑菇形钮帽，以便紧急操作；旋钮式——用手旋转进行操作；指示灯式——在透明的按钮内装入信号灯，以作信号指示；钥匙式——为使用安全起见，须用钥匙插入才能旋转操作。按钮的颜色有红、绿、黑、黄、白、蓝等，供不同场合选用。一般以红色表示停止按钮，绿色表示起动按钮。常见按钮外形如图 1-3 所示。

图1-3 常用按钮外形图

（3）按钮的选用。按钮选择的基本原则如下。

① 根据使用场合和具体用途选择按钮的种类，如嵌装在操作面板上的按钮可选用开启式。

② 根据工作状态指示和工作情况要求选择按钮或指示灯的颜色，如起动按钮可选用绿色、白色或黑色。

③ 根据控制回路的需要选择按钮的数量，如单联钮、双联钮和三联钮等。

2. 刀开关

刀开关又称闸刀开关，是一种结构最简单、应用最广泛的手动电器。在低压电路中，作为不频繁接通和分断电路用，或用来将电路与电源隔离。

图 1-4 所示为刀开关的典型结构。刀开关由操作手柄、触刀、静插座和绝缘底板组成。推动手柄可以实现触刀插入插座与脱离插座的控制，以达到接通电路和分断电路的要求。

刀开关的种类很多，按刀的极数可分为单极、双极和三极，其图形符号如图 1-5 所示；按刀的转换方向可分为单掷和双掷；按灭弧情况可分为带灭弧罩和不带灭弧罩；按接线方式可分为板前接线式和板后接线式。下面只介绍由刀开关和熔断器组合而成的负荷开关。负荷开关分为开启式负荷开关和封闭式负荷开关两种。

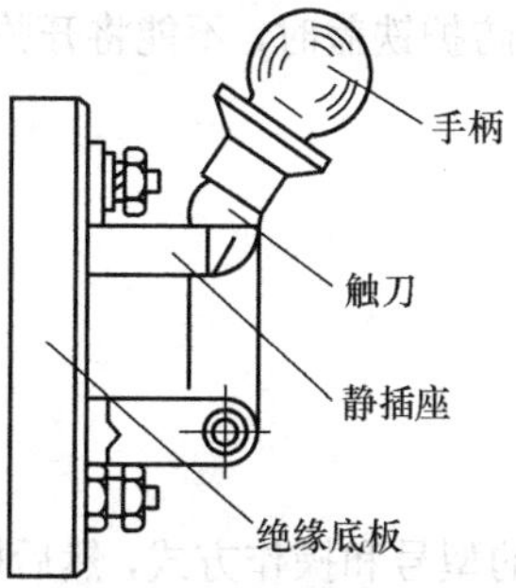

图1-4　刀开关的典型结构

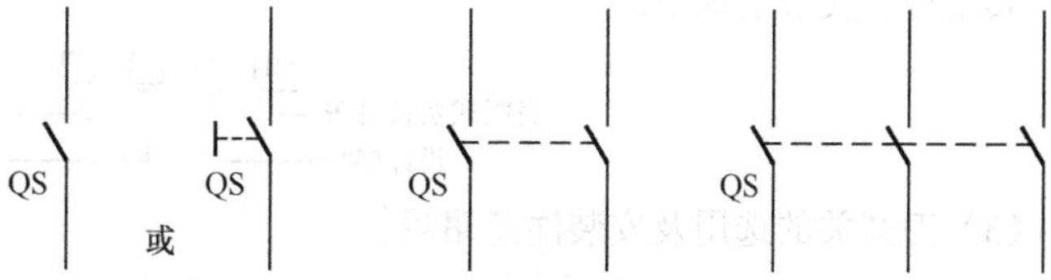

（a）单极　（b）双极　（c）三极

图1-5　刀开关的符号

（1）开启式负荷开关。开启式负荷开关又称为瓷底胶盖刀开关，简称闸刀开关。生产中常用的是 HK 系列开启式负荷开关，适用于照明和小容量电动机控制线路中，供手动不频繁地接通和分断电路，并起短路保护作用。

开启式负荷开关的结构及在电路图中的图形符号如图 1-6 所示。

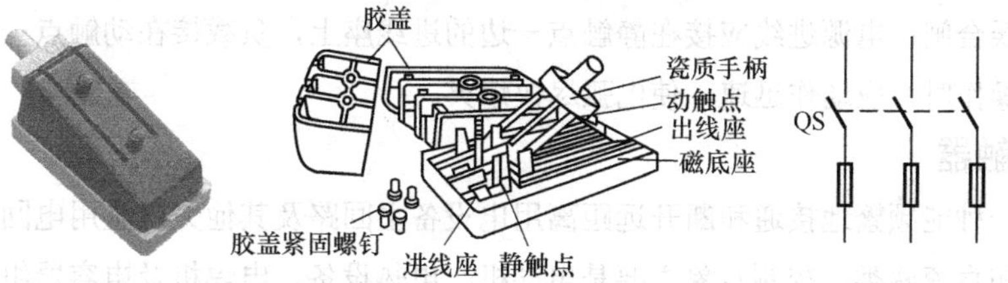

（a）外形　（b）结构　（c）符号

图1-6　HK系列开启式负荷开关

其型号含义说明如下。

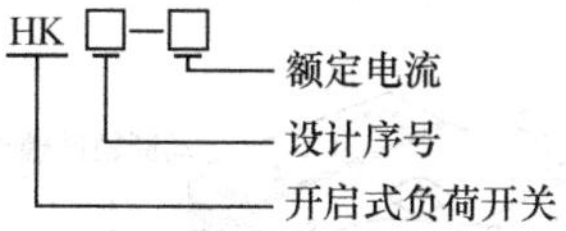

（2）封闭式负荷开关。封闭式负荷开关是在开启式负荷开关的基础上改进设计的一种开关，可用于手动不频繁的接通和断开带负载的电路，以及作为线路末端的短路保护，也可用于控制 15kW 以下的交流电动机不频繁的直接起动和停止。

常用的封闭式负荷开关有 HH3、HH4 系列，其中，HH4 系列为全国统一设计产品，结构如图 1-7 所示。它主要由触及灭弧系统、熔断器及操作机构 3 部分组成。动触刀固定在一根绝缘方轴上，由手柄完成分、合闸的操作。在操作机构中，手柄转轴与底座之间装有速动弹簧，使刀开关的接通与断开速度与手柄操作速度无关。封闭式负荷开关的操作机构有两个特点：

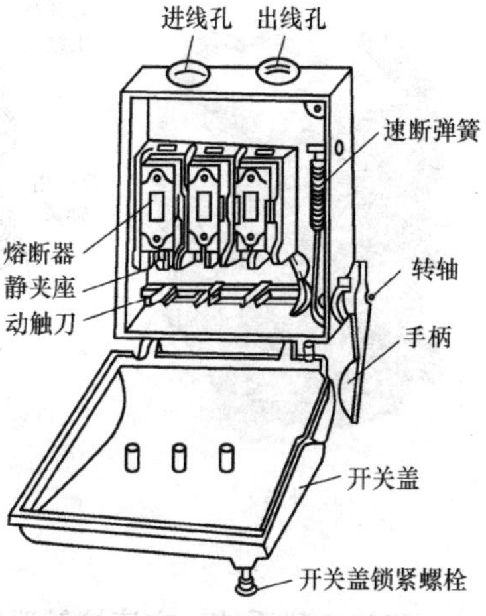

图1-7　HH系列封闭式负荷开关

一是采用储能合闸方式，利用一根弹簧使开关的分合速度与手柄操作速度无关，既改善开关的灭弧性能，又能防止触点停滞在中间位置，从而提高开关的通断能力，延长其使用寿命；二是操作机构上装有机械联锁，可以保证开关合闸时不能打开防护铁盖，而当打开防护铁盖时，不能将开关合闸。

封闭式负荷开关在电路图中的符号与开启式负荷开关相同。

其型号含义说明如下。

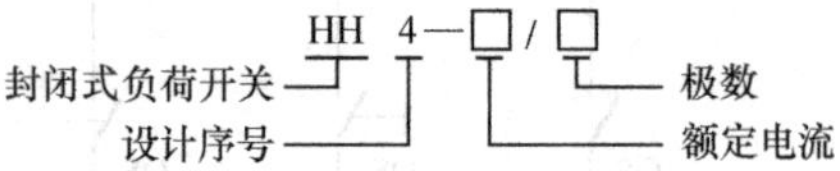

（3）刀开关的选用及安装注意事项。

① 选用刀开关时，首先根据刀开关的用途和安装位置选择合适的型号和操作方式，然后根据控制对象的类型和大小，计算出相应负载电流大小，选择相应额定电流的刀开关。

用于控制照明电路时，可选用额定电压为 220 V 或 250 V，额定电流等于或大于电路最大工作电流的双极开关；用于控制电动机时，可选用额定电压为 380 V 或 500 V，额定电流等于或大于电动机额定电流 3 倍的三极刀开关。

② 刀开关在安装时必须垂直安装，使闭合操作时的手柄操作方向应从下向上合，不允许平装或倒装，以防误合闸；电源进线应接在静触点一边的进线座上，负载接在动触点一边的出线座上；在分闸和合闸操作时，应动作迅速，使电弧尽快熄灭。

（二）接触器

接触器是一种能频繁地接通和断开远距离用电设备主回路及其他大容量用电回路的自动控制装置，分为交流和直流两类，控制对象主要是电动机、电热设备、电焊机及电容器组等。

1. 交流接触器的结构、原理

交流接触器主要由电磁系统、触点系统、灭弧装置及辅助部件等组成。CJ10-20 型交流接触器的结构和工作原理如图 1-8 所示。

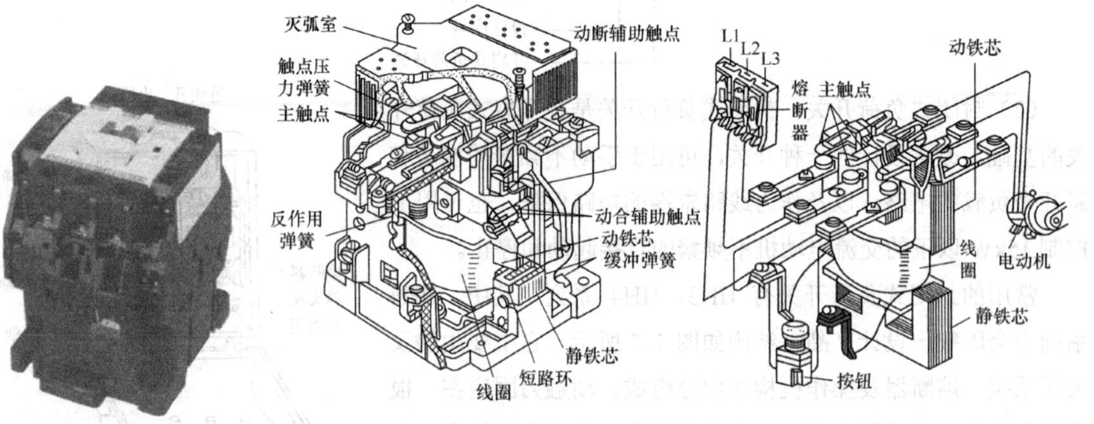

（a）外形　　（b）　　（c）

图1-8　交流接触器的结构和工作原理

（1）电磁系统。交流接触器的电磁系统主要由线圈、铁芯（静铁芯）和衔铁（动铁芯）3 部分组成。其作用是利用电磁线圈的通电或断电，使衔铁和静铁芯吸合或释放，从而带动动触点与静触点闭合或分断，实现接通或断开电路的目的。

交流接触器在运行过程中，线圈中通入的交流电在铁芯中产生交变的磁通，因此铁芯与衔铁间的吸力也是变化的，这会使衔铁产生震动并发出噪声。为消除这一现象，在交流接触器铁芯和衔铁的两个不同端部各开一个槽，槽内嵌装一个用铜、康铜或镍铬合金材料制成的短路环，又称减震环或分磁环，如图 1-9（a）所示。铁芯装短路环后，当线圈通以交流电时，线圈电流产生磁通 Φ_1。Φ_1 一部分穿过短路环，在环中产生感生电流，进而会产生一个磁通 Φ_2。由电磁感应定律可知，Φ_1 和 Φ_2 的相位不同，即 Φ_1 和 Φ_2 不同时为零，则由 Φ_1 和 Φ_2 产生的电磁吸力 F_1 和 F_2 不同时为零，如图 1-9（b）所示。这就保证了铁芯与衔铁在任何时刻都有吸力，衔铁将始终被吸住，震动和噪声会显著减小。

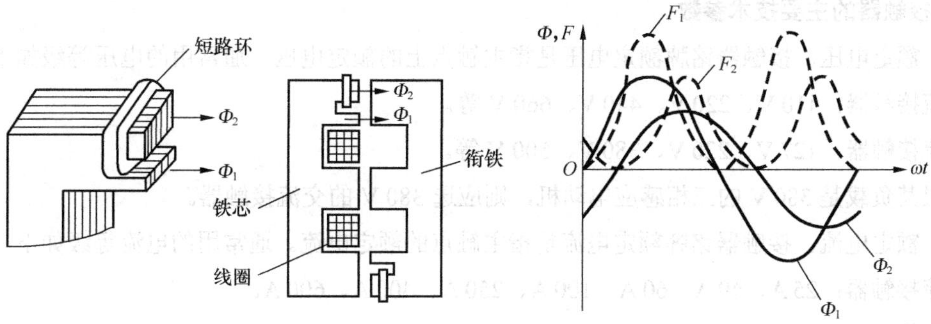

（a）磁通示意图　　（b）电磁吸力图

图1-9　加短路环后的磁通和电磁吸力图

（2）触点系统。触点系统包括主触点和辅助触点，主触点用以控制电流较大的主电路，一般由 3 对接触面较大的常开触点组成。辅助触点用于控制电流较小的控制电路，一般由两对常开和两对常闭触点组成。触点的常开和常闭是指电磁系统没有通电动作时触点的状态。因此常闭触点和常开触点有时又分别被称为动断触点和动合触点。工作时常开和常闭触点是联动的。当线圈通电时，常闭触点先断开，常开触点随后闭合；而线圈断电时，常开触点先恢复断开，随后常闭触点恢复闭合。也就是说，两种触点在改变工作状态时，先后有个时间差。尽管这个时间差很短，但在分析线路控制过程时应特别注意。

触点按接触情况可分为点接触式、线接触式和面接触式 3 种，如图 1-10 所示。按触点的结构形式划分，有桥式触点和指形触点两种，如图 1-11 所示。

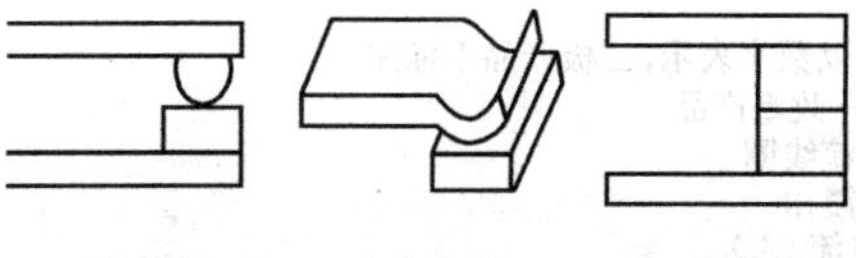

（a）点接触　（b）线接触　（c）面接触

图1-10　触点的3种接触形式

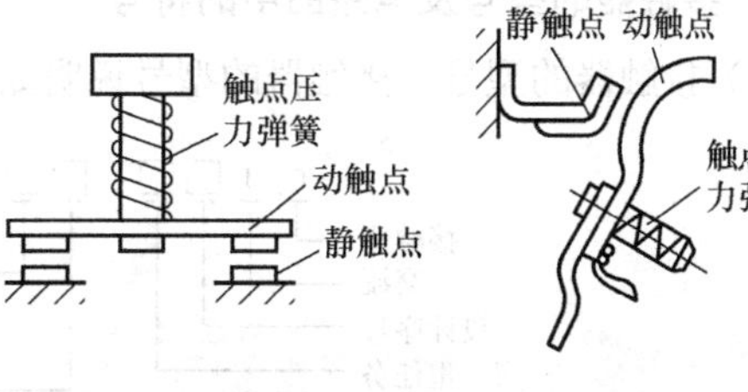

（a）双断点桥式触点　（b）指形触点

图1-11　触点的结构形式

CJ10 系列交流接触器的触点一般采用双断点桥式触点。

（3）灭弧装置。交流接触器在断开大电流或高电压电路时，在动、静触点之间会产生很强的电弧。电弧的产生，一方面会灼伤触点，减少触点的使用寿命；另一方面会使电路切断时间延长，甚至造成弧光短路或引起火灾事故。容量在 10 A 以上的接触器中都装有灭弧装置。在交流接触器中常用的灭弧方法有双断口电动力灭弧、纵缝灭弧、栅片灭弧等。直流接触器因直流电弧不存在自然过零点熄灭特性，因此只能靠拉长电弧和冷却电弧来灭弧，一般采取磁吹式灭弧装置来灭弧。

（4）辅助部件。交流接触器的辅助部件有反作用弹簧、缓冲弹簧、触点压力弹簧、传动机构及底座、接线柱等。反作用弹簧的作用是：线圈断电后，推动衔铁释放，使各触点恢复原状态。缓冲弹簧的作用是：缓冲衔铁在吸合时对静铁芯和外壳的冲击力。触点压力弹簧的作用是：增加动、静触点间的压力，从而增大接触面积，以减小接触电阻。传动机构的作用是：在衔铁或反作用弹簧的作用下，带动动触点实现与静触点的接通或分断。

2. 接触器的主要技术参数

（1）额定电压。接触器铭牌额定电压是指主触点上的额定电压。通常用的电压等级如下。

直流接触器：110 V、220 V、440 V、660 V 等。

交流接触器：127 V、220 V、380 V、500 V 等。

如果某负载是 380 V 的三相感应电动机，则应选 380 V 的交流接触器。

（2）额定电流。接触器铭牌额定电流是指主触点的额定电流。通常用的电流等级如下。

直流接触器：25 A、40 A、60 A、100 A、250 A、400 A、600 A。

交流接触器：5 A、10 A、20 A、40 A、60 A、100 A、150 A、250 A、400 A、600 A。

（3）线圈的额定电压。通常用的电压等级如下。

直流线圈：24 V、48 V、220 V、440 V。

交流线圈：36 V、127 V、220 V、380 V。

（4）动作值。动作值是指接触器的吸合电压与释放电压。原部颁标准规定接触器在额定电压 85%以上时，应可靠吸合，释放电压不高于额定电压的 70%。

（5）接通与分断能力。接触与分析能力是指接触器的主触点在规定的条件下能可靠地接通和分断的电流值，而不应该发生熔焊、飞弧和过分磨损等现象。

（6）额定操作频率。额定操作频率是指每小时接通次数。交流接触器最高为 600 次/h；直流接触器可高达 1 200 次/h。

3. 接触器的型号及电路图中的符号

（1）接触器的型号。接触器的型号说明如下。

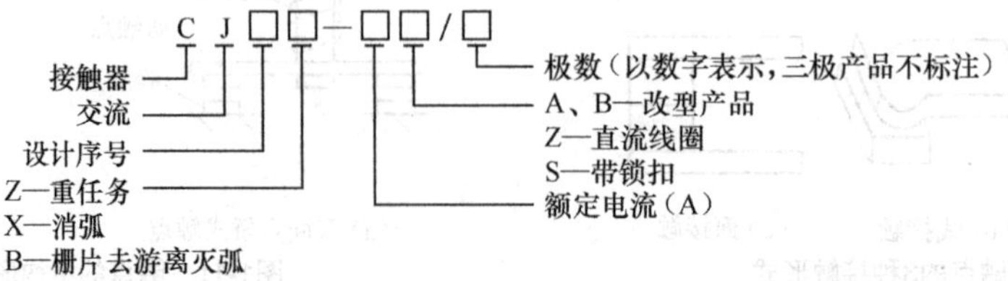

例如，CJ12T-250 的意义为 CJ12T 系列接触器，额定电流为 250 A，主触点为三级；CZ0-100/20 表示 CZ0 系列直流接触器，额定电流为 100 A，双极常开主触点。

(2) 交流接触器在电路图中的符号。交流接触器在电路图中的图形符号如图 1-12 所示。

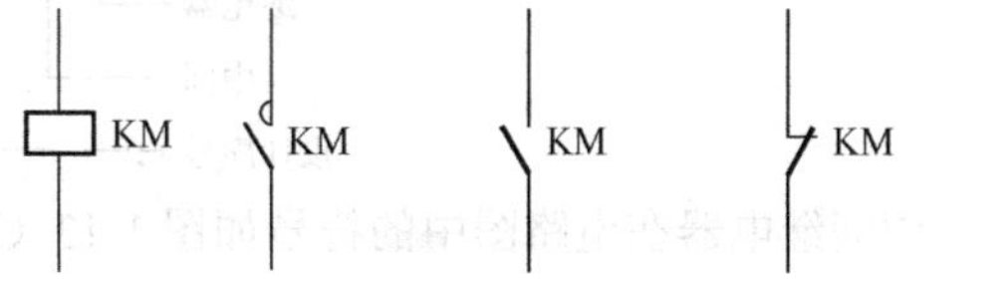

(a) 线圈　(b) 主触点　(c) 动合辅助触点　(d) 动断辅助触点

图1-12　接触器的符号

4. 接触器的选用

(1) 根据控制对象所用电源类型选择接触器类型，一般交流负载用交流接触器，直流负载用直流接触器，当直流负载容量较小时，也可选用交流接触器，但交流接触器的额定电流应适当选大一些。

(2) 所选接触器主触点的额定电压应大于或等于控制线路的额定电压。

(3) 应根据控制对象类型和使用场合，合理选择接触器主触点的额定电流。控制电阻性负载时，主触点的额定电流应等于负载的额定电流。控制电动机时，主触点的额定电流应大于或稍大于电动机的额定电流。当接触器使用在频繁起动、制动及正反转的场合时，应将主触点的额定电流降低一个等级使用。

(4) 选择接触器线圈的电压。当控制线路简单并且使用电器较少时，应根据电源等级选用 380 V 或 220 V 的电压。当线路复杂时，从人身和设备安全角度考虑，可以选择 36 V 或 110 V 电压的线圈，增加相应变压器设备。

(5) 根据控制线路的要求，合理选择接触器的触点数量及类型。

(三) 中间继电器

中间继电器实质上是一个电压线圈继电器，是用来增加控制电路中的信号数量或将信号放大的继电器。其输入信号是线圈的通电和断电，输出信号是触点的动作。它具有触点多，触点容量大，动作灵敏等特点。由于触点的数量较多，因此用来控制多个元件或回路。

1. 工作原理及选择

中间继电器的结构及工作原理与接触器基本相同，但中间继电器的触点对数多，且没有主辅之分，各对触点允许通过的电流大小相同，多数为 5 A。因此，对于工作电流小于 5 A 的电气控制线路，可用中间继电器代替接触器实施控制。JZ7 系列为交流中间继电器，其结构如图 1-13 (a) 所示。

JZ7 系列中间继电器采用立体布置，由动铁芯、静铁芯、短路环、线圈、触点系统、反作用弹簧、复位弹簧和缓冲弹簧等组成。触点采用双断点桥式结构，上下两层各有 4 对触点，下层触点只能是动合触点，故触点系统可按 8 动合触点、6 动合触点、2 动断触点及 4 动合触点、4 动断触点组合。继电器线圈额定电压有 12 V、36 V、110 V、220 V、380 V 等。

JZ14 系列中间继电器有交流操作和直流操作两种，该系列继电器带有透明外罩，可防止尘埃进入内部而影响工作的可靠性。

中间继电器的选用主要依据被控制电路的电压等级、所需触点的数量、种类和容量等要求来进行。

2. 型号

中间继电器的型号如下。

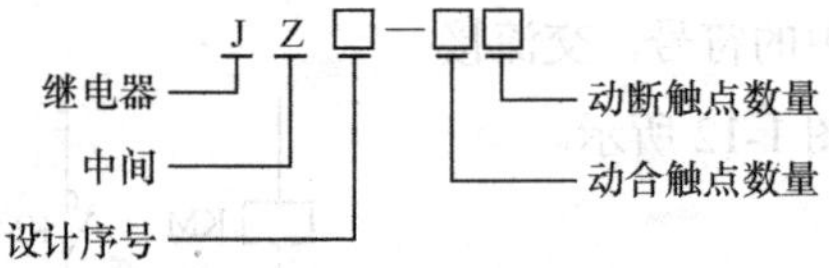

中间继电器在电路图中的符号如图 1-13（b）所示。

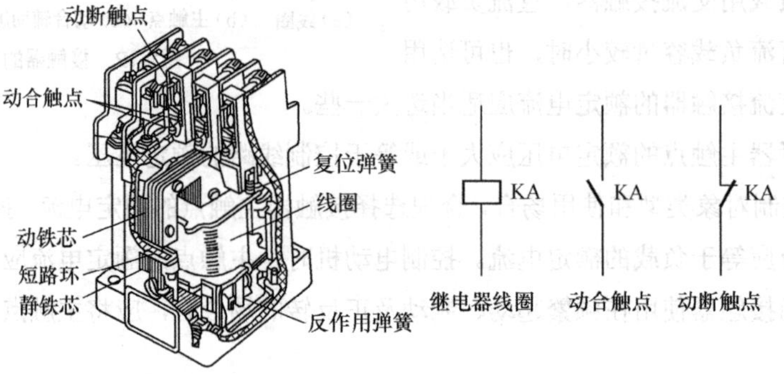

（a）结构　　（b）符号

图1-13　JZ7系列中间继电器

（四）热继电器

热继电器是利用流过继电器的电流所产生的热效应而反时限动作的继电器。反时限动作是指热继电器动作时间随电流的增大而减小的性能。热继电器主要用于电动机的过载、断相、三相电流不平衡运行的保护及其他电气设备发热状态的控制。

1. 热继电器的分类和型号

热继电器的形式有多种，其中双金属片式热继电器应用最多。按极数划分，热继电器可分为单极、两极和三极 3 种，其中三极的又包括带断相保护装置的和不带断相保护装置的；按复位方式划分，有自动复位式（触点动作后能自动返回原来位置）和手动复位式。目前常用的有国产的 JR16、JR20 等系列，以及国外的 T 系列和 3UA 等系列产品。

常用的 JRS1 系列和 JR20 系列热继电器的型号及含义说明如下。

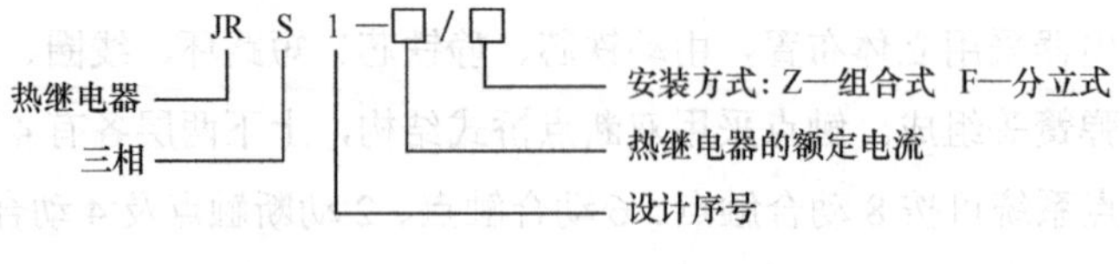

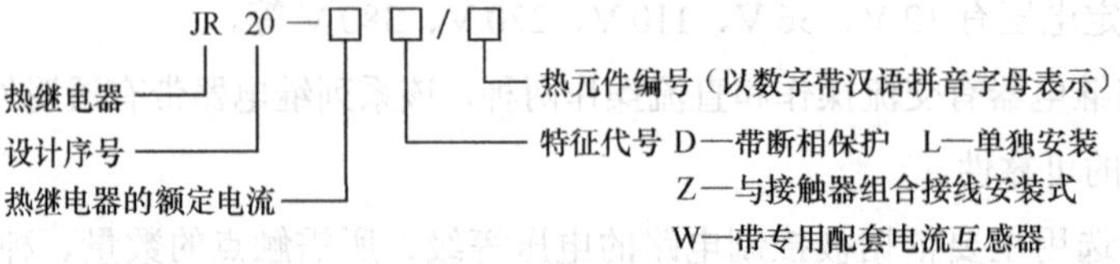

2. 工作原理

热继电器的结构主要由加热元件、动作机构和复位机构 3 部分组成。动作系统常设有温度补偿装置，保证在一定的温度范围内，热继电器的动作特性基本不变。典型的热继电器结构及图形符号如图 1-14 所示。

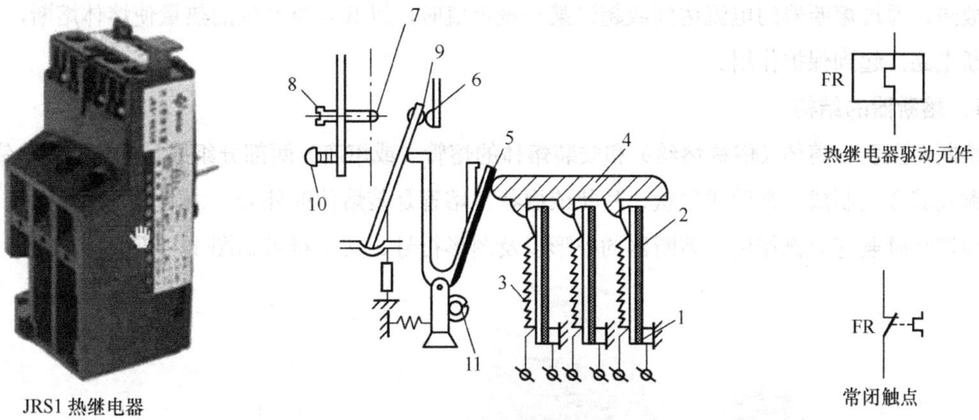

图1-14　JR16系列热继电器外形结构及符号

1—接线柱　2—主双金属片　3—加热元件　4—导板　5—补偿双金属片　6—常闭静触点　7—常开静触点
8—调节螺钉　9—动触点　10—手动复位按钮　11—调节旋钮

在图 1-14 中，主双金属片 2 与加热元件 3 串接在接触器负载（电动机电源端）的主回路中，当电动机过载时，主双金属片受热弯曲推动导板 4，并通过补偿双金属片 5 与推杆将触点 9 和 6（即串接在接触器线圈回路的热继电器常闭触点）分开，以切断电路保护电动机。调节旋钮 11 是一个偏心轮。改变它的半径即可改变补偿双金属片 5 与导板 4 的接触距离，因而达到调节整定动作电流值的目的。此外，靠调节复位螺钉 8 来改变常开静触点 7 的位置，使热继电器能动作在自动复位或手动复位两种状态。调成手动复位时，在排除故障后要按下手动复位按钮 10 才能使动触点 9 恢复与常闭静触点 6 相接触的位置。

热继电器的常闭触点常接入控制回路，常开触点可接入信号回路或 PLC 控制时的输入接口电路。

三相异步电动机的电源或绕组断相是导致电动机过热烧毁的主要原因之一，尤其是定子绕组采用△接法的电动机必须采用三相结构带断相保护装置的热继电器实行断相保护。

3. 热继电器的选用

选择热继电器主要根据所保护电动机的额定电流来确定热继电器的规格和热元件的电流等级。

根据电动机的额定电流选择热继电器的规格，一般情况下，应使热继电器的额定电流稍大于电动机的额定电流。

根据需要的整定电流值选择热元件的编号和电流等级。一般情况下，热继电器的整定值为电动机额定电流值的 0.95～1.05 倍。但是，如果电动机拖动的负载用在冲击性负载或起动时间较长及拖动的设备不允许停电的场合，热继电器的整定值可取电动机额定电流的 1.1～1.5 倍。如果电动机的过载能力较差，热继电器的整定值可取电动机额定电流值的 0.6～0.8 倍。同时，整定电流应留有一定的上下限调整范围。

根据电动机定子绕组的连接方式选择热继电器的结构形式，即 Y 形连接的电动机选用普通三相结构的热继电器，△形接法的电动机应选用三相带断相保护装置的热继电器。

对于频繁正反转和频繁起制动工作的电动机不宜采用热继电器来保护。

（五）熔断器

熔断器是在控制系统中主要用作短路保护的电器，使用时串联在被保护的电路中，当电路发生短路故障，通过熔断器的电流达到或超过某一规定值时，以其自身产生的热量使熔体熔断，从而自动分断电路，起到保护作用。

1. 熔断器的结构

熔断器主要由熔体（俗称熔丝）和安装熔体的熔管（或熔座）两部分组成。熔体由铅、锡、锌、银、铜及其合金制成，常做成丝状、片状或栅状。熔管是装熔体的外壳，由陶瓷、绝缘钢纸制成，在熔体熔断时兼有灭弧作用。熔断器的外形以及图形符号、文字符号如图 1-15 所示。

（a）螺旋式熔断器外形　　（b）图形符号和文字符号

图1-15　熔断器的外形以及图形符号和文字符号

2. 熔断器的分类和型号

熔断器按结构形式分为半封闭插入式、无填料封闭管式、有填料封闭管式、螺旋自复式等。其中，有填料封闭管式熔断器又分为刀形触点熔断器、螺栓连接熔断器和圆筒形帽熔断器。

熔断器型号说明如下。

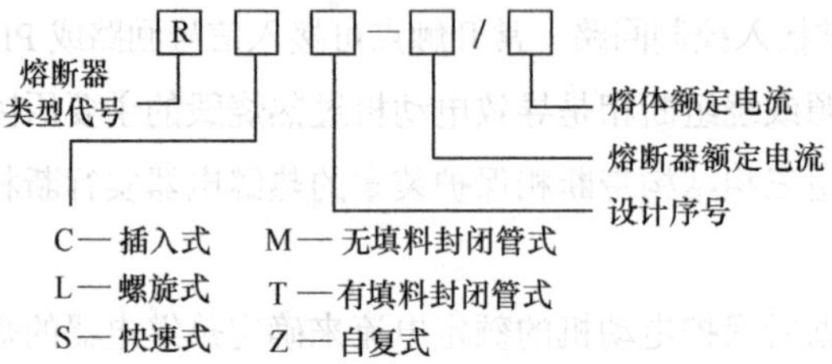

常用熔断器型号有 RC1A、RL1、RT0、RT15、RT16（NT）、RT18 等，在选用时可根据使用场合酌情选择。常用熔断器外形如图 1-16 所示。

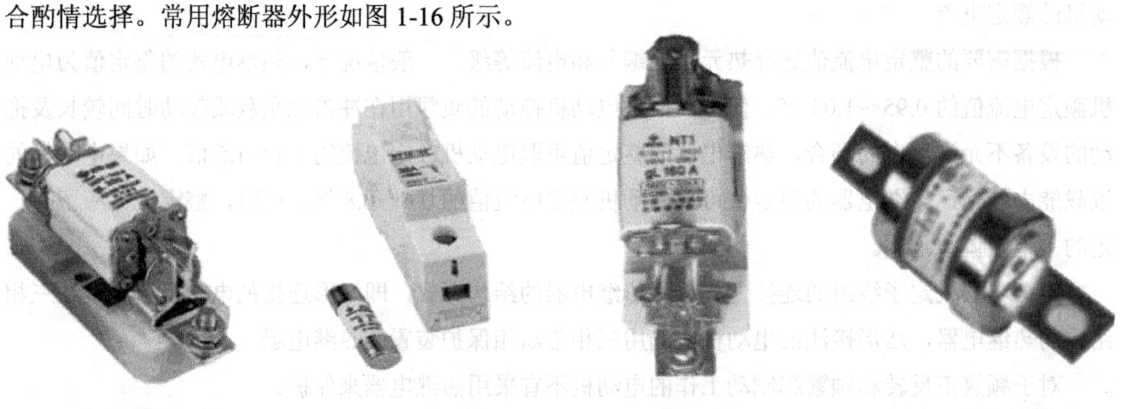

（a）TR0 系列有填料封闭管式熔断器　（b）RT18 圆筒形帽熔断器　（c）RT16（NT）刀形触点熔断器　（d）RT15 螺栓连接熔断器

图1-16　常用熔断器

3. 熔断器的主要技术参数

（1）额定电压。额定电压能保证熔断器长期正常工作的电压。若熔断器的实际工作电压大于其额定电压，熔体熔断时可能发生电弧不能熄灭的危险。

（2）额定电流。额定电流保证熔断器在长期工作制下，各部件温升不超过极限允许温升所能承载的电流值。它与熔体的额定电流是两个不同的概念。熔体的额定电流：在规定工作条件下，长时间通过熔体而熔体不熔断的最大电流值。通常一个额定电流等级的熔断器可以配用若干个额定电流等级的熔体，但熔体的额定电流不能大于熔断器的额定电流值。

（3）分断能力。熔断器在规定的使用条件下，能可靠分断的最大短路电流值。通常用极限分断电流值来表示。

（4）时间—电流特性。时间—电流特性又称保护特性，表示熔断器的熔断时间与流过熔体电流的关系。一般熔断器的时间—电流特性如图 1-17 所示，熔断器的熔断时间随着电流的增大而减少，即反时限保护特性。

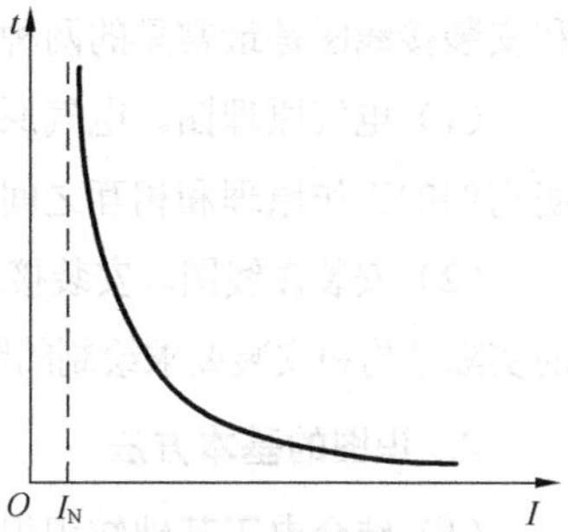

图1-17　熔断器的时间—电流特性

4. 熔断器的选用

熔断器和熔体只有经过正确的选择，才能起到应有的保护作用。选择熔断器的基本原则如下。

（1）根据使用场合确定熔断器的类型。例如，对于容量较小的照明线路或电动机的保护，宜采用 RC1A 系列插入式熔断器或 RM10 系列无填料密闭管式熔断器；对于短路电流较大的电路或有易燃气体的场合，宜采用具有高分断能力 RL 系列螺旋式熔断器或 RT（包括 NT）系列有填料封闭管式熔断器；对于保护硅整流器件及晶闸管的场合，应采用快速熔断器（RLS 或 RS 系列）。

（2）熔断器的额定电压必须等于或高于线路的额定电压。额定电流必须等于或大于所装熔体的额定电流。

（3）熔体额定电流的选择应根据实际使用情况按以下原则进行计算。

① 对于照明、电热等电流较平稳、无冲击电流的负载短路保护，熔体的额定电流应等于或稍大于负载的额定电流。

② 对于一台不经常起动且起动时间不长的电动机的短路保护，熔体的额定电流 I_{RN} 应大于或等于 1.5～2.5 倍电动机额定电流 I_N，即 $I_{RN} \geqslant (1.5\sim2.5)I_N$。

③ 对于频繁起动或起动时间较长的电动机，其系数应增加到 3～3.5。

④ 对多台电动机的短路保护，熔体的额定电流应等于或大于其中最大容量电动机的额定电流 I_{Nmax} 的 1.5～2.5 倍，再加上其余电动机额定电流的总和 $\sum I_N$，即 $I_{RN} \geqslant I_{Nmax}(1.5\sim2.5)I_N+\sum I_N$。

（4）熔断器的分断能力应大于电路中可能出现的最大短路电流。

5. 熔断器的安装与使用

（1）安装熔断器除保证足够的电气距离外，还应保证足够的间距，以保证拆卸、更换熔体方便。

（2）安装前应检查熔断器的型号、额定电压、额定电流和额定分断能力等参数是否符合规定要求。

（3）安装熔体必须保证接触良好，不能有机械损伤。

（4）安装引线要有足够的截面积，而且必须拧紧接线螺钉，避免接触不良。

（5）插入式熔断器应垂直安装，螺旋式熔断器的电源线应接在瓷底座的下接线座上，负载线接在螺纹壳的上接线座上，这样在更换熔管时，旋出螺母后螺纹壳上不带电，保证操作者的安全。

（6）更换熔体或熔管时，必须切断电源，尤其不允许带负荷操作，以免发生电弧灼伤。

（六）电气图识图及绘图标准

1. 电工图的种类

电工图的种类有许多，如电气原理图、安装接线图、端子排图和展开图等。其中，电气原理图和安装接线图是最常见的两种形式。

（1）电气原理图。电气原理图简称电原理图，用来说明电气系统的组成和连接的方式，以及表明它们的工作原理和相互之间的作用，不涉及电气设备和电气元件的结构或安装情况。

（2）安装接线图。安装接线图或称安装图，是电气安装施工的主要图纸，是根据电气设备或元件的实际结构和安装要求绘制的图纸。在绘图时，只考虑元件的安装配线而不必表示该元件的动作原理。

2. 识图的基本方法

（1）结合电工基础知识识图。在实际生产的各个领域中，所有电路（如输变配电、电力拖动和照明等）都是建立在电工基础理论之上的。因此，要想准确、迅速地看懂电气图，必须具备一定的电工基础知识。例如，三相笼型异步电动机的正转和反转控制，就是利用三相笼型异步电动机的旋转方向是由电动机三相电源的相序来决定的原理，用倒顺开关或两个接触器进行切换，改变输入电动机的电源相序，以改变电动机的旋转方向。

（2）结合电气元件的结构和工作原理识图。电路中有各种电气元件，如配电电路中的负荷开关、自动空气开关、熔断器、互感器、仪表等；电力拖动电路中常用的各种继电器、接触器和各种控制开关等；电子电路中常用的各种二极管、三极管、晶闸管、电容器、电感器以及各种集成电路等。因此，在识读电气图时，首先应了解这些元器件的性能、结构、工作原理、相互控制关系以及在整个电路中的地位和作用。

（3）结合典型电路识图。典型电路就是常见的基本电路，如电动机的起动、制动、正反转控制、过载保护电路，时间控制、顺序控制、行程控制电路等。不管多么复杂的电路，几乎都是由若干基本电路所组成的。因此，熟悉各种典型电路，在识图时就能迅速地分清主次环节，抓住主要矛盾，从而看懂较复杂的电路图。

（4）结合有关图纸说明识图。凭借所学知识阅读图纸说明，有助于了解电路的大体情况，便于抓住看图的重点，达到顺利识图的目的。

（5）结合电气图的制图要求识图。电气图的绘制有一些基本规则和要求，这些规则和要求是为了加强图纸的规范性、通用性和示意性而提出的，可以利用这些制图的知识准确识图。

3. 识图要点和步骤

（1）看图纸说明。图纸说明包括图纸目录、技术说明、元器件明细表和施工说明等。识图时，首先要看图纸说明。搞清设计的内容和施工要求，这样就能了解图纸的大体情况，抓住识图的重点。

（2）看主标题栏。在看图纸说明的基础上，接着看主标题栏，了解电气图的名称及标题栏中的有关内容。凭借有关的电路基础知识，对该电气图的类型、性质、作用等有明确的认识，同时大致了解电气图的内容。

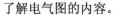

（3）看电路图。看电路图时，先要分清主电路和控制电路、交流电路和直流电路；其次按照先看主电路，再看控制电路的顺序读图。看主电路时，通常从下往上看，即从用电设备开始，经控制元件，顺次往电源看。看控制电路时，应自上而下，从左向右看，即先看电源，再顺次看各条回路，分析各回路元器件的工作情况及其对主电路的控制。

通过看主电路，要搞清用电设备是怎样从电源取电的，电源经过哪些元件到达负载等。通过看控制电路，要清楚回路构成、各元件间的联系（如顺序、互锁等）、控制关系和在什么条件下回路构成通路或断路，以理解工作情况等。

（4）看接线图。接线图是以电路图为依据绘制的，因此要对照电路图来看接线图。看的时候，也要先看主电路，再看控制电路。看主电路时，从电源输入端开始，顺次经控制元件和线路到用电设备，与看电路图有所不同。看控制电路时，要从电源的一端到电源的另一端，按元件的顺序对每个回路进行分析。

接线图中的线号是电器元件间导线连接的标记，线号相同的导线原则上都可以接在一起。因为接线图多采用单线表示，所以对导线的走向应加以辨别，还要明确端子板内外电路的连接。

4. 常见元件图形符号、文字符号

常见元件图形符号和文字符号如表 1-1 所示。

表 1-1　　　　常见元件图形符号和文字符号

类别	名　称	图形符号	文字符号	类别	名　称	图形符号	文字符号
开关	单极控制开关		SA	开关	组合旋钮开关	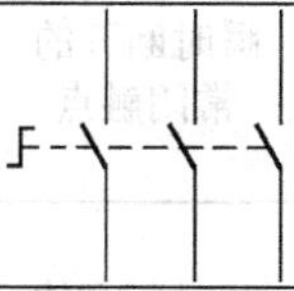	QS
	手动开关一般符号	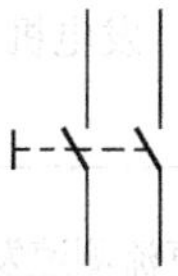	SA		低压断路器	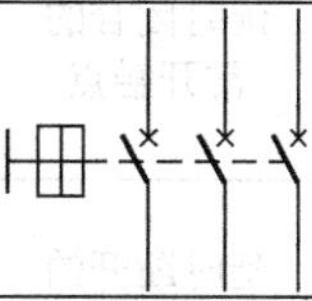	QF
	三极控制开关	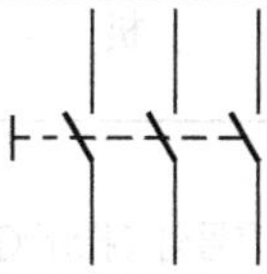	QS		控制器或操作开关	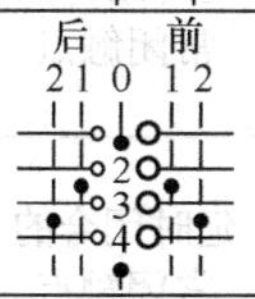	SA
	三极隔离开关	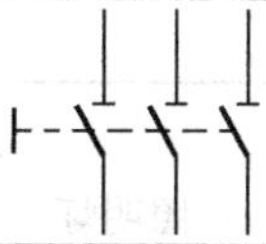	QS	接触器	线圈操作器件	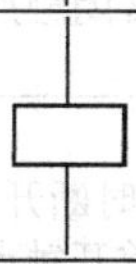	KM
	三极负荷开关	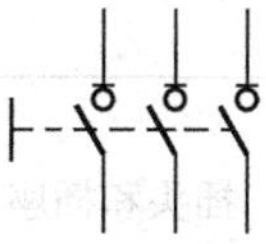	QS		常开主触点	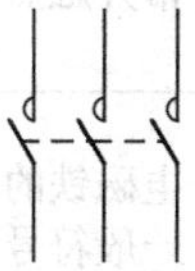	K4M

续表

类别	名　称	图形符号	文字符号	类别	名　称	图形符号	文字符号
接触器	常开辅助触点		KM	电磁继电器	电磁吸盘	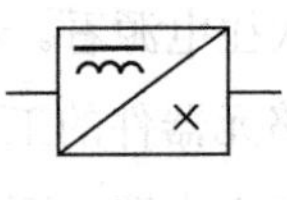	YH
	常闭辅助触点		KM		电磁离合器	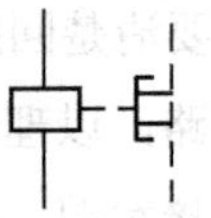	YC
时间继电器	通电延时（缓吸）线圈	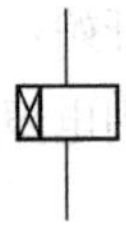	KT		电磁制动器	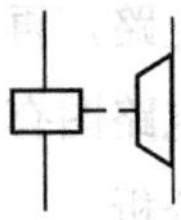	YB
	断电延时（缓放）线圈	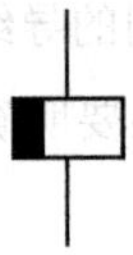	KT		电磁阀	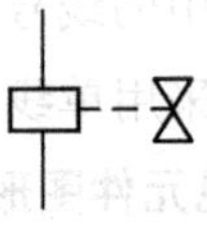	YV
	瞬时闭合的常开触点		KT	非电量控制的继电器	速度继电器常开触点		KS
	瞬时断开的常闭触点		KT		压力继电器常开触点	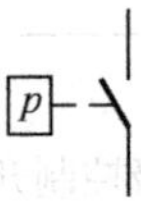	KP
	延时闭合的常开触点	 或 	KT	发电机	发电机	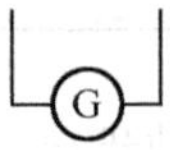	G
	延时断开的常闭触点	 或 	KT		直流测速发电机		TG
	延时闭合的常闭触点	 或 	KT	灯	信号灯（指示灯）		HL
	延时断开的常开触点	 或 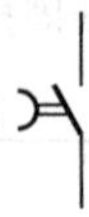	KT		照明灯		EL
电磁继电器	电磁铁的一般符号	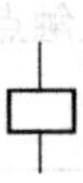 或 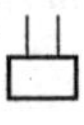	YA	接插器	插头和插座	 或 	X 插头 XP 插座 XS

续表

类别	名　称	图 形 符 号	文字符号	类别	名　称	图 形 符 号	文字符号
位置开关	常开触点		SQ	中间继电器	常开触点		KA
	常闭触点		SQ		常闭触点		KA
	复合触点		SQ	电流继电器	过电流线圈	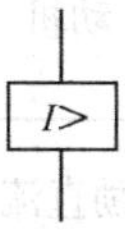	KA
按钮	常开按钮		SB		欠电流线圈	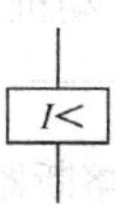	KA
	常闭按钮		SB		常开触点		KA
	复合按钮	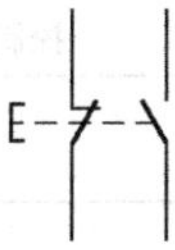	SB		常闭触点		KA
	急停按钮	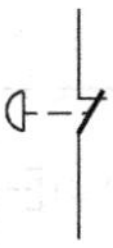	SB	电压继电器	过电压线圈		KV
	钥匙操作式按钮	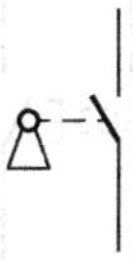	SB		欠电压线圈	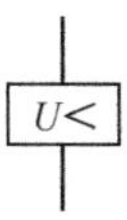	KV
热继电器	热元件	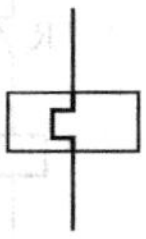	FR		常开触点		KV
	常闭触点	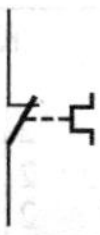	FR		常闭触点		KV
中间继电器	线圈	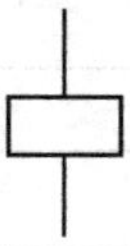	KA	电动机	三相笼型异步电动机	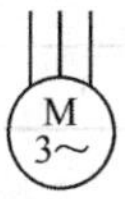	M

续表

类别	名　称	图 形 符 号	文字符号	类别	名　称	图 形 符 号	文字符号
电动机	三相绕线转子异步电动机	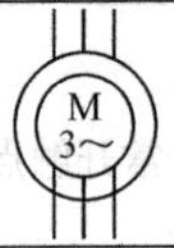	M	变压器	单相变压器	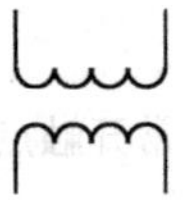	TC
	他励直流电动机	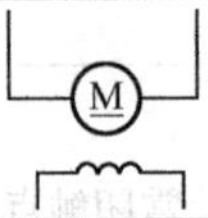	M		三相变压器	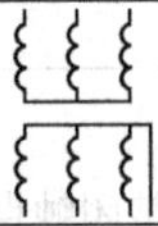	TM
	并励直流电动机	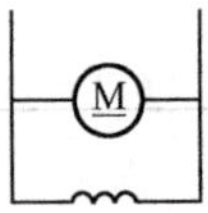	M	互感器	电压互感器	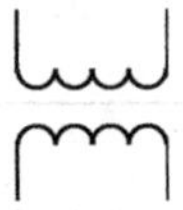	TV
	串励直流电动机	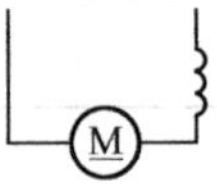	M		电流互感器	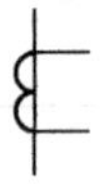	TA
熔断器	熔断器		FU		电抗器		L

5. 电气原理图举例

电气原理图举例如图 1-18 所示。

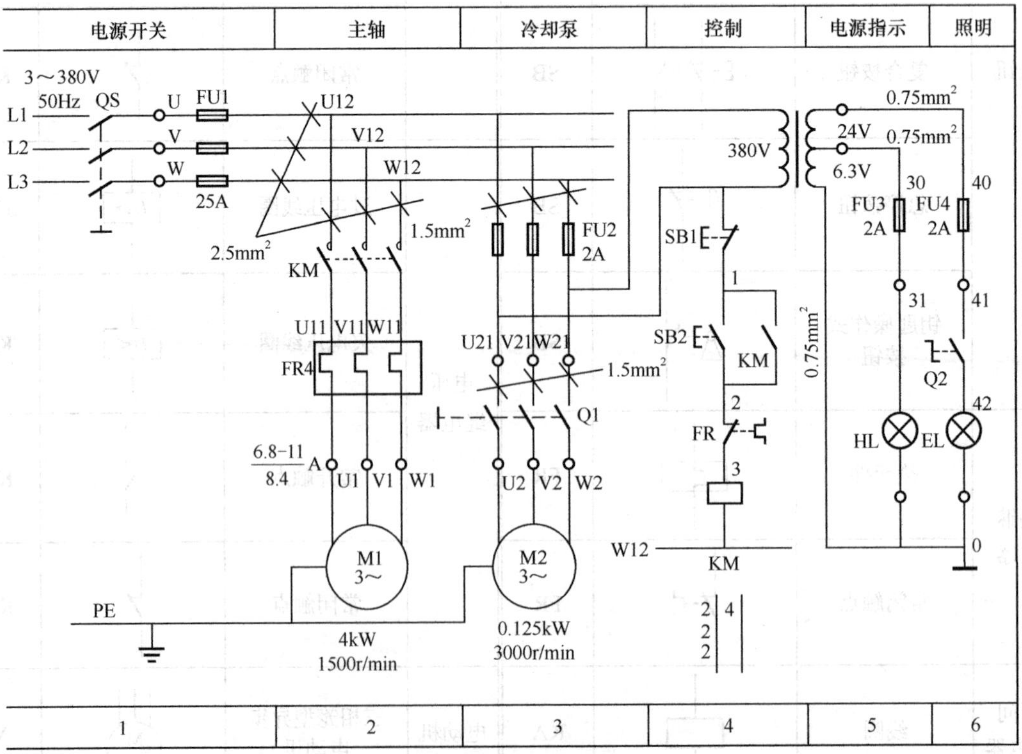

图1-18　普通车床电气原理图

（七）三相异步电动机单相起停控制

1. 电动机点动控制

点动控制是指按下按钮，电动机就得电运转；松开按钮，电动机就失电停转。电气设备工作时常常需要进行点动调整，如车刀与工件位置的调整，因此需要用点动控制电路来完成。点动正转控制线路是由按钮、接触器来控制电动机运转的最简单的正转控制线路，电气控制原理图如图 1-19 所示。

在图 1-19 所示的点动控制线路中，闸刀开关 QS 作电源隔离开关；熔断器 FU1、FU2 分别作主电路、控制电路的短路保护。由于电动机只有点动控制，运行时间较短，主电路不需要接热继电器，起动按钮 SB 控制接触器 KM 的线圈得电、失电，用接触器 KM 的主触点控制电动机 M 的起动与停止。

电路工作原理：先合上电源开关 QS，再按下面的提示完成。

起动：按下起动按钮 SB→接触器 KM 线圈得电→KM 主触点闭合→电动机 M 起动运行。

停止：松开按钮 SB→接触器 KM 线圈失电→KM 主触点断开→电动机 M 失电停转。

值得注意的是，停止使用后，应断开电源开关 QS。

2. 电动机单向连续控制电路

在要求电动机起动后能连续运转时，采用点动正转控制线路显然是不行的。为实现连续运转，可采用如图 1-20 所示的接触器自锁控制线路。它与点动控制线路相比较，主电路由于电机连续运行，因此要添加热继电器进行过载保护，而在控制电路中又多串连了一个停止按钮 SB1，并在起动按钮 SB2 的两端并连了接触器 KM 的一对常开辅助触点。

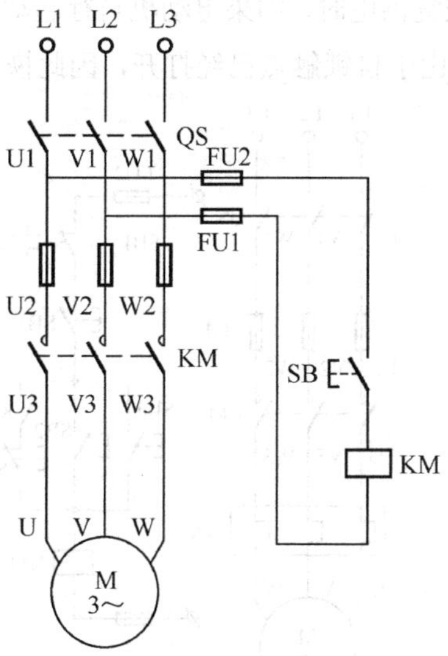

图1-19　点动控制电气原理图

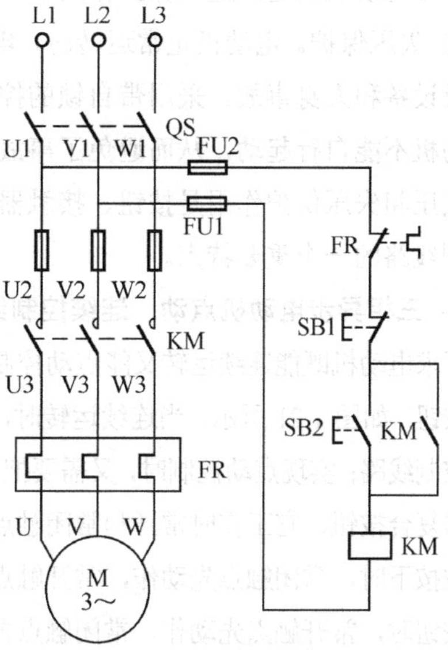

图1-20　接触器控制的电动机单向连续控制电路

电路工作原理：先合上电源开关 QS，再按下面的提示完成。

起动：按下 SB2 按钮→KM 线圈得电→KM 主触点闭合→电动机通电工作

　　　　　　　　　　　　　　→常开辅助触点 KM 闭合→

当松开按钮 SB2 时，由于 KM 的常开辅助触点闭合，控制电路仍然保持接通，所以 KM 线圈继续得电，电动机 M 实现连续运转。这种利用接触器 KM 本身常开辅助触点而使线圈保持得电的控制方式叫作自锁。与起动按钮 SB2 并联起自锁作用的常开辅助触点称为自锁触点。

停止：按下 SB1 按钮 → KM 线圈断电 → KM 主触点断开 → 电动机停止
（KM 线圈断电 → 常开辅助触点 KM 断开）

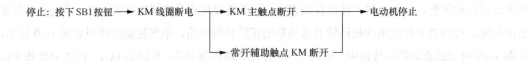

当松开 SB1 时，其常闭触点恢复闭合，因接触器 KM 的自锁触点在切断控制电路时已断开，解除了自锁，SB2 也是断开的，所以接触器 KM 不能得电，电动机 M 也不会工作。

电路所具有的保护环节如下。

① 短路保护。主电路和控制电路分别由熔断器 FU1 和 FU2 实现短路保护。当控制回路和主回路出现短路故障时，能迅速有效地断开电源，实现对电器和电动机的保护。

② 过载保护。由热继电器 FR 实现对电动机的过载保护。当电动机出现过载且超过规定时间时，热继电器双金属片过热变形，推动导板，经过传动机构，使动断辅助触点断开，从而使接触器线圈失电，电机停转，实现过载保护。

③ 欠压保护。当电源电压由于某种原因而下降时，电动机的转矩将显著下降，使电动机无法正常运转，甚至引起电动机堵转而烧毁。采用具有自锁的控制线路可避免出现这种事故。因为当电源电压低于接触器线圈额定电压的 75%左右时，接触器就会释放，自锁触点断开，同时动合主触点也断开，使电动机断电，起到保护作用。

④ 失压保护。电动机正常运转时，电源可能停电，当恢复供电时，如果电动机自行起动，很容易造成设备和人身事故。采用带自锁的控制线路后，断电时由于自锁触点已经打开，因此恢复供电时电动机不能自行起动，从而避免了事故的发生。

欠压和失压保护作用是按钮、接触器控制连续运行的控制线路的一个重要特点。

3. 三相异步电动机点动、连续控制线路

要求电动机既能连续运转又能点动控制时，需要两个控制按钮，如图 1-21 所示。当连续运转时，要采用接触器自锁控制线路；实现点动控制时，又需要把自锁电路解除，要采用复合按钮，它工作时常开和常闭触点是联动的，当按钮被按下时，常闭触点先动作，常开触点随后动作；而松开按钮时，常开触点先动作，常闭触点再动作。

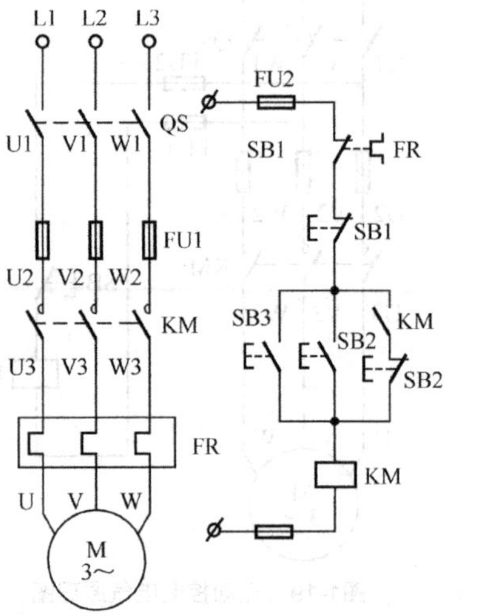

图1-21 三相异步电动机点动、连续控制线路

电路工作原理：先合上电源开关 QS，再按下面的提示完成。

连续控制：按下 SB3 按钮 → KM 线圈得电 → KM 主触点闭合 → 电动机通电工作
（KM 线圈得电 → 常开辅助触点 KM 闭合）

停止：按下 SB1 按钮 → KM 线圈断电 → KM 主触点断开 → 电动机停止

KM 线圈断电 → 常开辅助触点 KM 断开 → 电动机停止

点动控制：按下 SB2 按钮
- 常闭先打开 → 虽然常开辅助触点 KM 闭合但不能形成自锁
- 常闭后闭合 → KM 线圈得电 → KM 主触点闭合 → 电动机起动运行

松开 SB2 按钮 → 常开先打开 → KM 线圈失电 → KM 主触点打开 → 电动机停止运行

KM 线圈失电 → 常开辅助触点 KM 打开，SB2 常闭后闭合，不能形成自锁

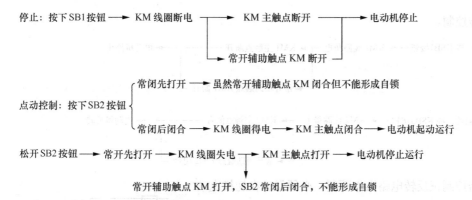

（八）三相异步电动机正反转控制线路

1. 不带联锁的三相异步电动机的正反转

三相异步电动机的正反转运行需要通过改变通入电动机定子绕组的三相电源相序，即把三相电源中的任意两相对调接线时，电动机就可以反转，如图 1-22 所示。

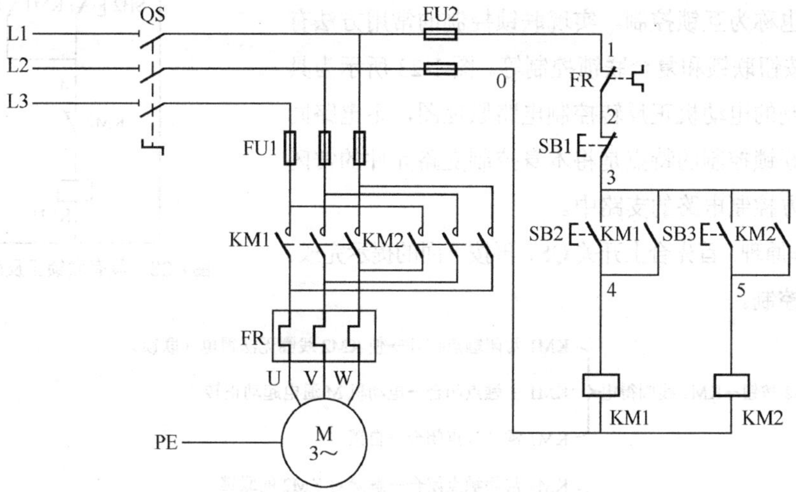

图1-22 三相异步电动机的正反转电气原理图

在图 1-22 中，KM1 为正转接触器，KM2 为反转接触器，它们分别由 SB2 和 SB3 控制。从主电路中可以看出，这两个接触器的主触点所接通电源的相序不同，KM1 按 U—V—W 相序接线，KM2 则按 W—V—U 相序接线。相应的控制线路有两条，分别控制两个接触器的线圈。

电路工作过程：先合上电源开关 QS，再按下面的提示完成。

（1）正转控制。

正转起动：按下 SB2 按钮 → KM1 线圈得电 → KM1 主触点闭合 → 电动机正转

KM1 线圈得电 → 常开辅助触点 KM1 闭合 → 电动机正转

（2）反转控制。

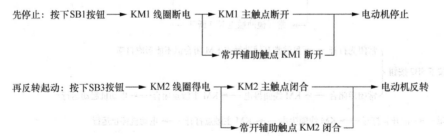

先停止：按下SB1按钮→KM1线圈断电→KM1主触点断开→电动机停止
　　　　　　　　　　　　　　　　└→常开辅助触点KM1断开

再反转起动：按下SB3按钮→KM2线圈得电→KM2主触点闭合→电动机反转
　　　　　　　　　　　　　　　　　　└→常开辅助触点KM2闭合

接触器控制正反转电路操作不便，必须保证在切换电动机运行方向之前先按下停止按钮，然后按下相应的起动按钮，否则将会发生主电源侧电源短路的故障，为克服这一不足，提高电路的安全性，需采用联锁控制。

2. 具有联锁控制的电动机正反转电路

联锁控制就是在同一时间里两个接触器只允许一个工作的控制方式，也称为互锁控制。实现联锁控制的常用方法有接触器联锁、按钮联锁和复合联锁控制等。图1-23所示为具有正反联锁控制的电动机正反转控制电路原理图，主电路同图1-22。可见联锁控制的特点是将本身控制支路元件的常闭触点串联到对方控制电路的支路中。

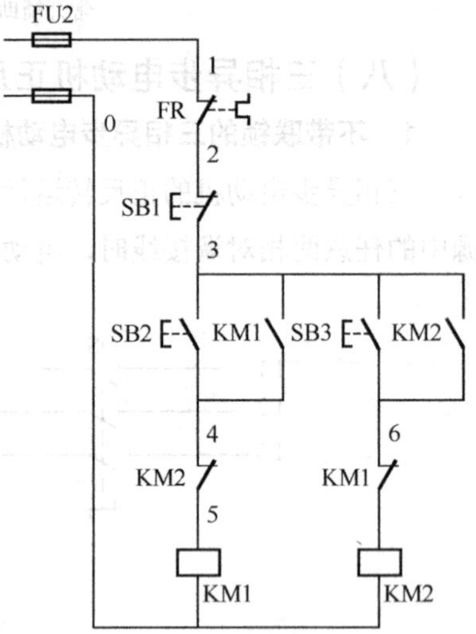

图1-23　具有联锁正反转电气原理图

电路的工作原理：首先合上开关QS，再按下面的提示完成。

（1）正转控制。

起动：按下SB2按钮→KM1线圈得电
- KM1常闭触点打开→使KM2线圈无法得电（联锁）
- KM1主触点闭合→电动机M通电起动正转
- KM1常开触点闭合→自锁

停止：按下SB1按钮→KM1线圈失电
- KM1常闭触点闭合→解除对KM2的联锁
- KM1主触点打开→电动机M停止正转
- KM1常开触点打开→解除自锁

（2）反转控制。

起动：按下SB3按钮→KM2线圈得电
- KM2常闭触点打开→使KM1线圈无法得电（联锁）
- KM2主触点闭合→电动机M通电起动反转
- KM2常开触点闭合→自锁

停止：按下SB1按钮→KM2线圈失电
- KM2常闭触点闭合→解除对KM1的联锁
- KM2主触点打开→电动机M停止反转
- KM2常开触点打开→解除自锁

由此可见，通过SB1、SB2控制KM1、KM2动作，改变接入电动机的交流电的三相顺序，就改变了电动机的旋转方向。

三、应用举例

（一）三相异步电动机带按钮互锁的正反转控制的安装调试试车

1. 工作任务

① 能分析交流电动机联锁控制原理。

② 能正确识读电路图、装配图。

③ 会按照工艺要求正确安装交流电动机联锁控制电路。

④ 能根据故障现象检修交流电动机联锁控制电路。

2. 工作图

原理图如图 1-24 所示。

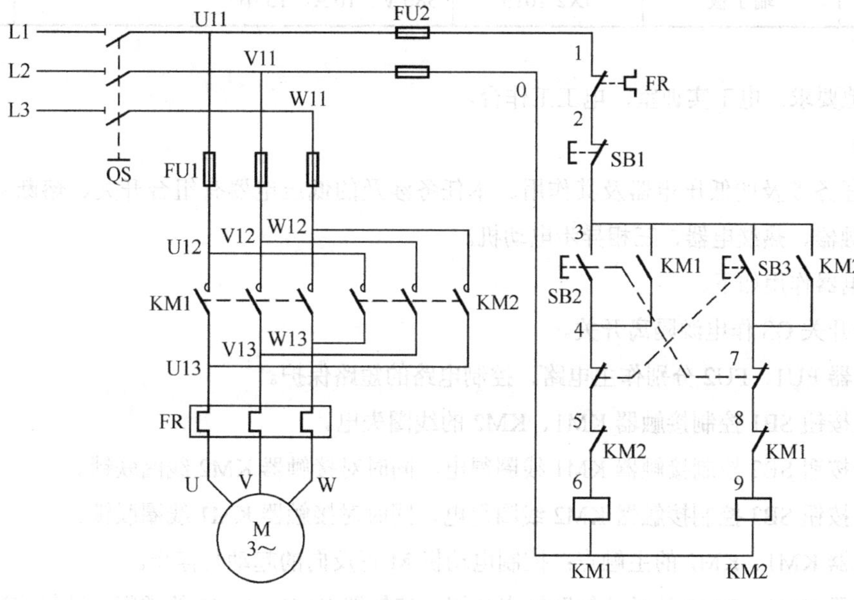

图1-24 原理图

3. 工作准备

（1）工具、仪表及器材。

① 工具：测电笔、螺钉旋具、尖嘴钳、斜口钳、剥线钳、电工刀、校验灯等。

② 仪表：5050 型兆欧表、T301-A 型钳形电流表、MF47 型万用表。

③ 器材：接触器联锁正反转控制线路板一块。导线规格：动力电路采用 BV 1.5 mm^2 和 BVR 1.5 mm^2（黑色）塑铜线；控制电路采用 BVR 1mm^2 塑铜线（红色），接地线采用 BVR（黄绿双色）塑铜线（截面至少 1.5 mm^2）。紧固体及编码套管等，其数量按需要而定。

（2）元器件明细表（见表1-2）。

表1-2　　　　元器件明细表

代　号	名　称	型　号	规　格	数　量
M	三相异步电动机	Y112M-4	4 kW、380 V、△形接法、8.8 A、1 440 r/min	1
QS	组合开关	HZ10-25/3	三极、25 A	1
FU1	熔断器	RL1-60/25	500 V、60 A、配熔体25 A	3
FU2	熔断器	RL1-15/2	500 V、15 A、配熔体2 A	2
KM1、KM2	交流接触器	CJ10-20	20 A、线圈电压380 V	2
FR	热继电器	JR16-20/3	三极、20 A、整定电流8.8 A	1
SB1～SB3	按钮	LA10-3H	保护式、380 V、5 A、按钮数3	3
XT	端子板	JX2-1015	380 V、10 A、15节	1

（3）场地要求。电工实训室，电工工作台。

4. 读图

（1）本任务涉及的低压电器及其作用。本任务涉及的低压电器有组合开关、熔断器、按钮开关、交流接触器、热继电器、三相异步电动机。

各低压电器作用如下。

① 组合开关QS作电源隔离开关。

② 熔断器FU1、FU2分别作主电路、控制电路的短路保护。

③ 停止按钮SB1控制接触器KM1、KM2的线圈失电。

④ 复合按钮SB2控制接触器KM1线圈得电，同时对接触器KM2线圈联锁。

⑤ 复合按钮SB3控制接触器KM2线圈得电，同时对接触器KM1线圈联锁。

⑥ 接触器KM1、KM2的主触点：控制电动机M正反向的起动与停止。

⑦ 接触器KM1、KM2的常开辅助触点自锁；接触器KM1、KM2的常闭辅助触点联锁。

⑧ 热继电器FR对电动机进行过载保护。

（2）对照工作原理图、电气元件布置图、接线图识别相对应的电气元件。

（3）控制线路工作过程中合上电源开关QS，再按下面的提示完成。

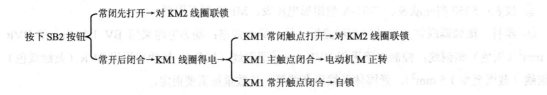

① 正转控制。

按下SB2按钮
- 常闭先打开→对KM2线圈联锁
- 常开后闭合→KM1线圈得电→
  - KM1常闭触点打开→对KM2线圈联锁
  - KM1主触点闭合→电动机M正转
  - KM1常开触点闭合→自锁

② 自正转直接到反转控制。

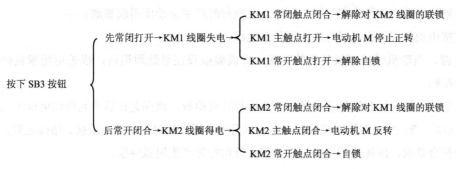

按下 SB3 按钮
- 先常闭打开→KM1 线圈失电→
  - KM1 常闭触点闭合→解除对 KM2 线圈的联锁
  - KM1 主触点打开→电动机 M 停止正转
  - KM1 常开触点打开→解除自锁
- 后常开闭合→KM2 线圈得电→
  - KM2 常闭触点闭合→解除对 KM1 线圈的联锁
  - KM2 主触点闭合→电动机 M 反转
  - KM2 常开触点闭合→自锁

③ 停止。

按下 SB1 按钮→KM2 线圈失电→
- KM2 常闭触点闭合→解除对 KM1 线圈的联锁
- KM2 主触点打开→电动机 M 停转
- KM2 常开触点打开→解除自锁

5. 工作步骤

（1）根据电路图画出接线图。

（2）按表配齐所用电气元件，并进行质量检验。电气元件应完好无损，各项技术指标符合规定要求，否则应予以更换。

（3）在控制板上按图 1-25 所示的布置图安装所有的电气元件，并贴上醒目的文字符号。安装时，组合开关、熔断器的受电端子应安装在控制板的外侧；元件排列要整齐、匀称、间距合理，并且便于元件的更换；紧固电气元件时用力要均匀，紧固程度适当，做到既要使元件安装牢固，又不使其损坏。

（4）按图 1-26 所示的接线图进行板前明线布线和套编码套管。做到布线横平竖直、整齐、分布均匀、紧贴安装面、走线合理；套编码套管要正确；严禁损伤线芯和导线绝缘层；接点牢靠，不得松动，不得压绝缘层，不反圈及不露铜过长等。

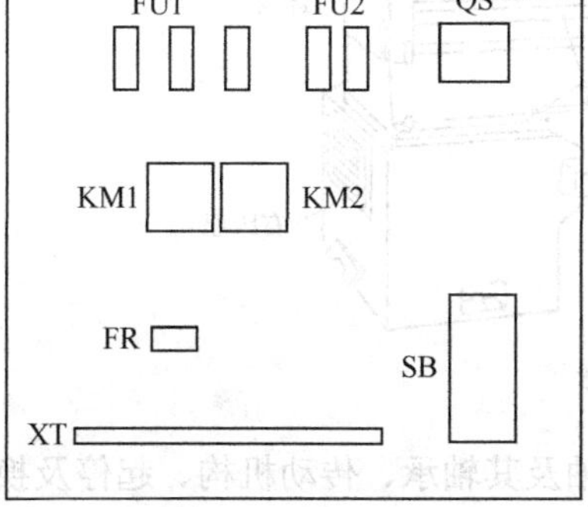

图1-25　电气元件布置图

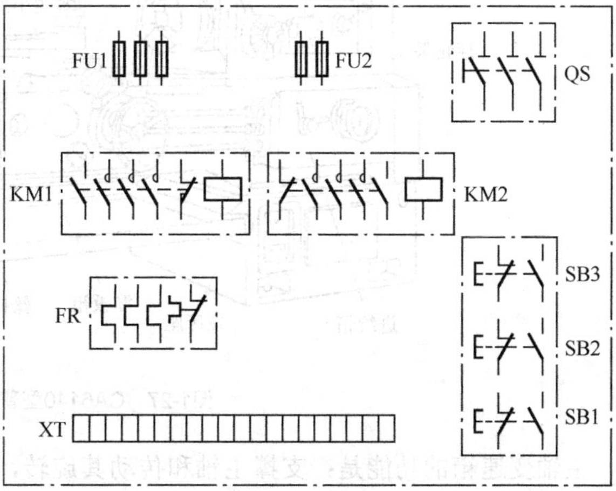

图1-26　接线图

（5）根据图1-24所示的电路图检查控制板布线的正确性。

（6）安装电动机。做到安装牢固平稳，以防止在换向时产生滚动而引起事故。

（7）可靠连接电动机和按钮金属外壳的保护接地线。

（8）连接电源、电动机等控制板外部的导线。导线要敷设在导线通道内，或采用绝缘良好的橡皮线进行通电校验。

（9）自检。安装完毕的控制线路板必须按要求进行认真检查，确保无误后才允许通电试车。

① 主电路接线检查：按电路图或接线图从电源端开始，逐段核对接线有无漏接、错接之处，检查导线接点是否符合要求，压接是否牢固，以免带负载运行时产生闪弧现象。

② 控制电路接线检查：用万用表电阻挡检查控制电路接线情况。

（10）检验合格后，通电试车。通电时，必须经指导教师同意后再接通电源，并在现场进行监护。出现故障后，学生应独立进行检修。若需带电检查时，必须有教师在现场监护。

接通三相电源L1、L2、L3，合上电源开关QS，用电笔检查熔断器出线端，氖管亮说明电源接通。分别按下SB1、SB2和SB3按钮，观察是否符合线路功能要求，观察电气元件动作是否灵活，有无卡阻及噪声过大现象，观察电动机运行是否正常。若有异常，立即停车检查。

（11）通电试车完毕，停转、切断电源。先拆除三相电源线，再拆除电动机负载线。

（二）CA6140型普通车床电气控制

CA6140型车床是普通车床的一种，加工范围较广，但自动化程度低，适于小批量生产及修配车间使用。

1. 主要结构及运动特点

普通车床主要由床身、主轴变速箱、进给箱、溜板箱、刀架、尾架、丝杠和光杠等部件组成。CA6140型普通车床外观结构如图1-27所示。

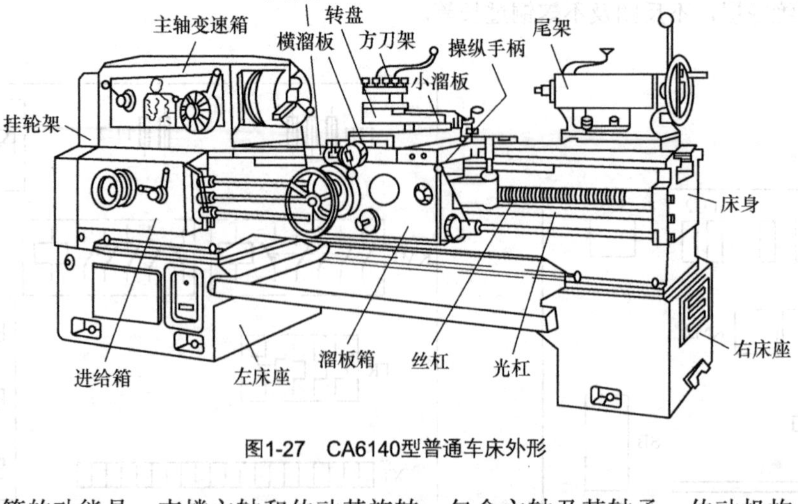

图1-27　CA6140型普通车床外形

主轴变速箱的功能是：支撑主轴和传动其旋转，包含主轴及其轴承、传动机构、起停及换向装置、制动装置、操纵机构及滑润装置。CA6140型普通车床的主传动可使主轴获得24级正转转速（10～1400 r/min）和 12 级反转转速（14～1580 r/min）。

进给箱的作用是：变换被加工螺纹的种类和导程，以及获得所需的各种进给量。它通常由变换螺纹导程和进给量的变速机构、变换螺纹种类的移换机构、丝杠和光杠转换机构以及操纵机构等组成。

溜板箱的作用是：将丝杠或光杠传来的旋转运动转变为直线运动并带动刀架进给，控制刀架运动的接通、断开和换向等。刀架则用来安装车刀并带动其作纵向、横向和斜向进给运动。

车床有两个主要运动：一个是卡盘或顶尖带动工件的旋转运动；另一个是溜板带动刀架的直线移动。前者称为主运动，后者称为进给运动。中、小型普通车床的主运动和进给运动一般是采用一台异步电动机驱动的。此外，车床还有辅助运动，如溜板和刀架的快速移动、尾架的移动以及工件的夹紧与放松等。

2. 电气控制要求

根据车床的运动情况和工艺要求，车床对电气控制提出如下要求。

（1）主拖动电动机一般选用三相笼式异步电动机，并采用机械变速。

（2）为车削螺纹，主轴要求正、反转，小型车床由电动机正、反转来实现，CA6140 型车床则靠摩擦离合器来实现，电动机只作单向旋转。

（3）一般中、小型车床的主轴电动机均采用直接起动。停车时为实现快速停车，一般采用机械制动或电气制动。

（4）车削加工时，需用切削液对刀具和工件进行冷却。为此，设有一台冷却泵电动机，拖动冷却泵输出冷却液。

（5）冷却泵电动机与主轴电动机具有联锁关系，即冷却泵电动机应在主轴电动机起动后才可选择起动与否，而当主轴电动机停止时，冷却泵电动机立即停止。

（6）为实现溜板箱的快速移动，由单独的快速移动电动机拖动，且采用点动控制。

（7）电路应有必要的保护环节、安全可靠的照明电路和信号电路。

3. CA6140 型车床的控制线路

CA6140 型车床的电气原理图如图 1-28 所示，M1 为主轴及进给电动机，拖动主轴和工件旋转，并通过进给机构实现车床的进给运动；M2 为冷却泵电动机，拖动冷却泵输出冷却液；M3 为快速移动电动机，拖动溜板实现快速移动。

（1）主轴及进给电动机 M1 的控制。由起动按钮 SB1、停止按钮 SB2 和接触器 KM1 构成电动机单向连续运转起动—停止电路。

按下 SB1 按钮→线圈通电并自锁→M1 单向全压起动，通过摩擦离合器及传动机构拖动主轴正转或反转，以及刀架的直线进给。

停止时，按下 SB2 按钮→KM1 断电→M1 自动停车。

（2）冷却泵电动机 M2 的控制。M2 的控制由 KM2 电路实现。

主轴电动机起动之后，KM1 辅助触点（9-11）闭合，此时合上开关 SA1，KM2 线圈通电，M2 全压起动。停止时，断开 SA1 或使主轴电动机 M1 停止，则 KM2 断电，使 M2 自由停车。

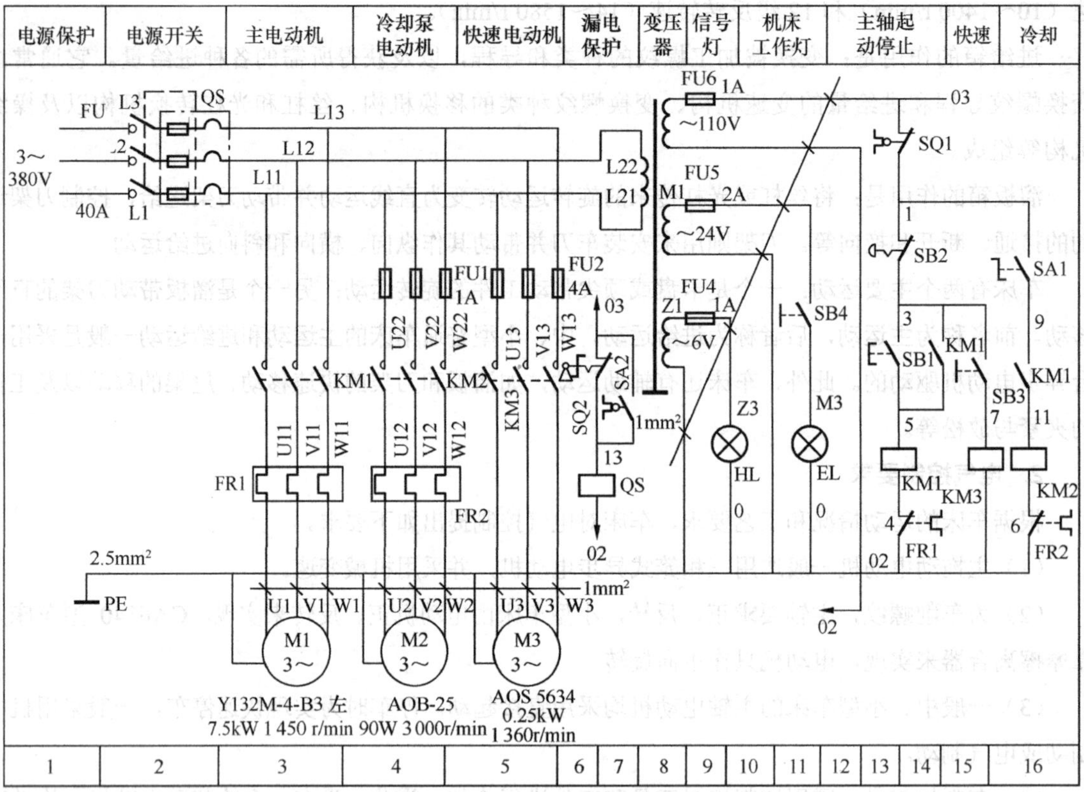

图1-28 CA6140型车床的控制线路

（3）快速移动电动机 M3 的控制。由按钮 SB3 来控制接触器 KM3，进而实现 M3 的点动。操作时，先将快、慢速进给手柄扳到所需移动方向，即可接通相关的传动机构，再按下 SB3 按钮，即可实现该方向的快速移动。

（4）保护环节。

① 电路电源开关是带有开关锁 SA2 的断路器 QS。机床接通电源时需用钥匙开关操作，再合上 QS，增加了安全性。当需合上电源时，先用开关钥匙插入 SA2 开关锁中并右旋，使 QS 线圈断电，再扳动断路器 QS 将其合上，机床电源接通。若将开关锁 SA2 左旋，则触点 SA2（03—13）闭合，QS 线圈通电，断路器跳开，机床断电。

② 打开机床控制配电盘壁龛门，自动切除机床电源的保护。在配电盘壁龛门上装有安全行程开关 SQ，当打开配电盘壁龛门时，安全开关的触点 SQ2（03—13）闭合，使断路器线圈通电而自动跳闸，断开电源，确保人身安全。

③ 机床床头皮带罩处设有安全开关 SQ1，当打开皮带罩时，安全开关触点 SQ1（03—1）断开，将接触器 KM1、KM2、KM3 线圈电路切断，电动机将全部停止旋转，确保人身安全。

④ 为满足打开机床控制配电盘壁龛门进行带电检修的需要，可将 SQ2 安全开关传动杆拉出，使触点（03—13）断开，此时 QS 线圈断电，QS 开关仍可合上。带电检修完毕，关上壁龛门后，将 SQ2 开关传动杆复位，SQ2 保护作用照常起作用。

⑤ 电动机 M1、M2 由热继电器 FR1、FR2 实现电动机长期过载保护；断路器 QS 实现电路的过流、欠压保护；熔断器 FU、FU1～FU6 实现各部分电路的短路保护。此外，还设有 EL 机床照明灯和 HL 信号灯进行刻度照明。

项目小结

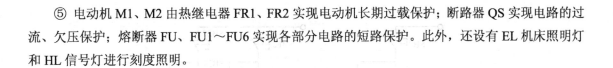

本项目通过电动机正反转控制线路引出常用电气控制器件，讲述了项目中用到的按钮、开关、接触器、中间继电器和熔断器，介绍了这些低压电器的结构、动作原理、常用型号、符号及选择方法。接着讲述了电气识图基本知识、电动机单相起动和正反转控制线路，讲述了三相异步电动机的点动、长车及正反转等基本控制环节。这些是在实际当中经过验证的电路。熟练掌握这些电路是阅读、分析、设计较复杂生产机械控制线路的基础。同时，在绘制电路图时，必须严格按照国家标准规定使用各种符号、单位、名词术语和绘制原则。

电气控制系统图主要有电气原理图、电器布置图和电气安装接线图。重点应掌握电气原理图的规定画法及国家标准。

生产机械要正常、安全、可靠地工作，必须有必要的保护环节。控制线路的常用保护有短路保护、过载保护、失压保护、欠压保护，分别用不同的电器来实现。

本项目中，还通过应用举例学习了三相异步电动机互锁控制的正反转控制的安装调试试车，CA6140 型普通车床的电气控制，讲述了线路的组成、工作原理、安装调试和常见故障排除。

习题及思考

1. 电路中 FU、KM、KA、FR 和 SB 分别是什么电气元件的文字符号？
2. 笼型异步电动机是如何改变旋转方向的？
3. 什么是互锁（联锁）？什么是自锁？试举例说明各自的作用。
4. 低压电器的电磁机构由哪几部分组成?
5. 熔断器有哪几种类型？试写出各种熔断器的型号。熔断器在电路中的作用是什么？
6. 熔断器有哪些主要参数？熔断器的额定电流与熔体的额定电流是不是一样？
7. 熔断器与热继电器用于保护交流三相异步电动机时能不能互相取代？为什么？
8. 交流接触器主要由哪几部分组成？简述其工作原理。
9. 试说明热继电器的工作原理和优缺点。
10. 图 1-29 所示是两种实现电动机顺序控制的电路（主电路略），试分析说明各电路有什么特点，能满足什么控制要求。

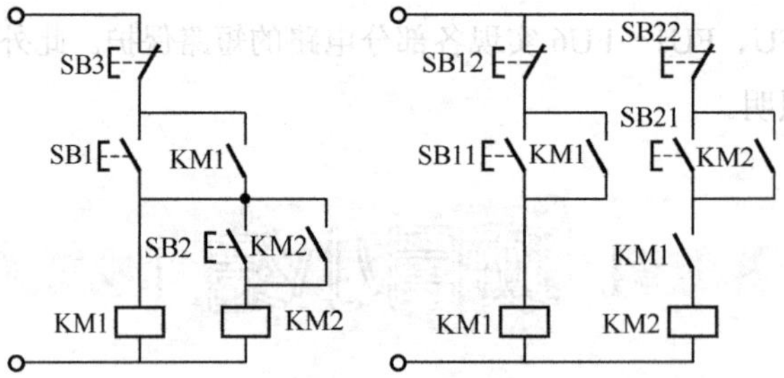

图1-29　题10电路图

11．试设计一个控制一台电动机的电路，要求：（1）可正、反转；（2）正、反向点动；（3）具有短路和过载保护。

Chapter

2

项目二

| Z3050 型摇臂钻床电气控制 |

【学习目标】

1. 了解 Z3050 型摇臂钻床的结构与运动情况及拖动特点。
2. 掌握行程开关、断路器、时间继电器的结构特点、符号、型号及选择。
3. 熟悉以时间原则控制电动机的起动与停止电路的设计方法。
4. 能设计自动往返控制线路并能进行安装调试与故障维修。
5. 能分析设计异步电动机 Y—△、自耦变压器等降压起动控制线路并能进行安装调试。
6. 掌握 Z3050 型摇臂钻床的电气控制原理分析方法及调试技能。
7. 具有对 Z3050 型摇臂钻床常见的电气故障进行分析与排除技能。

一、项目导入

钻床是一种孔加工设备，可以用来钻孔、扩孔、铰孔、攻丝及修刮端面等多种形式的加工。按用途和结构分类，钻床可以分为立式钻床、台式钻床、多孔钻床、摇臂钻床及其他专用钻床等。在各类钻床中，摇臂钻床操作方便、灵活，适用范围广，具有典型性特点，特别适用于单件或批量生产带有多孔大型零件的孔加工，是一般机械加工车间常见的机床。

Z3050 型摇臂钻床是一种常见的立式钻床，适用于单件和成批生产加工多孔的大型零件。

该机床具有两套液压控制系统：一个是操纵机构液压系统；另一个是夹紧机构液压系统。前者安装在主轴箱内，用以实现主轴正反转、停车制动、空挡、预选及变速；后者安装在摇臂背后的电器盒下部，用以夹紧松开主轴箱、摇臂及立柱。

Z3050 型摇臂钻床的含义如下。

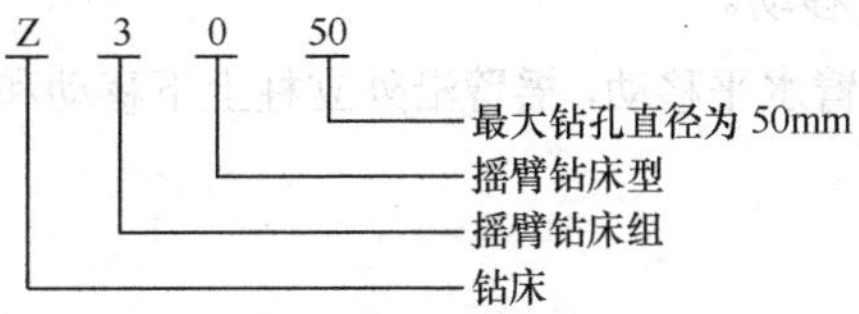

（一）Z3050型摇臂钻床的主要构造和运动情况

摇臂钻床主要由底座、内立柱、外立柱、摇臂、主轴箱、主轴、工作台等组成。Z3050 型摇臂钻床外形如图 2-1 所示。内立柱固定在底座上，在它外面套着空心的外立柱，外立柱可绕着内立柱回转一周，摇臂一端的套筒部分与外立柱滑动配合，借助于丝杆，摇臂可沿着外立柱上下移动，但两者不能作相对转动，所以摇臂将与外立柱一起相对内立柱回转。

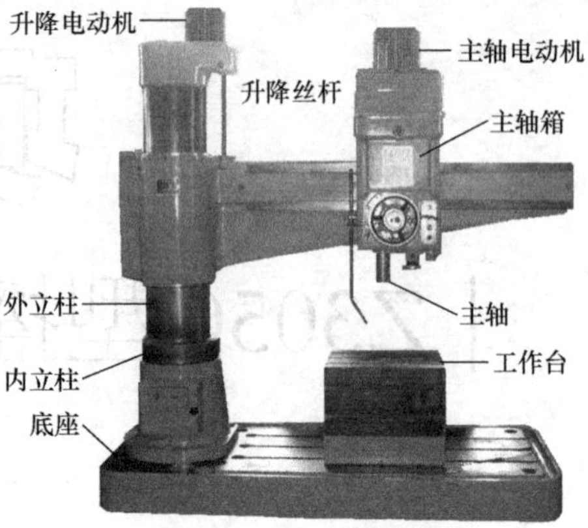

图2-1 Z3050摇臂钻床

主轴箱是一个复合的部件，具有主轴及主轴旋转部件和主轴进给的全部变速和操纵机构。主轴箱可沿着摇臂上的水平导轨作径向移动。当进行加工时，可利用特殊的夹紧机构将外立柱紧固在内立柱上，摇臂紧固在外立柱上，主轴箱紧固在摇臂导轨上，然后进行钻削加工。

根据工件高度的不同，摇臂借助于丝杆可以靠着主轴箱沿外立柱上下升降，在升降之前，应自动将摇臂与外立柱松开，再进行升降，当达到升降所需要的位置时，摇臂能自动夹紧在外立柱上。

（二）摇臂钻床的电力拖动特点及控制要求

（1）由于摇臂钻床的运动部件较多，为简化传动装置，使用多电动机拖动，主电动机承担主钻削及进给任务，摇臂升降，夹紧放松和冷却泵各用一台电动机拖动。

（2）为了适应多种加工方式的要求，主轴及进给应在较大范围内调速。但这些调速都是机械调速，用手柄操作变速箱调速，对电动机无任何调速要求。从结构上看，主轴变速机构与进给变速机构应该放在一个变速箱内，而且两种运动由一台电动机拖动是合理的。

（3）加工螺纹时要求主轴能正反转。摇臂钻床的正反转一般用机械方法实现，电动机只需单方向旋转。

（4）摇臂升降由单独电动机拖动，要求能实现正反转。

（5）摇臂的夹紧与放松以及立柱的夹紧与放松由一台异步电动机配合液压装置来完成，要求这台电动机能正反转。摇臂的回转和主轴箱的径向移动在中小型摇臂钻床上都采用手动。

（6）钻削加工时，为对刀具及工件进行冷却，需由一台冷却泵电动机拖动冷却泵输送冷却液。

钻床有时用来攻丝，所以要求主轴有可以正反转的摩擦离合器来实现正反转运动，Z3050 型是靠机械转换实现正反转运动的。Z3050 型摇臂钻床的运动有以下几种。

① 主运动。主轴带动钻头的旋转运动。

② 进给运动。钻头的上下移动。

③ 辅助运动。主轴箱沿摇臂水平移动，摇臂沿外立柱上下移动和摇臂连同外立柱一起相对于内立柱回转。

（三）项目要求

通过以上对摇臂钻床运动形式与机床电力拖动控制要求介绍以后，还要分析其电气控制线路及故障排除。要达到以上要求，首先需要学习行程开关、低压断路器、时间继电器等与摇臂钻床电气控制相关知识。

二、相关知识

（一）行程开关

行程开关又称为限位开关，其作用是将机械位移转变为触点的动作信号，以控制机械设备的运动，在机电设备的行程控制中有很大作用。行程开关的工作原理与控制按钮相似，不同之处在于行程开关是利用机械运动部分的碰撞而使其动作，按钮则是通过人力使其动作。行程开关主要用于机床、自动生产线和其他机械的限位及程序控制。为了适用于不同的工作环境，可以将行程开关做成各种各样的外形，如图 2-2 所示。

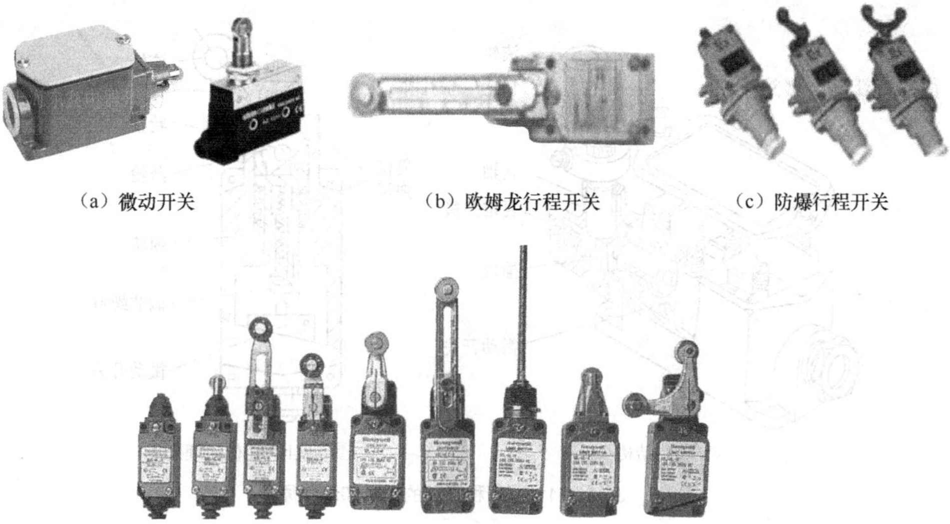

（a）微动开关　（b）欧姆龙行程开关　（c）防爆行程开关

（d）其他类型的行程开关

图2-2　行程开关

还有一种接近开关是无机械触点的开关，它的功能是：当物体接近到开关的一定距离时就能发出“动作”信号，不需要机械式行程开关所必须施加的机械外力。接近开关可当作行程开关使用，还广泛应用于产品计数、测速、液面控制、金属检测等设备中。由于接近开关具有体积小、可靠性高、使用寿命长、动作速度快以及无机械、电气磨损等优点。因此在设备自动控制系统中也获得了广泛应用。

当接通电源后，接近开关内的振荡器开始振荡，检测电路输出低电位，使输出晶体管或晶闸管截止，负载不动作；当移动的金属片到达开关感应面动作距离以内时，在金属内产生涡流，振荡器的能量被金属片吸收，振荡器停振，检测电路输出高电位，此高电位使输出电路导通，接通负载工作。图 2-3 所示是各种类型的开关外形图。

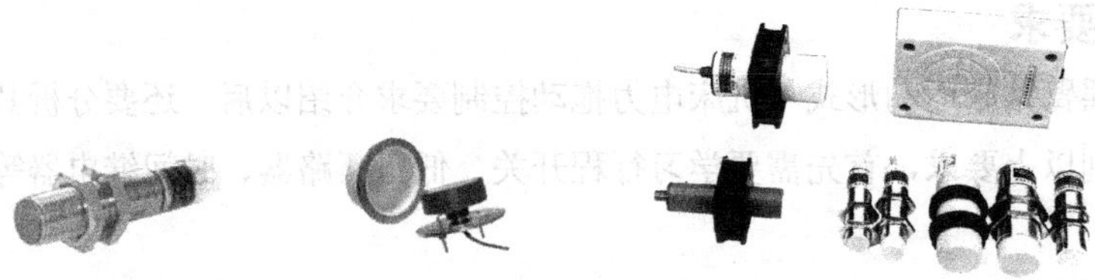

（a）接近开关　（b）高温接近开关　（c）其他类型的接近开关

图2-3　接近开关

1．行程开关的基本结构

行程开关的种类很多，但基本结构相同，都是由触点系统、操作机构和外壳组成的。常见的有直动式和滚轮式两种。

JLXK1系列行程开关的动作原理如图2-4所示。当运动部件的挡铁碰压行程开关的滚轮时，杠杆连同转轴一起转动，使凸轮推动撞块，当撞块被压到一定位置时，推动微动开关快速动作，使其动断触点断开，动合触点闭合。

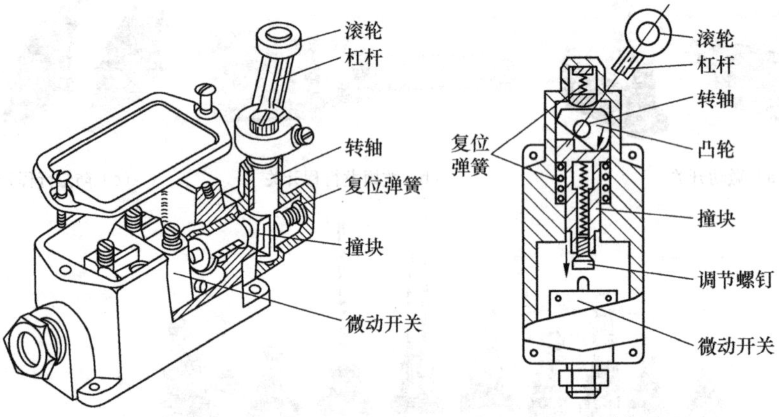

（a）结构　（b）动作原理

图2-4　JLXK1-111型行程开关的结构和动作原理

行程开关的触点动作方式有蠕动型和瞬动型两种。蠕动型的触点结构与按钮相似，其特点是结构简单，价格便宜，触点的分合速度取决于生产机械挡铁的移动速度。当挡铁的移动速度小于0.47 m/min时，触点分合太慢，易产生电弧灼烧触点，从而减少触点的使用寿命，也影响动作的可靠性及行程控制的位置精度。为克服这些缺点，行程开关一般都采用具有快速换接动作机构的瞬动型触点。瞬动型行程开关的触点动作速度与挡铁的移动速度无关，性能显然优于蠕动型。

LX19K型行程开关即是瞬动型，其工作原理如图2-5所示。当运动部件的挡铁碰压顶杆时，顶杆向下移动，压缩弹簧使之储存一定的能量。当顶杆移动到一定位置时，弹簧的弹力方向发生改变，同时储存的能量得以释放，完成跳跃式快速换接动作。当挡铁离开顶杆时，顶杆在弹簧的作用下上移，上移到一定位置，接触桥瞬时进行快速换接，触点迅速恢复到原状态。

行程开关动作后，复位方式有自动复位和非自动复位两种。图 2-6（a）、图 2-6（b）所示的直动式和单轮旋转式均为自动复位式，但有的行程开关动作后不能自动复位，图 2-6（c）所示的双轮旋转式行程开关，只有运动机械反向移动，挡铁从相反方向碰压另一滚轮时，触点才能复位。

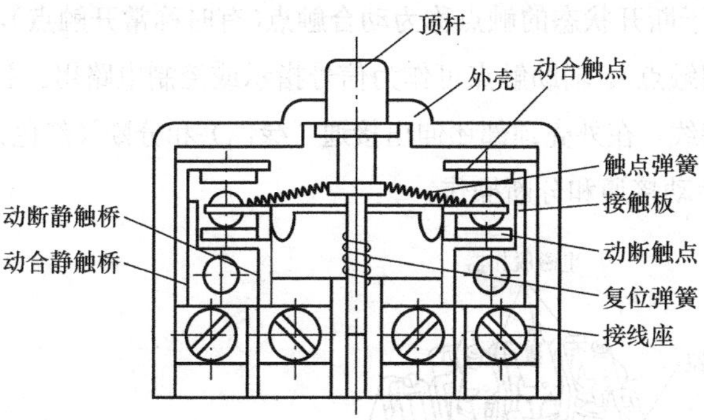

图2-5　LX19K型行程开关的动作原理

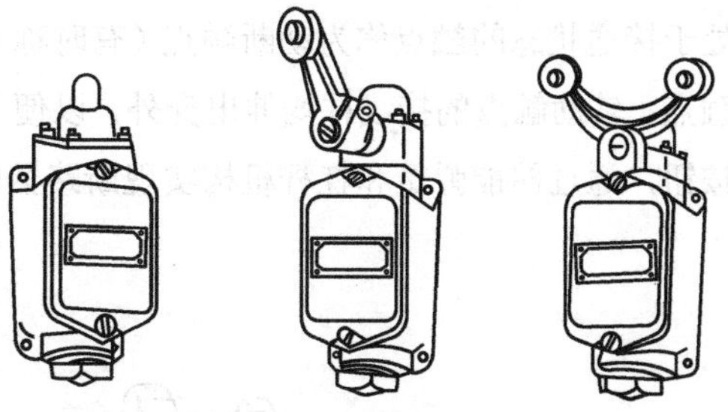

（a）直动式　（b）单轮旋转式　（c）双轮旋转式

图2-6　JLXL1系列行程开关

2. 型号

常用的行程开关有 LX19 和 JLXL1 等系列，其型号及含义如下。

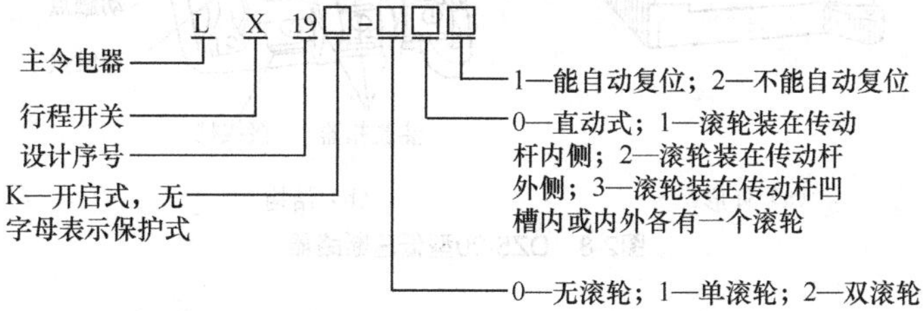

3. 符号

行程开关在电路中的符号如图 2-7 所示。

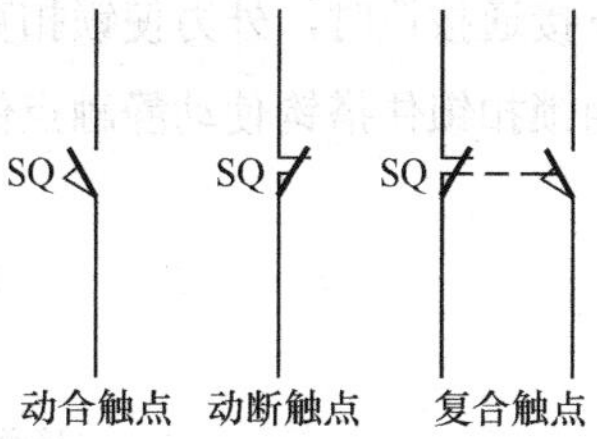

图2-7　行程开关图形与文字符号

（二）低压断路器

低压断路器即低压自动空气开关，又称自动空气断路器，可实现电路的短路、过载、失电压与欠电压保护，能自动分断故障电路，是低压配电网络和电力拖动系统中常用的重要保护电器之一。

低压断路器具有操作安全、工作可靠、动作值可调、分断能力较高等优点，因此得到广泛应用。

1. 结构及工作原理

塑料外壳式低压断路器原称为装置式自动空气式断路器。它把所有的部件都装在一个塑料外壳里，结构紧凑、安全可靠、轻巧美观、可以独立安装。它的形式很多，以前最常用的是 DZ10 型，较新的还有 DZX10、DZ20 等。在电气控制线路中，主要采用的是 DZ5 型和 DZ10 系列低压断路器。

（1）DZ5-20 型低压断路器。DZ5-20 型低压断路器为小电流系列，其外形和结构如图 2-8 所示。断路器主要由动触点、静触点、灭弧装置、操作机构、热脱扣器、电磁脱扣器及外壳等部分组成。其结构采用立体布置，操作机构在中间，上面是由加热元件和双金属片等构成的热脱扣器，用于过载保护。热脱扣器还配有电流调节装置，可以调节整定电流。下面是由线圈和铁芯等组成的电磁脱扣器，作短路保护，它也有一个电流调节装置，调节瞬时脱扣整定电流。主触点在操作机构后面，由动触点和静触点组成，配有栅片灭弧装置，用以接通和分断主回路的大电流。另外，还有动合辅助触点、动断辅助触点各一对。动合触点、动断触点指的是在电器没有外力作用、没有带电时触点的自然状态。当接触器未工作或线圈未通电时处于断开状态的触点称为动合触点（有时称常开触点），处于接通状态的触点称为动断触点（有时称常闭触点）。辅助触点可作为信号指示或控制电路用。主触点、辅助触点的接线柱均伸出壳外，以便于接线。在外壳顶部还伸出接通（绿色）和分断（红色）按钮，通过储能弹簧和杠杆机构实现断路器的手动接通和分断操作。

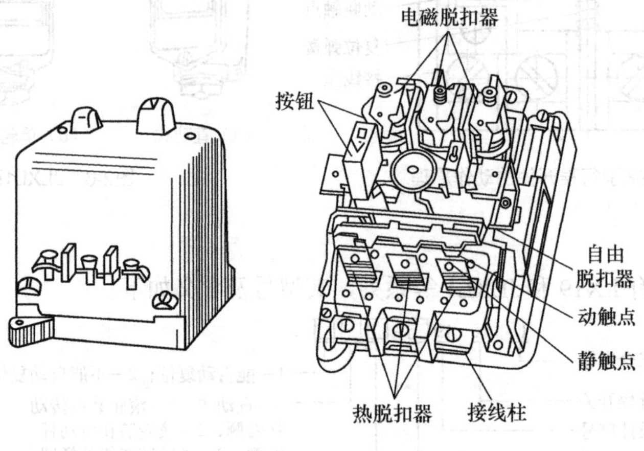

（a）外形　　（b）结构

图2-8　DZ5-20型低压断路器

断路器的工作原理如图 2-9 所示。使用时断路器的三副主触点串联在被控制的三相电路中，按下接通按钮时，外力使锁扣克服反作用弹簧的反力，将固定在锁扣上面的动触点与静触点闭合，并由锁扣锁住搭钩使动静触点保持闭合，开关处于接通状态。

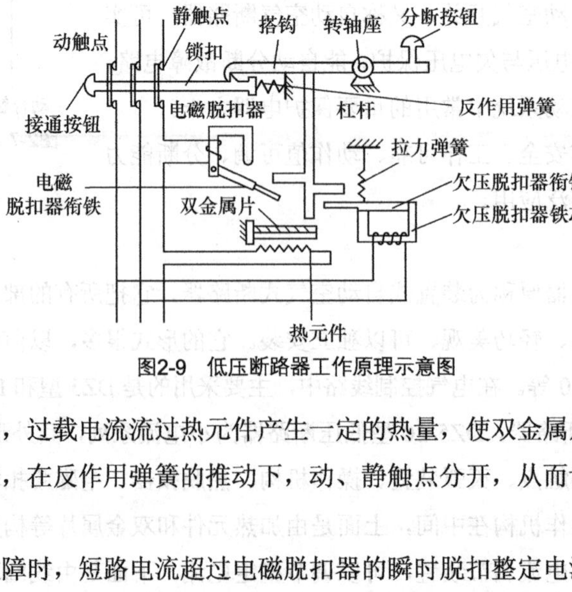

图2-9　低压断路器工作原理示意图

当线路发生过载时，过载电流流过热元件产生一定的热量，使双金属片受热向上弯曲，通过杠杆推动搭钩与锁扣脱开，在反作用弹簧的推动下，动、静触点分开，从而切断电路，使用电设备不致因过载而烧毁。

当线路发生短路故障时，短路电流超过电磁脱扣器的瞬时脱扣整定电流，电磁脱扣器产生足够大的吸力将衔铁吸合，通过杠杆推动搭钩与锁扣分开，从而切断电路，实现短路保护。低压断路器出厂时，电磁脱扣器的瞬时脱扣整定电流一般整定为 $10I_N$（I_N 为断路器的额定电流）。

欠压脱扣器的动作过程与电磁脱扣器恰好相反。需手动分断电路时，按下分断按钮即可。

（2）DZ10 型低压断路器。DZ10 系列为大电流系列，其额定电流的等级有 100 A、250 A、600 A 3 种，分断能力为 7～50 kA。在机床电气系统中常用 250 A 以下的等级作为电气控制柜的电源总开关。通常将其装在控制柜内，将操作手柄伸在外面，露出“分”与“合”的字样。

DZ10 型低压断路器可根据需要装设热脱扣器（用双金属片作过负荷保护）、电磁脱扣器（只作短路保护）和复式脱扣器（可同时实现过负荷保护和短路保护）。

DZ10 型低压断路器的操作手柄有以下 3 个位置。

① 合闸位置。手柄向上扳，跳钩被锁扣扣住，主触点闭合。

② 自由脱扣位置。跳钩被释放（脱扣），手柄自动移至中间，主触点断开。

③ 分闸和再扣位置。手柄向下扳，主触点断开，使跳钩又被锁扣扣住，从而完成了“再扣”的动作，为下一次合闸做好了准备。如果断路器自动跳闸后，不把手柄扳到再扣位置（即分闸位置），则不能直接合闸。

DZ10 型低压断路器采用钢片灭弧栅，因为脱扣机构的脱扣速度快，灭弧时间短，一般断路时间不超过一个周期（0.02 s），断流能力就比较大。

（3）漏电保护断路器。漏电保护断路器通常称为漏电开关，是一种安全保护电器，在线路或设备出现对地漏电或人身触电时，迅速自动断开电路，能有效地保证人身和线路的安全。电磁式电流动作型漏电断路器结构如图 2-10 所示。

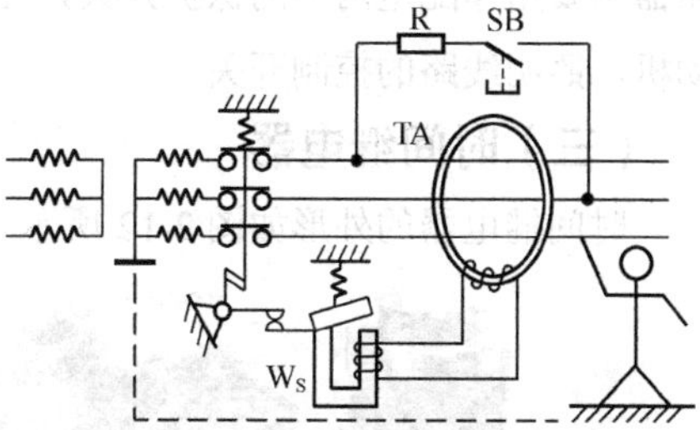

图2-10　漏电保护断路器工作组原理图

漏电保护断路器主要由零序互感器 TA、漏电脱扣器 W_S、试验按钮 SB、操作机构和外壳组成。实质上就是在一般的自动开关中增加一个能检测电流的感受元件零序互感器和漏电脱扣器。零序互感器是一个环形封闭的铁芯，主电路的三相电源线均穿过零序互感器的铁芯，为互感器的一次绕组。环形铁芯上绕有二次绕组，其输出端与漏电脱扣器的线圈相接。在电路正常工作时，无论三相负载电流是否平衡，通过零序电流互感器一次侧的三相电流相量和为零，二次侧没有电流。当出现漏电和人身触电时，漏电或触电电流将经过大地流回电源的中性点，因此零序电流互感器一次侧三相电流的相量和就不为零，互感器的二次侧将感应出电流，此电流通过，使漏电脱扣器线圈动作，则低压断路器分闸切断主电路，从而保障人身安全。

为了经常检测漏电开关的可靠性，开关上设有试验按钮，与一个限流电阻 R 串联后跨接于两相线路上。当按下试验按钮后，漏电断路器立即分闸，证明该开关的保护功能良好。

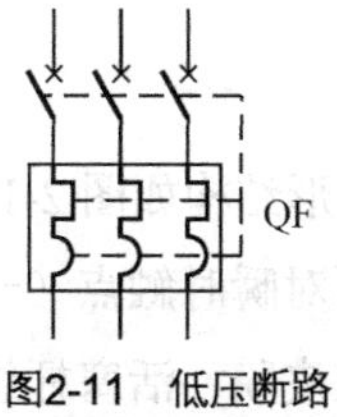

图2-11　低压断路器的符号

2. 符号

低压断路器在电路图中的符号如图 2-11 所示。

3. 型号

低压断路器的型号如下。

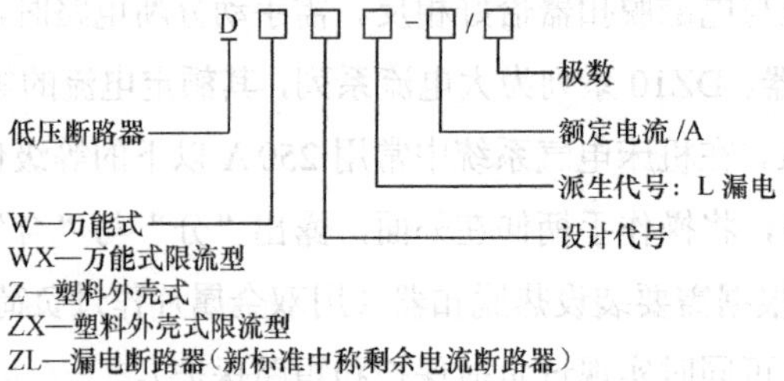

4. 选择

选择低压断路器时主要从以下几方面考虑。

（1）断路器额定电压、额定电流应大于或等于线路、设备的正常工作电压、工作电流。

（2）断路器极限通断能力大于或等于线路最大短路电流。

（3）欠电压脱扣器额定电压等于线路额定电压。

（4）过电流脱扣器的额定电流应大于或等于线路的最大负载电流。

低压断路器按结构形式可分为塑壳式（又称装置式）、框架式（又称万能式）两大类。框架式断路器主要用作配电网络的保护开关，而塑料外壳式断路器除用作配电网络的保护开关外，还用作电动机、照明线路的控制开关。

（三）时间继电器

时间继电器的外形如图 2-12 所示。

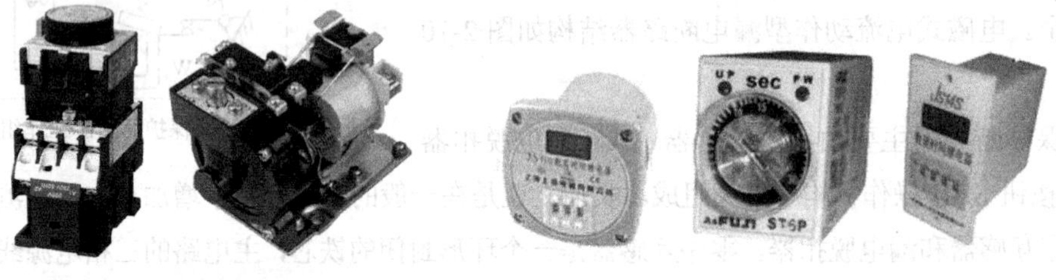

（a）空气囊时间继电器　　（b）电子式时间继电器

图2-12　时间继电器外形

时间继电器是在线圈得电或断电后，触点要经过一定时间延时后才动作或复位，是实现触点延时接通和断开电路的自动控制电器。时间继电器分为通电延时和断电延时两种：电磁线圈通电后，触点延时通断的为通电延时型；线圈断电后，触点延时通断的为断电延时型。

1. 结构及工作原理

空气式时间继电器主要由电磁系统、工作触点、气室和传动机构等组成，其外形结构如图 2-13 所示。电磁系统由电磁线圈、铁芯、衔铁、反力弹簧和弹簧片组成。工作触点由两对瞬时触点（一对常开与一对常闭）和两对延时触点（一对常开与一对常闭）组成。气室主要由橡皮膜、活塞杆组成。橡皮膜和活塞可随气室进气量移动，气室上面有一颗调节螺钉，可通过它调节气室进气速度的大小来调节延时的长短。传动机构由杠杆、推杆、推板和宝塔型弹簧组成。

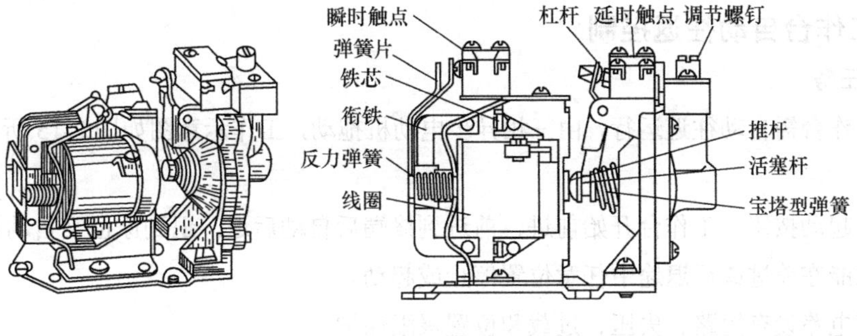

（a）外形　　（b）结构

图2-13　JS7-A系列时间继电器的外形与结构

当电路通电后，电磁线圈的静铁芯产生磁场力，使衔铁克服反作用弹簧的弹力而吸合，与衔铁相连的推板向右运动，推动推杆压缩宝塔型弹簧，使气室内橡皮膜和活塞缓慢向右运动，通过弹簧片使瞬时触点动作的同时也通过杠杆使延时触点延时动作，延时时间由气室进气口的节流程度决定，其节流程度可用调节螺钉控制。

2. 符号

时间继电器在电路图中的符号如图 2-14 所示。

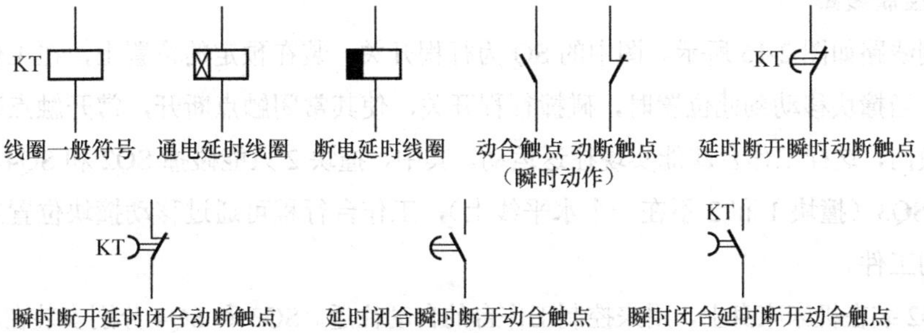

图2-14　时间继电器的符号

3. 型号

以 JS7 系列为例，其型号如下。

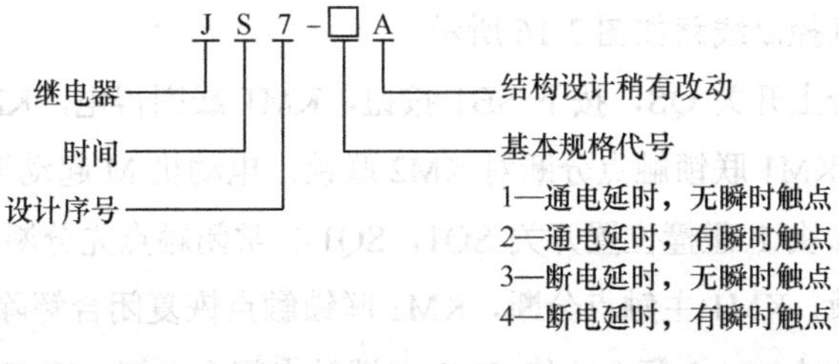

(四)工作台自动往返控制

1. 工作任务

某机床工作台需自动往返运行，由三相异步电动机拖动，工作示意图如图2-15所示，其控制要求如下。

(1)按下起动按钮，工作台开始前进，前进到终端后自动后退，退到原位又自动前进。

(2)要求能在前进或后退途中任意位置停止或起动。

(3)控制电路设有短路、失压、过载和位置极限保护。

请根据要求完成控制电路的设计与安装。

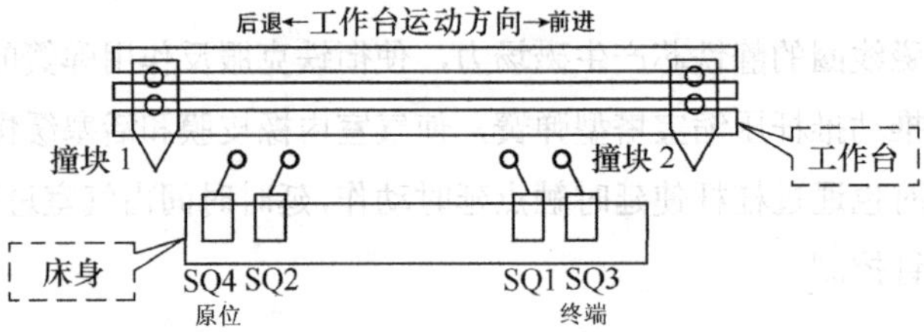

图2-15 工作台运动方向示意图

2. 限位控制线路

限位控制线路如图2-15所示。图中的SQ为行程开关，装在预定的位置上，在工作台的梯形槽中装有撞块，当撞块移动到此位置时，碰撞行程开关，使其常闭触点断开，常开触点闭合，能使工作台停止和换向，这样工作台就能实现往返运动。其中，撞块2只能碰撞SQ2和SQ4，撞块1只能碰撞SQ1和SQ3(撞块1和2不在一个水平线上)，工作台行程可通过移动撞块位置来调节，以适应加工不同的工件。

SQ1、SQ2装在机床床身上，用来控制工作台的自动往返。SQ3和SQ4分别安装在向右或向左的某个极限位置上。如果SQ1或SQ2失灵时，工作台会继续向右或向左运动，当工作台运行到极限位置时，撞块就会碰撞SQ3和SQ4，从而切断控制线路，迫使电动机M停转，工作台就停止移动，SQ3和SQ4起到终端保护作用(即限制工作台的极限位置)，因此称为终端保护开关或简称终端开关。

3. 设计电路原理图

工作台自动往返电气控制线路如图2-16所示。

其工作原理为：先合上开关QS，按下SB1按钮，KM1线圈得电，KM1自锁触点闭合自锁，KM1主触点闭合，同时KM1联锁触点分断对KM2联锁，电动机M起动连续正转，工作台向右运动，移至限定位置时，撞块1碰撞位置开关SQ1，SQ1-1常闭触点先分断，KM1线圈失电，KM1自锁触点分断，解除自锁，KM1主触点分断，KM1联锁触点恢复闭合解除联锁，电动机M失电停转，工作台停止右移，同时SQ1-2闭合，使KM2自锁触点闭合自锁，KM2主触点闭合，同时KM2联锁触点分断对KM1联锁，电动机M起动连续反转，工作台左移(SQ1触点复位)，移至限定位置时，撞块2碰撞位置开关SQ2，SQ2-1先分断，KM2线圈失电，KM2自锁触点分断解除自锁，KM2主触点分断，KM2联锁触点恢复闭合解除联锁，电动机M失电停转，工作台停止左移，同时

SQ2-2 闭合，使 KM1 自锁触点闭合自锁，KM1 主触点闭合，同时 KM1 联锁触点分断对 KM2 联锁。电动机 M 起动连续正转，工作台向右运动，以此循环动作，使机床工作台实现自动往返动作。

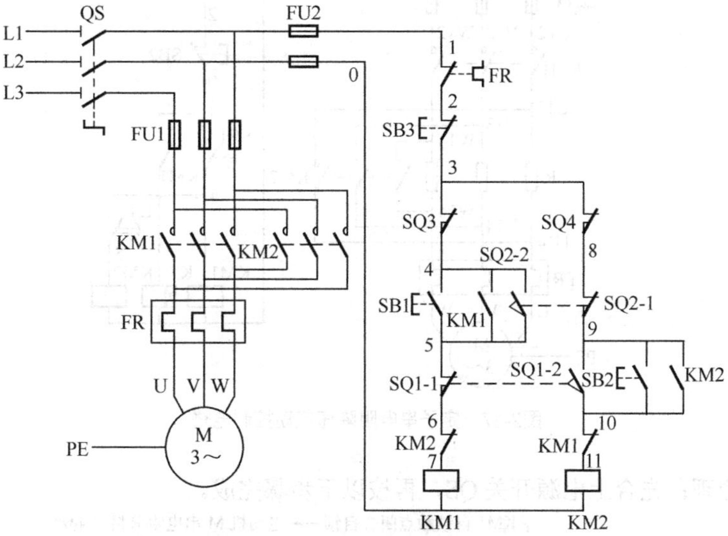

图2-16　工作台自动往返电气控制线路

（五）三相异步电动机降压起动控制电路

前面章节所述的电动机正转和正反转等各种控制线路起动时，加在电动机定子绕组上的电压为额定电压，属于全压起动（直接起动）。直接起动电路简单，但起动电流大［I_{ST}=（4～7）I_N］，将对电网其他设备造成一定的影响，因此当电动机功率较大时（大于 7 kW），需采取降压起动方式起动，以降低起动电流。

所谓降压起动，就是利用某些设备或者采用电动机定子绕组换接的方法，降低起动时加在电动机定子绕组上的电压，而起动后再将电压恢复到额定值，使之在正常电压下运行。因为电枢电流和电压成正比，所以降低电压可以减小起动电流，不致在电路中产生过大的电压降，减少对电路电压的影响。不过，因为电动机的电磁转矩和端电压平方成正比，所以电动机的起动转矩也就减小了。因此，降压起动一般需要在空载或轻载下起动。

三相笼型异步电动机常用的降压起动方法有定子串电阻（或电抗）、Y—△降压、自耦变压器起动几种，虽然方法各异，但目的都是为了减小起动电流。

1. 定子串电阻降压起动

图 2-17 所示为定子串电阻降压起动控制电路，电动机起动时在三相定子电路中串接电阻，使电动机定子绕组电压降低，起动后再将电阻短路，电动机仍然在正常电压下运行，这种起动方式由于不受电动机接线形式的限制，设备简单，因而在中小型机床中也有应用，机床中也常用这种串接电阻的方法限制点动调整时的起动电流。

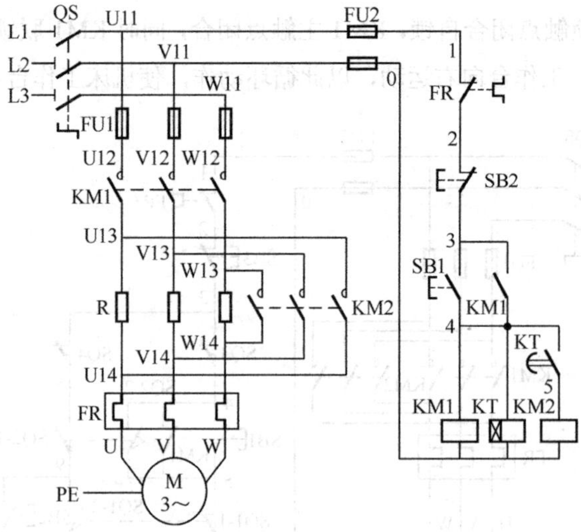

图2-17 定子串电阻降压起动控制电路

电路的工作原理：先合上电源开关QS，再按以下步骤完成。

按下SB1按钮：
- KM1线圈得电 → KM1自锁触点闭合自锁 → 电动机M串电阻R降压起动；KM1主触点闭合
- KT线圈得电 → 至转速上升一定值时，KT延时时间到KT常开触点闭合 → KM2线圈得电 → KM2主触点闭合 → R被短接 → 电动机M全压运转，停止时，按下SB2按钮即可实现。

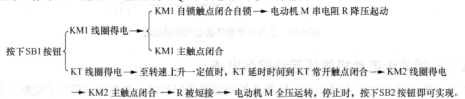

由以上分析可见，当电动机M全压正常运转时，接触器KM1和KM2、时间继电器KT的线圈均需长时间通电，从而使能耗增加，电器寿命缩短。为此，可以对图2-17所示的控制电路进行改进，KM2的3对主触点不是直接并接在起动电阻R两端，而是把接触器KM1的主触点也并接进去，这样接触器KM1和时间继电器KT只作短时间的降压起动，待电动机全压运转后就全部从线路中切除，从而延长了接触器KM1和时间继电器KT的使用寿命，节省了电能，提高了电路的可靠性。（读者可自行设计控制电路）

定子串电阻降压起动电路中的起动电阻一般采用由电阻丝绕制的板式电阻或铸铁电阻，电阻功率大，能够通过较大电流，但功耗较大，为了降低能耗可采用电抗器代替电阻。

2. Y—△降压起动

定子绕组接成Y形时，由于电动机每相绕组额定电压只为△形接法的$1/\sqrt{3}$，电流为△形接法的1/3，电磁转矩也为△形接法的1/3。因此，对于△形接法运行的电动机，在电动机起动时应先将定子绕组接成Y形，实现了降压起动，减小起动电流，当起动即将完成时再换接成△形，各相绕组承受额定电压工作，电动机进入正常运行，故这种降压起动方法称为Y—△降压起动。

图2-18所示为Y—△降压起动控制电路，其中主电路由3组接触器主触点分别将电动机的定子绕组接成△形和Y形，即KM1、KM3主触点闭合时，绕组接成Y形，KM1、KM2主触点闭合时，接为△形，两种接线方式的切换要在很短的时间内完成，在控制电路中采用时间继电器实现定时自动切换。

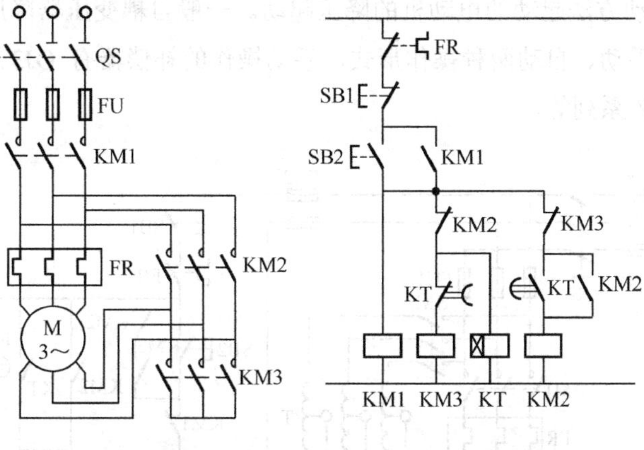

（a）主电路　　　　（b）控制电路

图2-18 Y—△降压起动控制电路

控制线路工作过程：先合上电源开关QS，再按以下步骤操作。

（1）Y形降压起动△运行。

按下SB2按钮
- KM1线圈通电吸合
  - KM1自锁触点闭合
  - KM1主触点闭合
- KM3线圈通电吸合
  - KM3主触点闭合
  - KM3联锁触点断开→保证KM2线圈断电

（KM1主触点闭合、KM3主触点闭合）→ 定子绕组接成Y，电动机降压起动

KT线圈通电吸合
- KT常闭触点延时断开→KM3线圈断电
- KT常开触点延时闭合 → KM2线圈通电吸合
  - KM2自锁触点闭合
  - KM2主触点闭合
  - KM1主触点已闭合
  - KM2联锁触点断开

（KM2主触点闭合、KM1主触点已闭合）→ 定子绕组接成△，电动机全压运行

（2）停止。

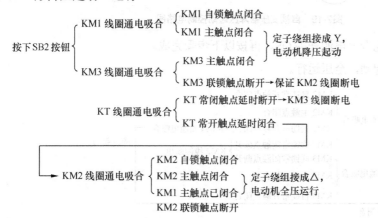

按下SB1→控制电路断电→KM1、KM2、KM3线圈断电释放→电动机M断电停车。

用Y—△降压起动时，由于起动转矩降低很多，只适用于轻载或空载下起动的设备上。此法最大的优点是所需设备较少，价格低，因而获得较广泛的应用。由于此法只能用于正常运行时为三角形连接的电动机上，因此我国生产的JO2系列、Y系列、Y2系列三相笼型异步电动机，凡功率在4kW及以上者，正常运行时都采用三角形连接。

3. 自耦变压器降压起动

自耦变压器降压起动是利用自耦变压器来降低加在电动机三相定子绕组上的电压，达到限制起动电流的目的。自耦变压器降压起动时，将电源电压加在自耦变压器的高压绕组，而电动机的定子绕组与自耦变压器的低压绕组连接，如图2-19所示。当电动机起动后，将自耦变压器切除，电动机定子绕组直接与电源连接，在全电压下运行。自耦变压器降压起动比Y—△降压起动的起动转矩大，并且可用抽头调节自耦变压器的变比以改变起动电流和起动转矩的大小。这种起动需要一个庞大的自耦变压器，并且不允许频繁起动。因此，自耦变压器降压起动适用于容量较大但

不能用 Y—△降压起动方法起动的电动机的降压起动。一般自耦变压器降压起动是采用成品的补偿降压起动器，包括手动、自动两种操作形式，手动操作的补偿器有 QJ3、QJ5 等型号，自动操作的有 XJ01 型和 CTZ 系列等。

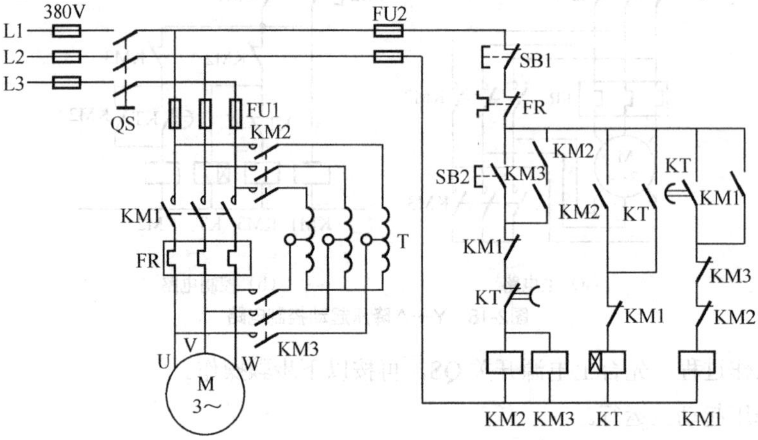

图2-19 自耦变压器降压起动控制电路图

控制线路工作过程：先合上电源开关 QS，再按以下步骤完成。

（1）自耦变压器降压起动，全压运行。

- 按下SB2按钮
  - KM2 线圈通电吸合
    - KM2 自锁常开触点闭合
    - KM2 主触点闭合
    - KM2 辅助常开触点闭合→KT 线圈通电吸合 → 降压起动
    - KM2 联锁常闭触点断开 → KM2 线圈断电
  - KM3 线圈通电吸合
    - KM3 联锁常闭触点断开 → KM2 线圈断电
    - KM3 主触点闭合
    - KM3 自锁常开触点闭合
- 降压起动 →
  - KT 自锁常开触点闭合
  - KT 常闭触点延时先断开→KM2、KM3 线圈断电
  - KT 常开触点延时闭合→KM1 线圈通电吸合
    - KM1 自锁常开触点闭合
    - KM1 主触点闭合→电动机全压运行
    - KM1 联锁常闭触点断开→KT 线圈断电
    - KM1 联锁常闭触点断开→KM2、KM3 线圈断电

（2）停止。

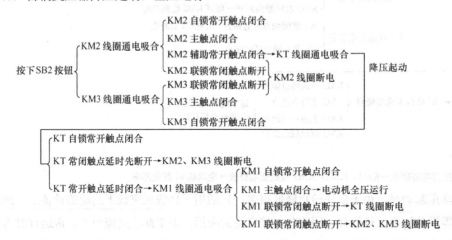

按下 SB1 按钮→控制电路断电→KM1、KM2、KM3 线圈断电释放→电动机 M 断电停车。

三、应用举例

（一）电动机自动往返两边延时的控制线路

（1）在一些饲料自动加工厂，需要实现两地之间的装料与卸料，将装袋的饲料从 A 地运输到 B 地进行存储，装载与卸载需要相同的时间（5 s），现设计一个自动运输控制电路原理图。

图 2-20 所示为用 2 个时间继电器来实现自动往返两边延时的电路。该电路的设计思路是在自动

往返控制电路的基础上增加时间的控制，在电路中使用时间继电器 KT1、KT2，在 A、B 两地使用 SQ1、SQ2 常开触点来控制时间继电器的接通与断开，实现两行程终点的延时。

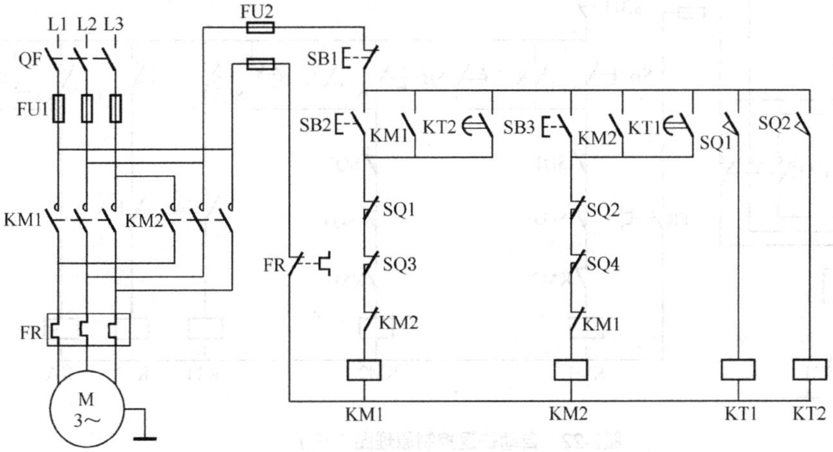

图2-20　自动往返控制原理图（一）

图 2-21 所示为用一个时间继电器和一个中间继电器来实现自动往返两边延时的电路，中间继电器 KA 在电路中起到失压保护作用。如果没有中间继电器 KA，当送料小车运行到 A 或 B 点时，小车会压合行程开关 SQ1 或 SQ2，若电路突然停电后，当线路再次送电时，送料小车会因行程开关 SQ1 或 SQ2 被压使常开触点闭合，接触器 KM1 或 KM2 线圈得电，电动机就会自行起动而造成事故。SQ1、SQ2 在线路中经常被小车碰压，是工作行程开关；SQ3、SQ4 是小车在两终点的限位保护开关，防止 SQ1、SQ2 失灵后小车会冲出预定的轨迹而出事故。SB2、SB3 的常闭触点在电路中起到联锁保护，如果没有它的常闭触点，那么需要增加一对时间继电器的延时常开触点来控制，而时间继电器只有一对常开触点。

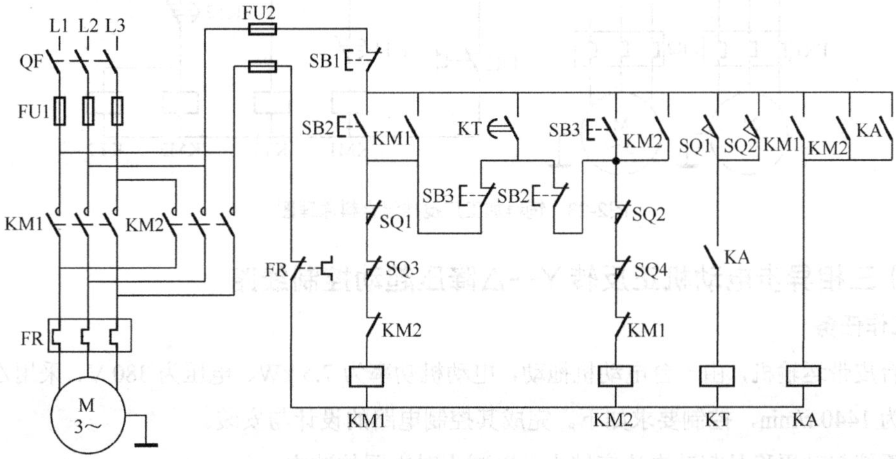

图2-21　自动往返控制原理图（二）

（2）如果上面控制的两行程终点停留时间不相同，就需要在电路中增加一个时间继电器来实现两行程终点停留的不同时间，电气原理图如图 2-22 所示。

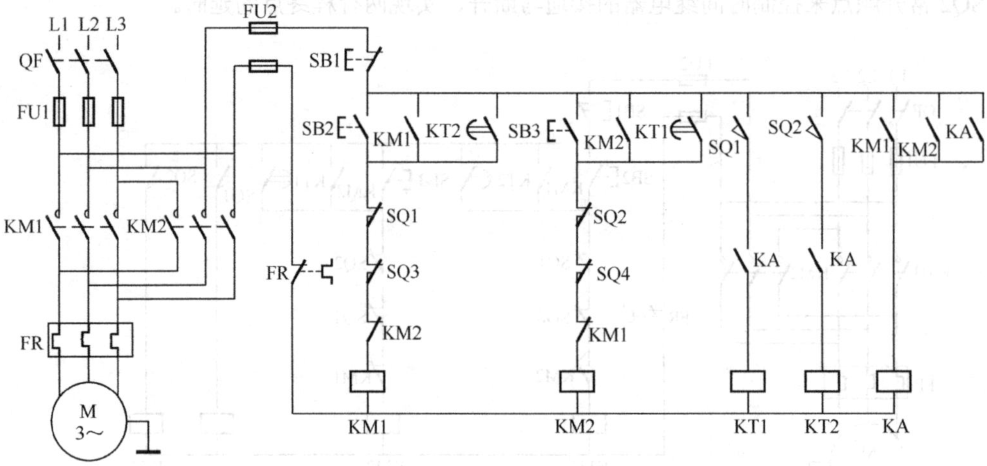

图2-22　自动往返控制原理图（三）

（二）时间原则控制的两台电动机起停控制线路

一个饲料加工厂在搅拌混合料时，按下起动按钮，先将各种配料通过皮带机送入混合罐中 3 s 后，皮带拖动电动机停止，搅拌电动机起动搅拌饲料 20 s 后停止。电气原理图如图 2-23 所示。

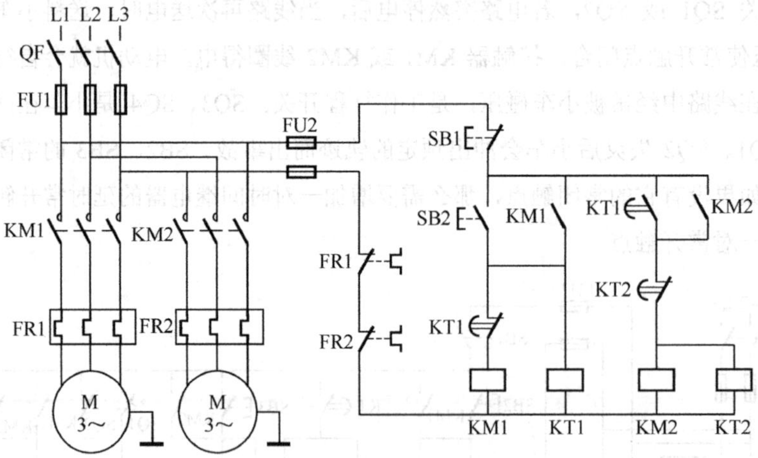

图2-23　饲料加工厂搅拌混合料原理图

（三）三相异步电动机正反转 Y—Δ降压起动控制线路

1. 工作任务

有一台皮带运输机，由一台电动机拖动，电动机功率为 7.5 kW、电压为 380 V、采用△形接法，额定转速为 1440 r/min，控制要求如下。完成其控制电路的设计与安装。

（1）系统起动平稳且起动电流应较小，以减小对电网的冲击。

（2）系统可实现连续正反转。

（3）有短路、过载、失压和欠压保护。

2. 任务分析

（1）起动方案的确定。生产机械所用电动机功率为7.5 kW，△形接法，因此在综合考虑性价比的情况下，选用Y—△降压起动方法实现平稳起动。起动时间由时间继电器设定。

（2）电路保护的设置。根据控制要求，过载保护采用热继电器实现，短路保护采用熔断器实现，因为采用接触器继电器控制，所以具有欠压和失压保护功能。

（3）根据正反向Y—△降压起动指导思想，设计本项目的控制流程，具体如下。

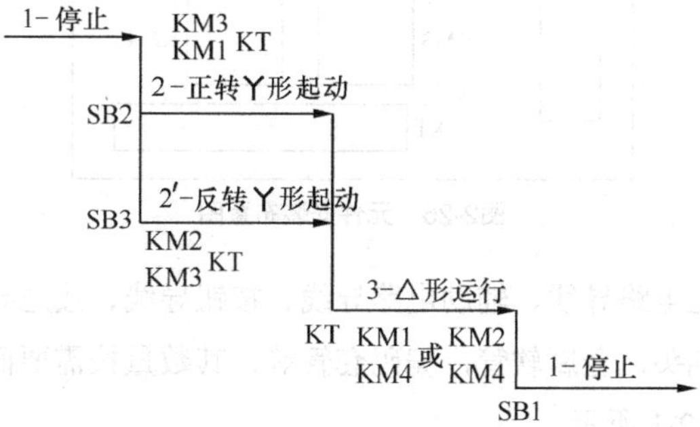

3. 任务实施

（1）正反向Y—△降压起动控制电路的设计。

① 根据工作流程图设计相应的控制电路图，如图2-24所示。

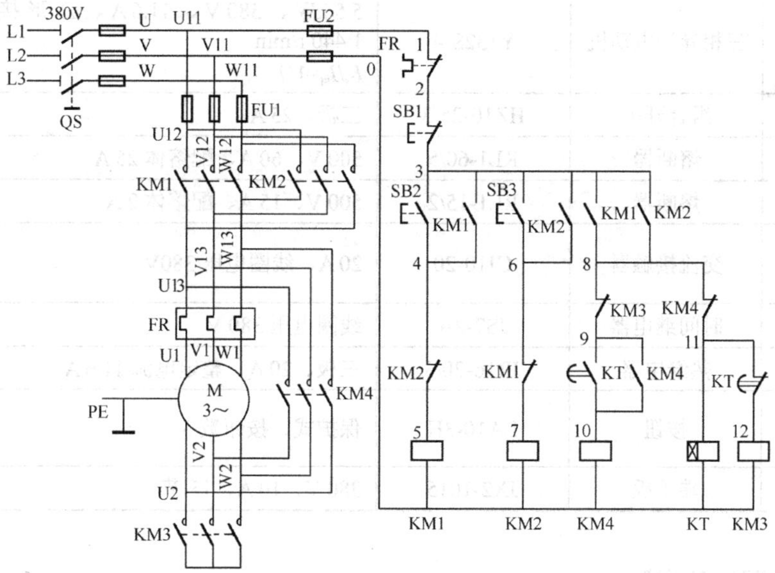

图2-24　三相异步电动机正反向Y—△降压起动自动控制线路

② 根据图2-24正反向Y—△降压起动控制电路原理图，画出元件的安装布置图，如图2-25所示。

（2）工作准备。

① 所需工具、仪表及器材如下。

工具：测电笔、螺钉旋具、尖嘴钳、斜口钳、剥线钳、电工刀、校验灯等。

仪表：5050型兆欧表、T301-A型钳形电流表，MF47型万用表。

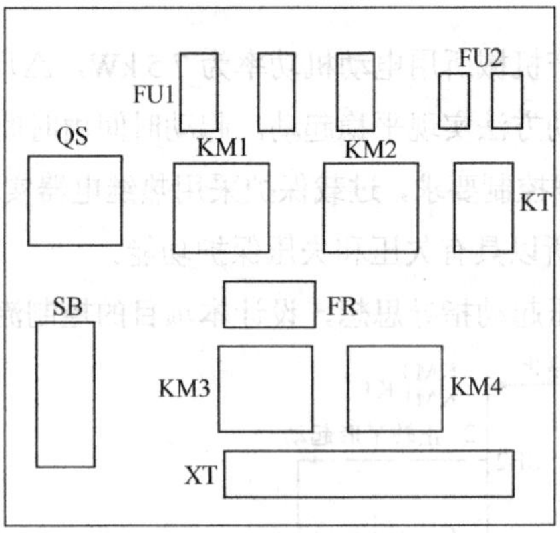

图2-25　元件安装布置图

器材：控制板一块，主电路导线、辅助电路导线、按钮导线、接地导线、走线槽若干，各种规格的紧固体，针形及叉形轧头，金属软管，编码套管等，其数量按需要而定。

② 元件明细表，如表2-1所示。

表2-1　　　　　　　　　　元件明细表

代　　号	名　　称	型　　号	规　　格	数量
M	三相异步电动机	Y132S-4	5.5 kW、380 V、11.6 A、△形接法、1 440 r/min I_N/I_{st}=1/7	1
QS	组合开关	HZ10-25/3	三极、25 A	1
FU1	熔断器	RL1-60/5	500 V、60 A、配熔体25 A	3
FU2	熔断器	RL1-15/2	500 V、15 A、配熔体2 A	2
KM1、KM2、KM3、KM4	交流接触器	CJ10-20	20 A、线圈电压380V	4
KT	时间继电器	JS7-2A	线圈电压380 V	1
FR	热继电器	JR16-20/3	三极、20 A、整定电流11.6 A	1
SB1、SB2、SB3	按钮	LA10-3H	保护式、按钮数3	1
XT	端子板	JX2-1015	380 V、10 A、15节	1

（3）工作步骤如下所述。

① 按表配齐所用电器元件，并检验元件质量。

② 固定元器件。将元件固定在控制板上，要求元件安装牢固，并符合工艺要求。元件布置参考图如图2-24所示，按钮SB可安装在控制板外。

③ 安装主电路。根据电动机容量选择主电路导线，按电气控制线路图接好主电路。参考图如图2-24所示。

④ 安装控制电路。根据电动机容量选择控制电路导线，按电气控制线路图接好控制电路。

⑤ 自检。检查主电路和控制线路的连接情况。

⑥ 检查无误后通电试车。为保证人身安全，在通电试车时，要认真执行安全操作规程的有关规定，经老师检查并现场监护。

接通三相电源 L1、L2、L3，合上电源开关 QS，用电笔检查熔断器出线端，氖管亮说明电源接通。分别按下 SB2、SB3 和 SB1 按钮，观察是否符合线路功能要求，观察电气元件动作是否灵活，有无卡阻及噪声过大现象，观察电动机运行是否正常。若有异常，立即停车检查。

（四）Z3050 型摇臂钻床电气控制线路分析及故障排除

图 2-26 所示是 Z3050 型摇臂钻床的电气控制线路的主电路和控制电路图。

1. 主电路分析

Z3050 型摇臂钻床共有 4 台电动机，除冷却泵电动机采用开关直接起动外，其余 3 台异步电动机均采用接触器直接起动。

M1 是主轴电动机，由交流接触器 KM1 控制，只要求单方向旋转，主轴的正反转由机械手柄操作。M1 装在主轴箱顶部，带动主轴及进给传动系统，热继电器 FR 是过载保护元件。

M2 是摇臂升降电动机，装于主轴顶部，用接触器 KM2 和 KM3 控制正反转。因为该电动机短时间工作，故不设过载保护电器。

M3 是液压油泵电动机，可以作正向转动和反向转动。正向旋转和反向旋转的起动与停止由接触器 KM4 和 KM5 控制。热继电器 FR2 是液压油泵电动机的过载保护电器。该电动机的主要作用是供给夹紧装置压力油、实现摇臂和立柱的夹紧与松开。

M4 是冷却泵电动机，功率很小，由开关直接起动和停止。

2. 控制电路分析

（1）主轴电动机 M1 的控制。按下起动按钮 SB2，则接触器 KM1 吸合并自锁，使主电动机 M1 起动运行，同时指示灯 HL3 亮。按停止按钮 SB1，则接触器 KM1 释放，使主电动机 M1 停止旋转，同时指示灯 HL3 熄灭。

（2）摇臂升降控制。

① 摇臂上升。Z3050 型摇臂钻床摇臂的升降由 M2 拖动，SB3 和 SB4 分别为摇臂升、降的点动按钮，由 SB3、SB4 和 KM2、KM3 组成具有双重互锁的 M2 正反转点动控制电路。因为摇臂平时是夹紧在外立柱上的，所以在摇臂升降之前，先要把摇臂松开，再由 M2 驱动升降，摇臂升降到位后，再重新将其夹紧。而摇臂的松、紧是由液压系统完成的。在电磁阀 YV 线圈通电吸合的条件下，液压泵电动机 M3 正转，正向供出压力油进入摇臂的松开油腔，推动松开机构使摇臂松开，摇臂松开后，行程开关 SQ2 动作、SQ3 复位；若 M3 反转，则反向供出压力油进入摇臂的夹紧油腔，推动夹紧机构使摇臂夹紧，摇臂夹紧后，行程开关 SQ3 动作、SQ2 复位。由此可见，摇臂升降的电气控制是与松紧机构液压与机械系统（M3 与 YV）的控制配合进行的。下面以摇臂的上升为例，分析控制的全过程。

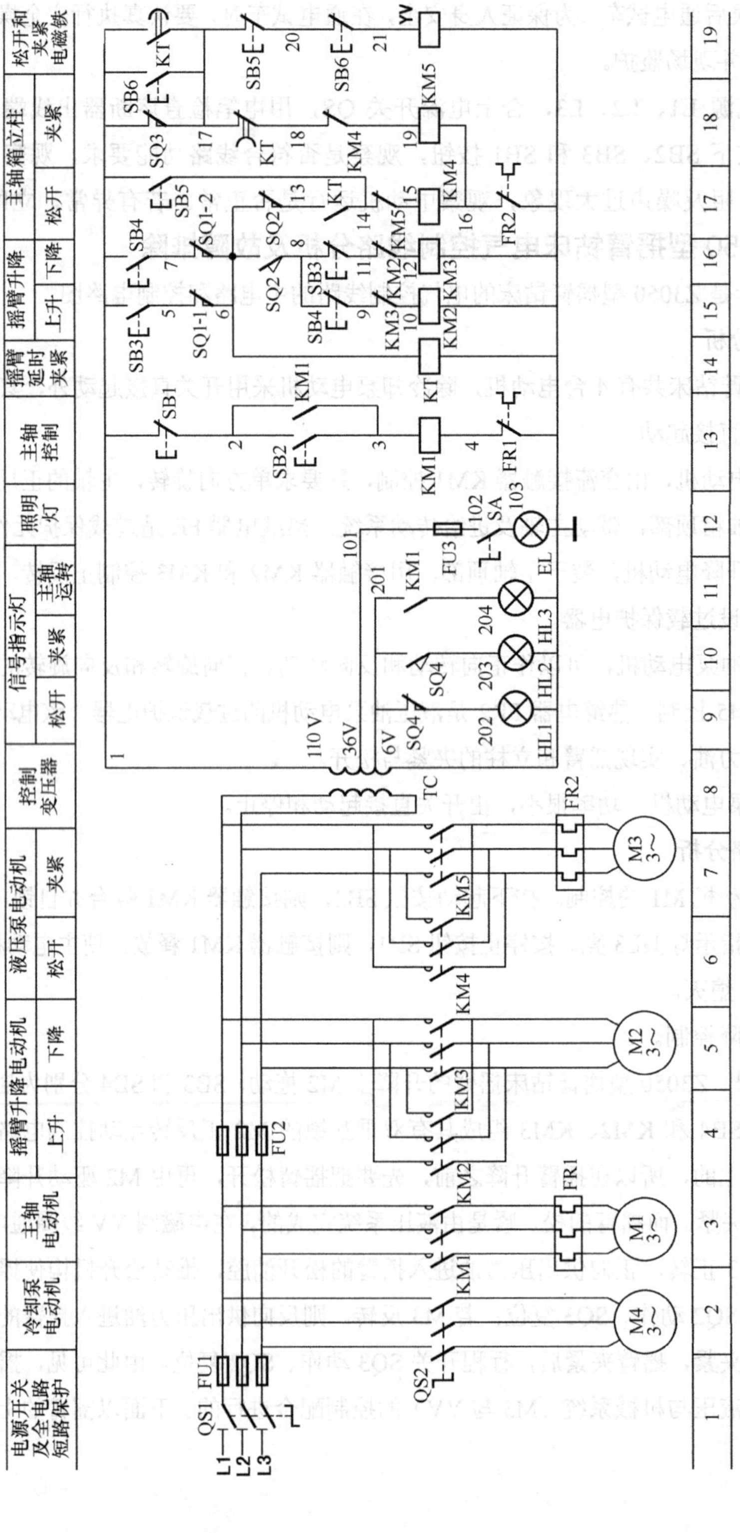

图2-26 Z3050型摇臂钻床电气原理图

按住摇臂上升按钮 SB3→SB3 动断触点断开，切断 KM3 线圈支路；SB3 动合触点闭合（1—5）→时间继电器 KT 线圈通电→KT 动合触点闭合（13—14），KM4 线圈通电，M3 正转；延时动合触点（1—17）闭合，电磁阀线圈 YV 通电，摇臂松开→行程开关 SQ2 动作→SQ2 动断触点（6—13）断开，KM4 线圈断电，M3 停转；SQ2 动合触点（6—8）闭合，KM2 线圈通电，M2 正转，摇臂上升→摇臂上升到位后松开 SB3→KM2 线圈断电，M2 停转；KT 线圈断电→延时 1～3 s，KT 动合触点（1—17）断开，YV 线圈通过 SQ3（1—17）→仍然通电；KT 动断触点（17—18）闭合，KM5 线圈通电，M3 反转，摇臂夹紧→摇臂夹紧后，压下行程开关 SQ3，SQ3 动断触点（1—17）断开，YV 线圈断电；KM5 线圈断电，M3 停转。

② 摇臂下降。摇臂的下降由 SB4 控制 KM3→M2 反转来实现，其过程可自行分析。时间继电器 KT 的作用是在摇臂升降到位、M2 停转后，延时 1～3 s 再起动 M3 将摇臂夹紧，其延时时间视从 M2 停转到摇臂静止的时间长短而定。KT 为断电延时类型，在进行电路分析时应注意。

如上所述，摇臂松开由行程开关 SQ2 发出信号，而摇臂夹紧后由行程开关 SQ3 发出信号。

如果夹紧机构的液压系统出现故障，摇臂夹不紧，或者因 SQ3 的位置安装不当，在摇臂已夹紧后 SQ3 仍不能动作，则 SQ3 的动断触点（1—17）长时间不能断开，使液压泵电动机 M3 出现长期过载，因此 M3 须由热继电器 FR2 进行过载保护。

摇臂升降的限位保护由行程开关 SQ1 实现，SQ1 有两对动断触点：SQ1-1（5—6）实现上限位保护，SQ1-2（7—6）实现下限位保护。

（3）主轴箱和立柱的松、紧控制。主轴箱和立柱的松、紧是同时进行的，SB5 和 SB6 分别为松开与夹紧控制按钮，由它们点动控制 KM4、KM5→控制 M3 的正、反转，由于 SB5、SB6 的动断触点（17—20—21）串联在 YV 线圈支路中。所以在操作 SB5、SB6 使 M3 点动作的过程中，电磁阀 YV 线圈不吸合，液压泵供出的压力油进入主轴箱和立柱的松开、夹紧油腔，推动松、紧机构实现主轴箱和立柱的松开、夹紧。同时，由行程开关 SQ4 控制指示灯发出信号：主轴箱和立柱夹紧时，SQ4 的动断触点（201—202）断开而动合触点（201—203）闭合，指示灯 HL1 灭，HL2 亮；反之，在松开时 SQ4 复位，HL1 亮而 HL2 灭。

3. Z3050 型摇臂钻床常见故障分析与处理方法

电气控制线路在运行中会发生各种故障，造成停机或事故而影响生产。因而，学会分析电气控制线路故障所在，找出发生故障的原因，掌握迅速排除故障的方法是非常必要的。

一般工业用设备由机械、电气两大部分组成，因而，其故障也多发生在这两个部分，尤其是电气部分，如电机绕组与电器线圈的烧毁、电气元件的绝缘击穿与短路等。然而，大多数电气控制线路故障是由于电气元件调整不当、动作失灵或零件损坏引起的。为此，应加强电气控制线路的维护与检修，及时排除故障，确保其安全运行。Z3050 型摇臂钻床常见故障分析与处理方法如下。

（1）摇臂不能上升（或下降）。

【故障分析】

① 行程开关 SQ2 不动作，SQ2 的动合触点（6—8）不闭合，SQ2 安装位置移动或损坏。

② 接触器KM2线圈不吸合，摇臂升降电动机M2不转动。

③ 系统发生故障（如液压泵卡死、不转，油路堵塞等），使摇臂不能完全松开，压不上SQ2。

④ 安装或大修后，相序接反，按SB3摇臂上升按钮，液压泵电动机反转，使摇臂夹紧，压不上SQ2，摇臂也就不能上升或下降。

【故障排除方法】

① 检查行程开关SQ2触点、安装位置或损坏情况，并予以修复。

② 检查接触器KM2或摇臂升降电动机M2，并予以修复。

③ 检查系统故障原因、位置移动或损坏，并予以修复。

④ 检查相序，并予以修复。

（2）摇臂上升（下降）到预定位置后，摇臂不能夹紧。

【故障分析】

① 限位开关SQ3安装位置不准确或紧固螺钉松动，使SQ3限位开关过早动作。

② 活塞杆通过弹簧片压不上SQ3，其触点（1—17）未断开，使KM5、YV不断电释放。

③ 接触器KM5、电磁铁YV不动作，电动机M3不反转。

【故障排除方法】

① 调整SQ3的动作行程，并紧固好定位螺钉。

② 调整活塞杆、弹簧片的位置。

③ 检查接触器KM3、电磁铁YV线路是否正常及电动机M3是否完好，并予以修复。

（3）立柱、主轴箱不能夹紧（或松开）。

【故障分析】

① 按钮接线脱落、接触器KM4或KM5接触不良。

② 油路堵塞，使接触器KM4或KM5不能吸合。

【故障排除方法】

① 检查按钮SB5、SB6和接触器KM4、KM5是否良好，并予以修复或更换。

② 检查油路堵塞情况，并予以修复。

（4）按SB6按钮，立柱、主轴箱能夹紧，但放开按钮后，立柱、主轴箱却松开。

【故障分析】

① 菱形块或承压块的角度方向错位，或者距离不适合。

② 菱形块立不起来，是由于夹紧力调得太大或夹紧液压系统压力不够所致。

【故障排除方法】

① 调整菱形块或承压块的角度与距离。

② 调整夹紧力或液压系统压力。

（5）摇臂上升或下降行程开关失灵。

【故障分析】

① 行程开关触点不能因开关动作而闭合或接触不良，线路断开后，信号不能传递。

② 行程开关损坏、不动作或触点粘连，使线路始终呈接通状态（此情况下，当摇臂上升或下降到极限位置后，摇臂升降电动机堵转，发热严重，会导致电动机绝缘损坏）。

【故障排除方法】

检查行程开关接触情况，并予以修复或更换。

（6）主轴电动机刚起动运转，熔断器就熔断。

【故障分析】

① 机械机构卡住或钻头被铁屑卡住。

② 负荷太重或进给量太大，使电动机堵转造成主轴电动机电流剧增，热继电器来不及动作。

③ 电动机故障或损坏。

【故障排除方法】

① 检查卡住原因，并予以修复。

② 退出主轴，根据空载情况找出原因，并予以调整与处理。

③ 检查电动机故障原因，并予以修复或更换。

项目小结

本项目从介绍 Z3050 型摇臂钻床的主要构造和运动情况开始，通过钻床电气控制电路分析及钻床常见电气故障的诊断与检修，再经过相关知识的讲述，介绍了相关的电气控制器件，如行程开关、低压断路器、时间继电器等。进一步以应用举例的形式扩展介绍了电动机自动往返两边延时控制，时间原则控制的两台电动机起停控制及 Z3050 型钻床电气控制线路分析。

分析了 Z3050 型摇臂钻床的电气控制原理，对摇臂钻床的运动形式、电力拖动与控制要求、电气控制线路进行了分析，并针对机床的故障现象结合机械、电气进行了剖析。机床的运动形式一般较多，电气控制线路较复杂，但不管多么复杂的线路总是由基本控制环节构成，在分析机床的电气控制时，应对机床的基本结构、运动形式、工艺要求等有全面的了解。

分析机床的电气控制线路时，应先分析主电路，掌握各电动机的作用、起动方法、调速方法、制动方法以及各电动机的保护，并应注意各电动机控制的运动形式之间的相互关系。分析控制电路时，应分析每一个控制环节对应的电动机，注意机械和电气的联动以及各环节之间的互锁和保护。

习题及思考

1．解释 Z3050 型的含义。

2．QS、FU、KM、FR、KT、SB、SQ 是什么电气元件？画出这些电气元件的图形符号，并写出中文名称。

3．既然在电动机的主电路中装有熔断器，为什么还要装热继电器?装有热继电器是否就可以不装熔断器？为什么？

4．什么是降压起动？三相笼式异步电动机常采用哪些降压起动方法？

5．位置开关与按钮开关的作用有何异同？

6．一台电动机Y—△接法，允许轻载起动，设计满足下列要求的控制电路。

（1）采用手动和自动控制降压起动。

（2）实现连续运转和点动工作，并且当点动工作时要求处于降压状态工作。

（3）具有必要的联锁和保护环节。

7．有一皮带廊全长40 m，输送带采用55 kW电动机进行拖动，试设计其控制电路。设计要求如下。

（1）电动机采用Y—△降压起动控制。

（2）采用两地控制方式。

（3）加装起动预告装置。

（4）至少有一个现场紧停开关。

8．Z3050型摇臂钻床摇臂不能上升的原因有哪些？

Chapter 3

项目三

|卧式镗床及磨床电气控制|

【学习目标】

1. 熟悉速度继电器及双速电动机的结构和工作原理。
2. 会安装调试与检修双速电动机调速控制线路。
3. 能完成能耗制动、反接制动等常见制动控制线路的设计、安装和调试。
4. 掌握 T68 镗床的组成与运动规律及电气控制要求。
5. 熟知 T68 镗床的电气控制开关位置。
6. 能够识读及分析 T68 镗床 M7130 型平面磨床的电气原理图、安装图。
7. 会维修 T68 镗床 M7130 型平面磨床的常见电气故障。

一、项目导入

镗床是用于孔加工的机床，与钻床比较，镗床主要用于加工精确的孔和各孔间的距离要求较精确的零件，如一些箱体零件（机床主轴箱、变速箱等）。镗床的加工形式主要是用镗刀镗削在工件上已铸出或已粗钻的孔，除此之外，大部分镗床还可以进行铣削、钻孔、扩孔、铰孔等加工。

镗床的主要类型有卧式镗床、坐标镗床、金刚镗床、专用镗床等，其中，以卧式镗床应用最广。本章介绍 T68 型卧式镗床的电气控制电路。

T68 型卧式镗床型号的含义如下所示。

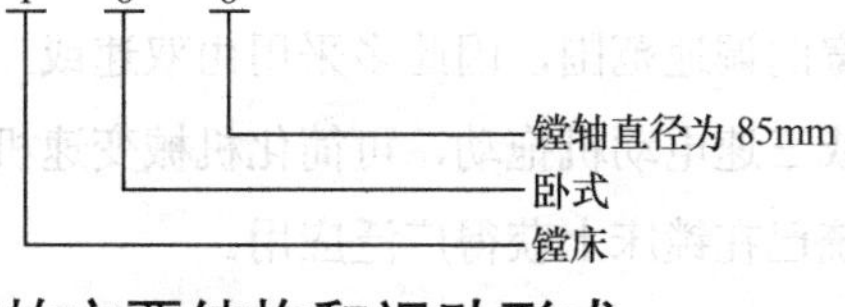

（一）T68 型卧式镗床的主要结构和运动形式

T68 型卧式镗床主要由床身、前立柱、主轴箱、工作台、后立柱、后支承架等部分组成。其外形结构如图 3-1 所示。

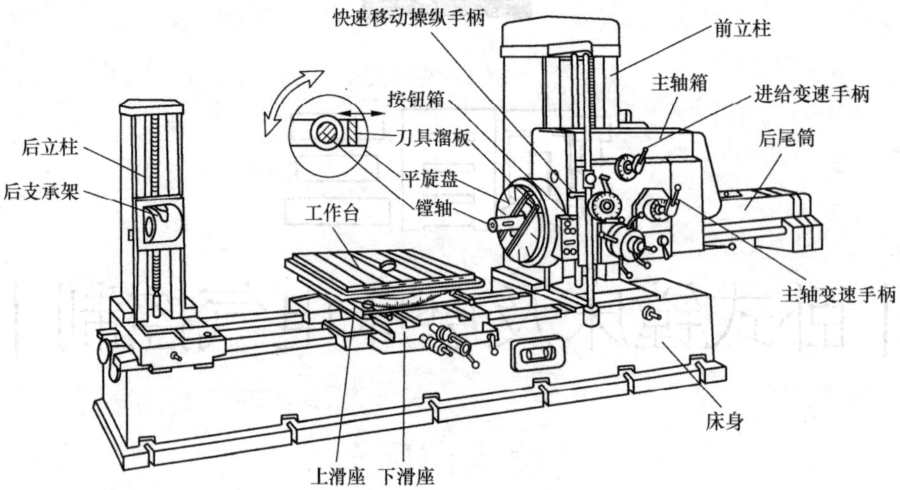

图3-1　卧式镗床结构示意图

T68 型卧式镗床的运动形式如下所述。

1. 主运动

主运动为镗轴和平旋盘的旋转运动。

2. 进给运动

进给运动包括以下 4 项。

（1）镗轴的轴向进给运动。

（2）平旋盘上刀具溜板的径向进给运动。

（3）主轴箱的垂直进给运动。

（4）工作台的纵向和横向进给运动。

3. 辅助运动

辅助运动包括以下 4 项。

（1）主轴箱、工作台等的进给运动上的快速调位移动。

（2）后立柱的纵向调位移动。

（3）后支承架与主轴箱的垂直调位移动。

（4）工作台的转位运动。

（二）卧式镗床的电力拖动形式和控制要求

（1）卧式镗床的主运动和进给运动都用同一台异步电动机拖动。为了适应各种形式和各种工件的加工，要求镗床的主轴有较宽的调速范围，因此多采用由双速或三速笼型异步电动机拖动的滑移齿轮有级变速系统。采用双速或三速电动机拖动，可简化机械变速机构。目前，采用电力电子器件控制的异步电动机无级调速系统已在镗床上获得广泛应用。

（2）镗床的主运动和进给运动都采用机械滑移齿轮变速，为有利于变速后齿轮的啮合，要求有变速冲动。

（3）要求主轴电动机能够正反转，可以点动进行调整，并要求有电气制动，通常采用反接制动。

（4）卧式镗床的各进给运动部件要求能快速移动，一般由单独的快速进给电动机拖动。

二、相关知识

下面具体介绍与该项目相关的知识内容：速度继电器和双速异步电动机等内容。

（一）速度继电器

速度继电器是反应转速和转向的继电器，主要用于笼型异步电动机的反接制动控制，所以也称为反接制动继电器。它主要由转子、定子和触点 3 部分组成，其中转子是一个圆柱形永久磁铁；定子是一个笼型空心圆环，由硅钢片叠成，并装有笼型绕组；触点由两组转换触点组成，一组在转子正转时动作，另一组在转子反转时动作。图 3-2 所示为 JY1 型速度继电器外形及结构原理。速度继电器电路图形符号如图 3-3 所示。

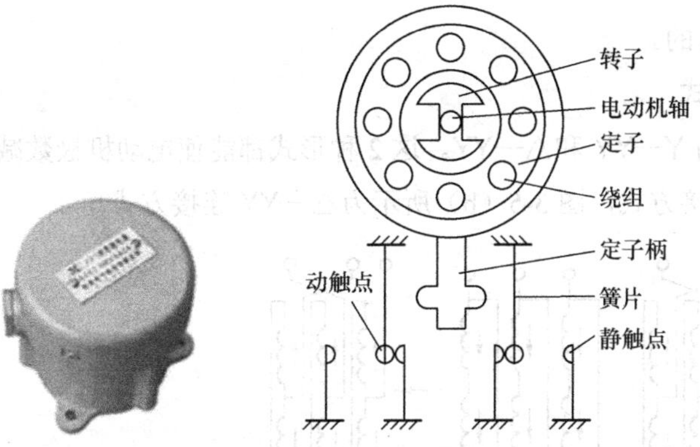

图3-2　速度继电器外形及结构原理图

图3-3　速度继电器图形符号

速度继电器工作原理：速度继电器转子的轴与被控电动机的轴相连接，而定子空套在转子上。当电动机转动时，速度继电器的转子随之转动，定子内的短路导体便切割磁场，产生感应电动势，从而产生电流。此电流与旋转的转子磁场作用产生转矩，于是定子开始转动，当转到一定角度时，装在定子轴上的摆锤推动簧片动作，使常闭触点断开，常开触点闭合。当电动机转速低于某一值时，定子产生的转矩减小，触点在弹簧作用下复位。速度继电器一般在转速 120r/min 以上时，触点动作，在转速 100r/min 以下时，触点复位。

（二）双速异步电动机

1. 双速异步电动机简介

双速异步电动机的调速属于异步电动机变极调速，变极调速主要用于调速性能要求不高的场合，如铣床、镗床、磨床等机床及其他设备上，所需设备简单、体积小、质量轻，但电动机绕组引出头较多，调速极数少，极差大，不能实现无级调速。它主要是通过改变定子绕组的连接方法达到改变定子旋转磁场磁极对数，从而改变电动机的转速。

2. 变极调速原理

变极原理：定子一半绕组中电流方向变化，磁极对数成倍变化，如图 3-4 所示。每相绕组由两个线圈组成，每个线圈看作一个半相绕组。若两个半相绕组顺向串联，电流同向，可产生4极磁场；其中一个半相绕组电流反向，可产生2极磁场。

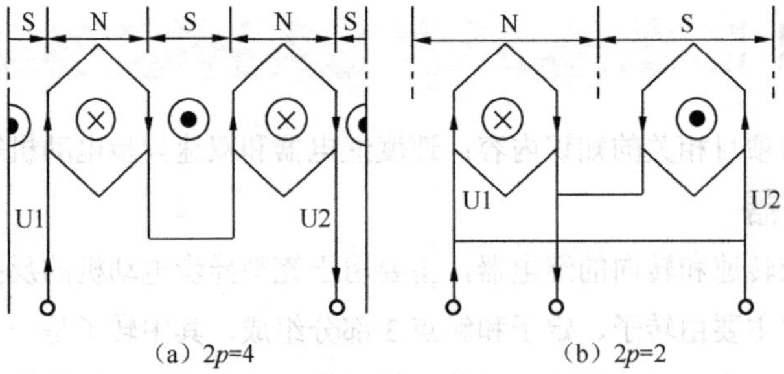

图3-4 变极调速电动机绕组展开示意图

根据公式 $n_1=60f/p$ 可知，在电源频率不变的条件下，异步电动机的同步转速与磁极对数成反比，磁极对数增加一倍，同步转速 n_1 下降至原转速的一半，电动机额定转速 n 也将下降近似一半，所以改变磁极对数可以达到改变电动机转速的目的。

3. 双速异步电动机定子绕组的连接方式

双速异步电动机的形式有2种，分别为Y—YY和△—YY。这2种形式都能使电动机极数减少一半。图3-5（a）所示为电动机Y—YY连接方式，图3-5（b）所示为△—YY连接方式。

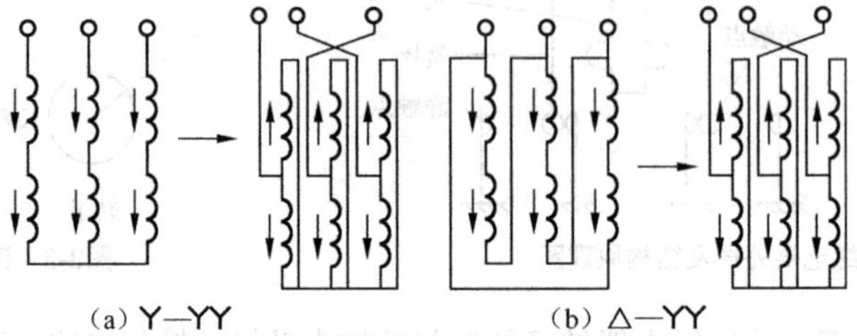

图3-5 双速异步电动机定子绕组的连接方式

当变极前后绕组与电源的接线如图3-5所示时，变极前后电动机转向相反。因此，若要使变极后电动机保持原来转向不变，应调换电源相序。

本项目介绍的是最常见的单绕组双速电动机，转速比等于磁极倍数比，如2极/4极、4极/8极，从定子绕组△形接法变为YY形接法，磁极对数从 $p=2$ 变为 $p=1$，因此转速比等于2。

（三）双速电动机调速控制

双速电动机调速控制是不连续变速，改变变速电动机的多组定子绕组接法，可改变电动机的磁极对数，从而改变其转速。

根据变极调速原理"定子一半绕组中电流方向变化，磁极对数成倍变化"，图3-6（a）中将绕组的U1、V1、W1 3个端子接三相电源，将U2、V2、W2 3个端子悬空，三相定子绕组接成三角形（△）。这时每相的两个绕组串联，电动机以4极运行，为低速。图3-6（b）中将U2、V2、W2 3个端子接三相电源，U1、V1、W1连成星点，三相定子绕组连接成双星（YY）形。这时每相2个绕组并联，电动机以2极运行，为高速。根据变极调速理论，为保证变极前后电动机转动方向不变，要求变极的同时改变电源相序。

（1）双速电动机主电路：定子绕组的出线端 U1、V1、W1 接电源，U2、V2、W2 悬空，绕组为三角形接法，每相绕组中 2 个线圈串联，成 4 个极，电动机为低速，如图 3-7 所示。出线端 U1、V1、W1 短接，U2、V2、W2 接电源，绕组为双星形，每相绕组中 2 个线圈并联，成 2 个极，电动机为高速。

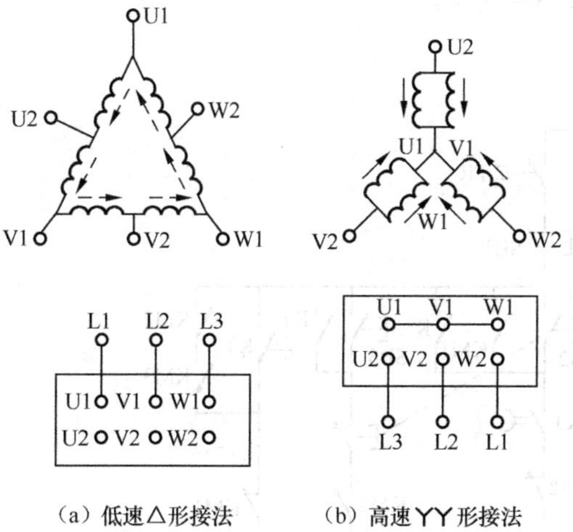

（a）低速△形接法　　（b）高速YY形接法

图3-6　4/2极△/YY形的双速电动机定子绕组接线图

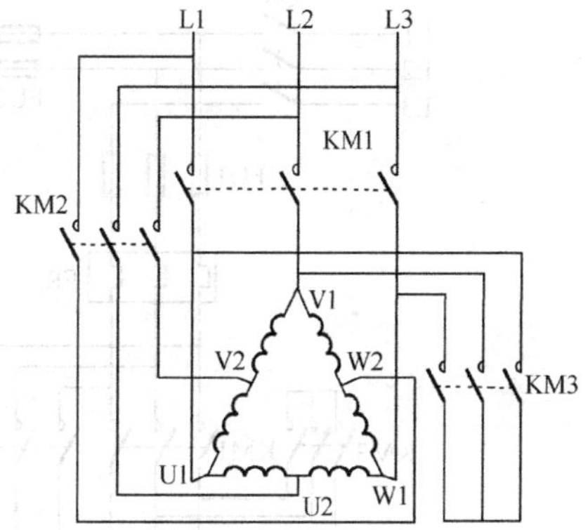

图3-7　4/2极的双速交流异步电动机主电路

（2）双速电动机控制电路如图 3-8 所示。

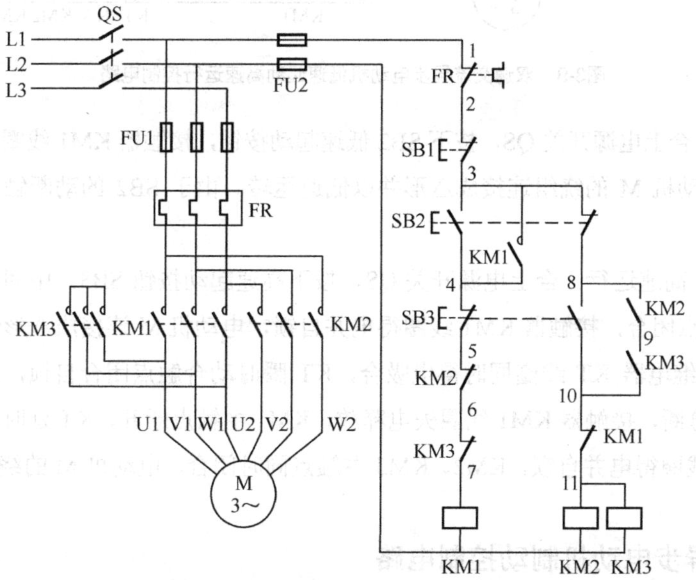

图3-8　双速电动机按钮控制电路

① 低速控制工作原理：合上电源开关 QS，按下低速按钮 SB2，接触器 KM1 线圈通电，其自锁和互锁触点动作，实现对 KM1 线圈的自锁和对 KM2、KM3 线圈的互锁。主电路中的 KM1 主触点闭合，电动机定子绕组作三角形连接，电动机低速运转。

② 高速控制工作原理：合上电源开关QS，按下高速按钮SB3，接触器KM1线圈断电，在解除其自锁和互锁的同时，主电路中的KM1主触点也断开，电动机定子绕组暂时断电。因为SB3是复合按钮，动断触点断开后，动合触点就闭合，此刻接通接触器KM2和KM3线圈。KM2和KM3自锁和互锁同时动作，完成对KM2和KM3线圈的自锁及对KM1线圈的互锁。KM2和KM3在主电路的主触点闭合，电动机定子绕组作双星形连接，电动机高速运转。

（3）低速直接起动、高速自动加速控制电路如图3-9所示。

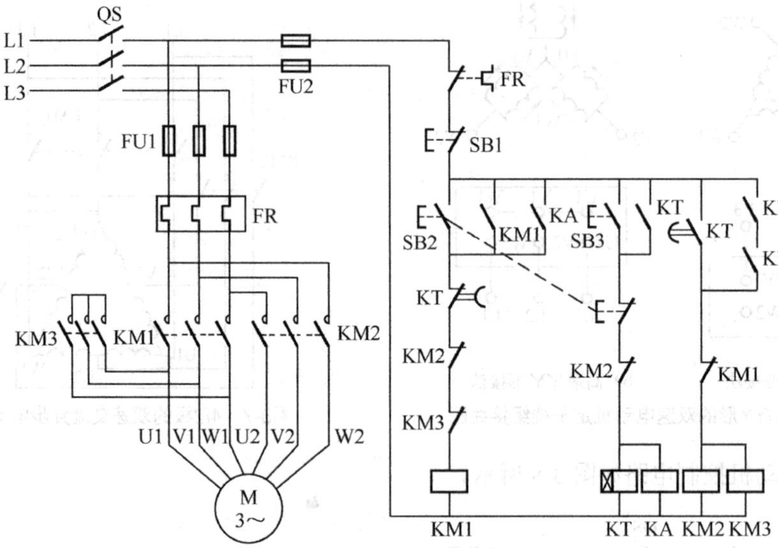

图3-9 双速交流异步电动机低速起动高速运行控制电路

① 低速运行：合上电源开关QS，按下SB2低速起动按钮，接触器KM1线圈得电并自锁，KM1的主触点闭合，电动机M的绕组连接成△形并以低速运转。由于SB2的动断触点断开，时间继电器线圈KT不得电。

② 低速起动、高速运行：合上电源开关QS，按下高速起动按钮SB3，中间继电器KA线圈得电，使KA常开触点闭合，接触器KM1线圈得电并自锁，电动机M连接成△形低速起动；由于按下按钮SB3，时间继电器KT线圈同时得电吸合，KT瞬时动合触点闭合自锁，经过一定时间后，KT延时动断触点分断，接触器KM1线圈失电释放，KM1主触点断开，KT延时动合触点闭合，接触器KM2、KM3线圈得电并自锁，KM2、KM3主触点同时闭合，电动机M的绕组连接成YY形并以高速运行。

（四）三相异步电动机制动控制电路

电动机不采取任何措施直接切断电动机电源称为自由停车，电动机自由停车的时间较长，效率低，随惯性大小而不同，而某些生产机械要求迅速、准确地停车，如镗床、车床的主电动机需要快速停车；起重机为使重物停位准确及现场安全要求，也必须采用快速、可靠的制动方式。采用什么制动方式、用什么控制原则保证每种方法的可靠实现是本节要解决的问题。

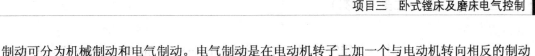

制动可分为机械制动和电气制动。电气制动是在电动机转子上加一个与电动机转向相反的制动电磁转矩，使电动机转速迅速下降，或稳定在另一转速。常用的电气制动有反接制动与能耗制动。

1. 三相异步电动机能耗制动控制电路

能耗制动是指电动机脱离交流电源后，立即在定子绕组的任意两相中加入一直流电源，在电动机转子上产生一制动转矩，使电动机快速停下来。由于能耗制动采用直流电源，故也称为直流制动。按控制方式有时间原则与速度原则。

（1）按速度原则控制的电动机单向运行能耗制动控制电路。电路如图 3-10 所示，由 KM2 的一对主触点接通交流电源，经整流后，由 KM2 的另两对主触点通过限流电阻向电动机的两相定子绕组提供直流。

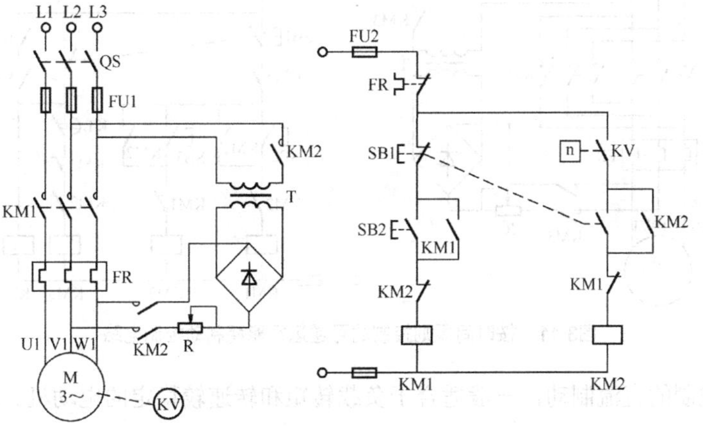

图3-10　按速度原则控制的电动机能耗制动控制电路

电路工作过程如下：假设速度继电器的动作值调整为 120 r/min，释放值为 100 r/min。合上开关 QS，按下起动按钮 SB2→KM1 通电自锁，电动机起动→当转速上升至 120 r/min 时，KV 动合触点闭合，为 KM2 通电做准备。电动机正常运行时，KV 动合触点一直保持闭合状态→当需停车时，按下停车按钮 SB1→SB1 动断触点首先断开，使 KM1 断电解除自锁，主回路中，电动机脱离三相交流电源→SB1 动合触点后闭合，使 KM2 线圈通电自锁。KM2 主触点闭合，交流电源经整流后经限流电阻向电动机提供直流电源，在电动机转子上产生一制动转矩，使电动机转速迅速下降→当转速下降至 100 r/min 时，KV 动合触点断开，KM2 断电释放，切断直流电源，制动结束。电动机最后阶段自由停车。

对于功率较大的电动机应采用三相整流电路，而对于 10 kW 以下的电动机，在制动要求不高的场合，为减少设备、降低成本、减少体积，可采用无变压器的单管直流制动。制动电路可参考相关书籍。

（2）按时间原则进行控制的电动机可逆运行能耗制动控制电路。图 3-11 所示为按时间原则进行控制的能耗制动控制电路。图中 KM1、KM2 分别为电动机正反转接触器，KM3 为能耗制动接触器；SB2、 SB3 分别为电动机正反转起动按钮。

电路工作过程如下：合上开关 QS，按下起动按钮 SB2（SB3）→KM1（KM2）通电自锁，电动机正向（反向）起动、运行→若需停车，按下停止按钮 SB1→SB1 动断触点首先断开，使 KM1（正转时）或 KM2（反转时）断电并解除自锁，电动机断开交流电源→SB1 动合触点闭合，使 KM3、KT 线圈通电并自锁。KM3 动断辅助触点断开，进一步保证 KM1、KM2 失电。主回路中，KM3 主触点闭合，电动机定子绕组串电阻进行能耗制动，电动机转速迅速降低→当接近零时，KT 延时结束，其延时动断触点断开，使 KM3、KT 线圈相继断电释放。主回路中，KM3 主触点断开，切断直流电源，直流制动结束。电动机最后阶段自由停车。

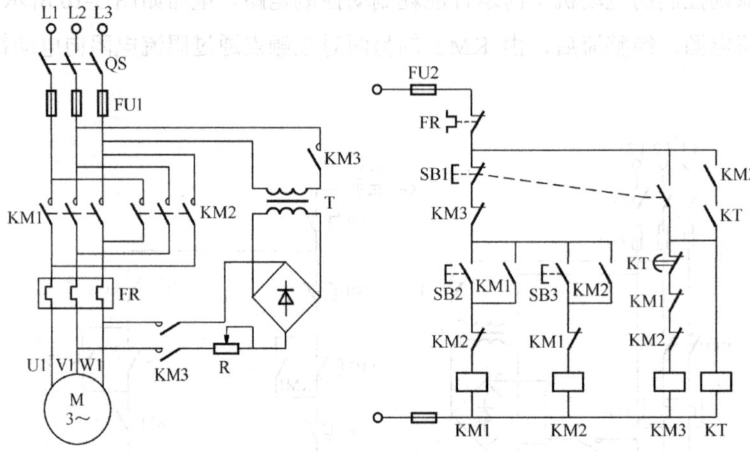

图3-11　按时间原则控制的可逆运行能耗制动控制电路

按时间原则控制的直流制动，一般适合于负载转矩和转速较稳定的电动机。这样，时间继电器的整定值无需经常调整。

2. 三相异步电动机反接制动控制电路

反接制动是利用改变电动机电源的相序，使定子绕组产生相反方向的旋转磁场，因而产生制动转矩的一种制动方法。

反接制动刚开始时，转子与旋转磁场的相对速度接近于两倍的同步转速，所以定子绕组流过的制动电流相当于全压直接起动电流的两倍。因此，反接制动的特点是制动迅速，效果好，但冲击大。故反接制动一般用于电动机需快速停车的场合，如镗床上主电动机的停车等。为了减小冲击电流，通常要求在电动机主电路中串接一定的电阻以限制反接制动电流。反接制动电阻的接线方法有对称和不对称两种接法。图 3-12 所示为三相串电阻的对称接法。对反接制动的另一个要求是在电动机转速接近于零时，必须及时切断反相序电源，以防止电动机反向再起动。

图 3-12 所示为异步电动机单向运行反接制动电路，KM1 为电动机单向旋转接触器，KM2 为反接制动接触器，制动时在电动机两相中串入制动电阻。用速度继电器来检测电动机转速。

电路工作过程如下：假设速度继电器的动作值为 120 r/min，释放值为 100 r/min。合上开关 QS，按下起动按钮 SB2→KM1 动作，电动机转速很快上升至 120 r/min，速度继电器动合触点闭合。电动机正常运转时，此对触点一直保持闭合状态，为进行反接制动做好准备→当需要停车时，按下停止按钮 SB1→SB1 动断触点先断开，使 KM1 断电释放。主回路中，KM1 主触点断开，使电动机脱离正相序电源→SB1 动合触点后闭合，KM2 通电自锁，主触点动作，电动机定子串入对称电阻进行反接制动，使电动机转速迅速下降→当电动机转速下降至 100 r/min 时，KV 动合触点断开，使 KM2 断电解除自锁，电动机断开电源后自由停车。

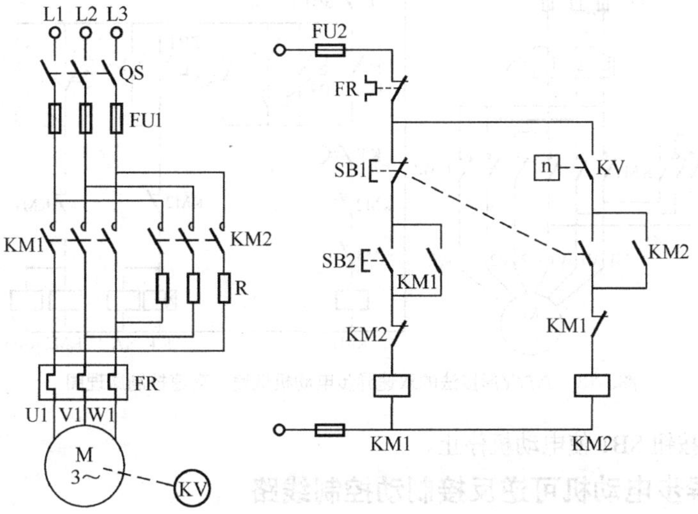

图3-12　速度原则控制的电动机反接制动控制电路

三、应用举例

（一）双速异步电动机低速起动高速运行电气控制线路

1. 工作任务

某台△/YY 接法的双速异步电动机需要施行低速、高速连续运转和低速点动混合控制，且高速需要采用分级起动控制，即先低速起动，然后自动切换为高速运转，试设计出能实现这一要求的电路图。

2. 设计电路原理图

设计电路原理图如图 3-13 所示。

3. 工作原理分析

线路工作原理如下所述。

（1）低速运行：合上电源开关 QS，按下低速起动按钮 SB2，接触器 KM1 线圈得电并自锁，KM1 的主触点闭合，电动机 M 的绕组连接成△形并以低速运转。按下低速点动按钮 SB3，实现低速点动控制。

（2）低速起动，高速运行：合上电源开关 QS，按下高速起动按钮 SB4，中间继电器线圈 KA 得电并自锁，KA 的常开触点闭合使接触器 KM1 线圈得电并自锁，电动机 M 连接成△形并低速起动；按钮 SB4，使时间继电器 KT 线圈同时得电吸合，经过一定时间后，KT 延时动断触点分断，接触器 KM1 线圈失电释放，KM1 主触点断开，KT 延时动合触点闭合，接触器 KM2、KM3 线圈得电并自锁，KM2、KM3 主触点同时闭合，电动机 M 的绕组连接成 YY 形并以高速运行。

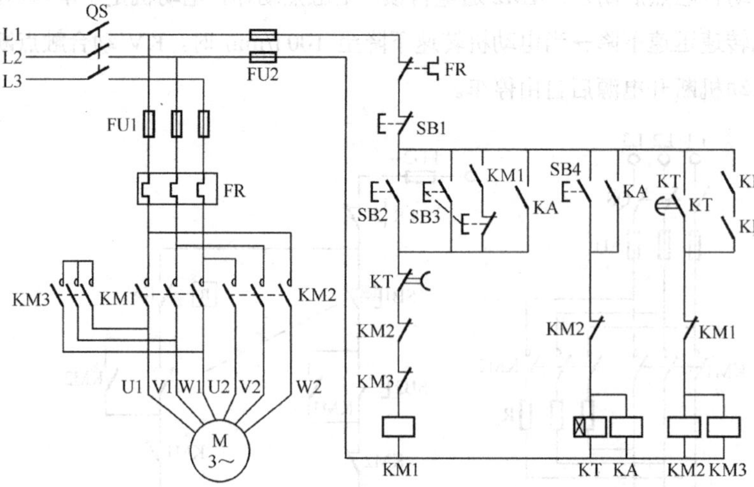

图3-13 △/YY形接法的双速异步电动机低速、高速控制原理图

（3）按下停止按钮SB1使电动机停止。

（二）三相异步电动机可逆反接制动控制线路

前面讲述了异步电动机反接制动控制线路，很多生产机械（如T68镗床）要求电动机正反转时都要进行反接制动。根据控制要求，设计的电动机可逆运行反接制动电路，如图3-14所示。电阻R是反接制动电阻，为不对称接法，同时也具有限制起动电流的作用。

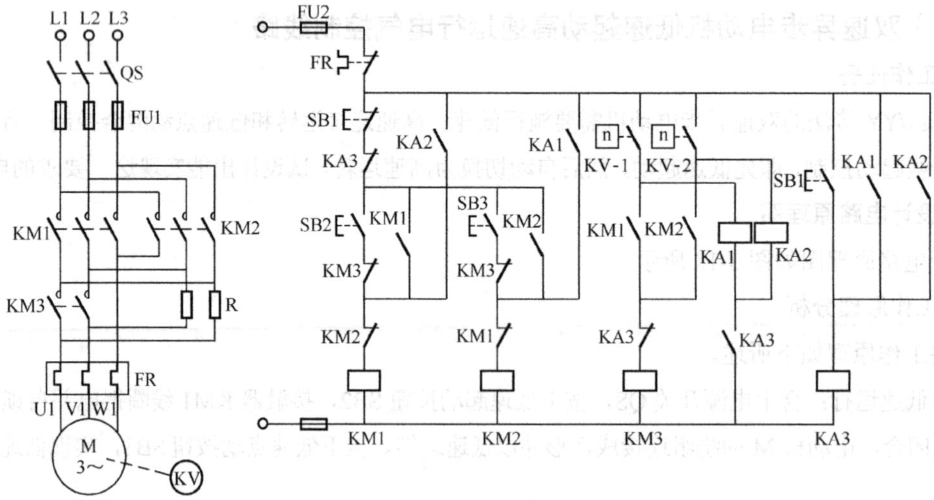

图3-14 电动机可逆运行反接制动控制电路

电路工作过程如下：合上开关QS，按下正向起动按钮SB2→KM1通电自锁，主回路中电动机两相串电阻起动→当转速上升到速度继电器动作值时，KV-1闭合，KM3线圈通电，主回路中KM3主触点闭合短接电阻，电动机进入全压运行→需要停车时，按下停止按钮SB1，KM1断电解除自锁。电动机断开正相序电源→SB1动合触点闭合，使KA3线圈通电→KA3动断触点断开，使KM3线圈保持断电。KA3动合触点闭合，KA1线圈通电，KA1的一对动合触点闭合使KA3保持继续通电，

另一对动合触点闭合使 KM2 线圈通电，KM2 主触点闭合，主回路中，电动机串电阻进行反接制动→反接制动使电动机转速迅速下降，当下降到 KV 的释放值时，KV-1 断开，KA1 断电→KA3 断电、KM2 断电，电动机断开制动电源，反接制动结束。

电动机反向起动和制动停车过程的分析与正转时相似，可自行分析。

（三）三相异步电动机正反向能耗制动控制

前面讲述了电动机单相能耗制动，同样，在很多生产设备控制线路中也要求电动机正反转都进行能耗制动，三相异步电动机正反向能耗制动控制线路如图 3-15 所示。该线路由 KM1、KM2 实现电动机正反转，在停车时，由 KM3 给两相定子绕组接通直流电源，电位器 R 可以调节制动回路电流的大小，该线路实现能耗制动的点动控制。正反转能耗制动由读者自主完成。

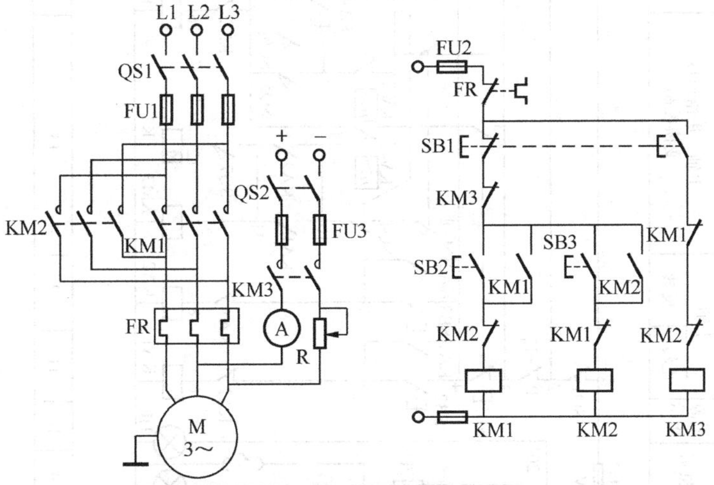

图3-15　三相异步电动机正反向能耗制动控制

（四）T68 型卧式镗床电气控制线路分析

1. 主电路

T68 型卧式镗床电气原理图如图 3-16 所示。

T68 型卧式镗床电气控制线路有两台电动机：一台是主轴电动机 M1，作为主轴旋转及常速进给的动力，同时还带动润滑油泵；另一台是快速进给电动机 M2，作为各进给运动快速移动的动力。

M1 为双速电动机，由接触器 KM4、KM5 控制：低速时 KM4 吸合，M1 的定子绕组为三角形连接，n_N=1460 r/min；高速时 KM5 吸合，KM5 为两只接触器并联使用，定子绕组为双星形连接，n_N=2880 r/min。KM1、KM2 控制 M1 的正反转。KV 为与 M1 同轴的速度继电器，在 M1 停车时，由 KV 控制进行反接制动。为了限制起动、制动电流和减小机械冲击，M1 在制动、点动及主轴和进给的变速冲动时串入了限流电阻器 R，运行时由 KM3 短接。热继电器 FR 作 M1 的过载保护。

M2 为快速进给电动机，由 KM6、KM7 控制正反转。由于 M2 是短时工作制，所以不需要用热继电器进行过载保护。

QS 为电源引入开关，FU1 提供全电路的短路保护，FU2 提供 M2 及控制电路的短路保护。

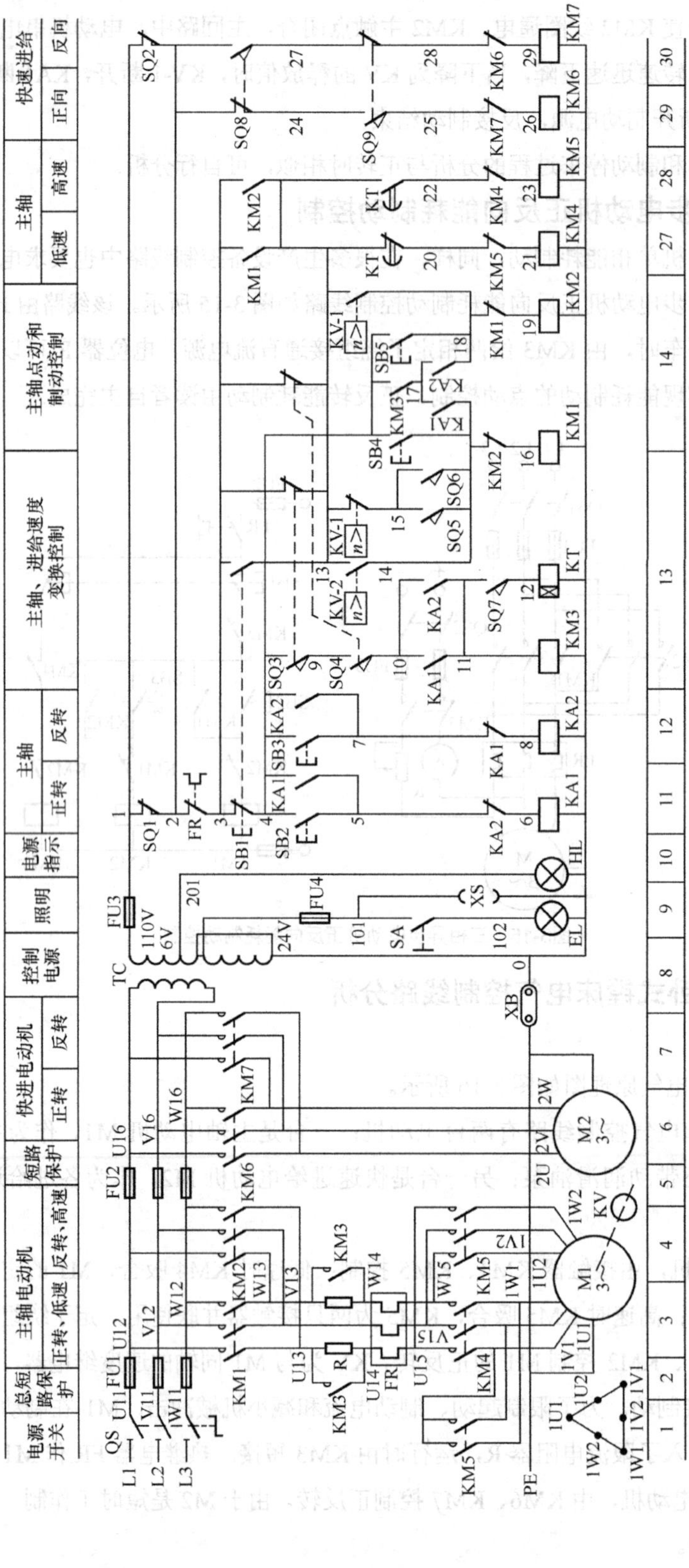

图3-16 T68镗床电气控制线路原理图

2. 控制电路

由控制变压器 TC 提供 110 V 工作电压，FU3 提供变压器二次侧的短路保护。控制电路包括 KM1～KM7 共 7 个交流接触器，KA1、KA2 两个中间继电器，以及时间继电器 KT，共 10 个电器的线圈支路，该电路的主要功能是对主轴电动机 M1 进行控制。在起动 M1 之前，首先要选择好主轴的转速和进给量（在主轴和进给变速时，与之相关的行程开关 SQ3～SQ6 的状态见表 3-1），并且调整好主轴箱和工作台的位置（调整好后，行程开关 SQ1、SQ2 的动断触点（1—2）均处于闭合接通状态）。

表 3-1　　主轴和进给变速行程开关 SQ3～SQ6 状态表

变速类别	相关行程开关的触点	① 正常工作时	② 变速时	③ 变速后手柄推不上时
主轴变速	SQ3（4—9）	+	—	—
	SQ3（3—13）	—	+	+
	SQ5（14—15）	—	—	+
进给变速	SQ4（9—10）	+	—	—
	SQ4（3—13）	—	+	+
	SQ6（14—15）	—	+	+

注：+表示接通；—表示断开。

（1）M1 的正反转控制。SB2、SB3 分别为正、反转起动按钮，下面以正转起动为例介绍操作过程。

按下 SB2→KA1 线圈通电自锁→KA1 动合触点（10—11）闭合，KM3 线圈通电→KM3 主触点闭合短接电阻 R；KA1 另一对动合触点（14—17）闭合，与闭合的 KM3 辅助动合触点（4—17）使 KM1 线圈通电→KM1 主触点闭合；KM1 动合辅助触点（3—13）闭合，KM4 通电，电动机 M1 低速起动。

同理，在反转起动运行时，按下 SB3，相继通电的电器为 KA2→KM3→KM2→KM4。

（2）M1 的高速运行控制。若按上述起动控制，M1 为低速运行，此时机床的主轴变速手柄置于“低速”位置，微动开关 SQ7 不吸合，由于 SQ7 动合触点（11—12）断开，时间继电器 KT 线圈不通电。要使 M1 高速运行，可将主轴变速手柄置于“高速”位置，SQ7 动作，其动合触点（11—12）闭合，这样在起动控制过程中 KT 与 KM3 同时通电吸合，经过 3 s 左右的延时后，KT 的动断触点（13—20）断开而动合触点（13—22）闭合，使 KM4 线圈断电而 KM5 通电，M1 为 YY 连接高速运行。无论是当 M1 低速运行时还是在停车时，若将变速手柄由低速挡转至高速挡，M1 都是先低速起动或运行，再经 3 s 左右的延时后自动转换至高速运行。

（3）M1 的停车制动。M1 采用反接制动，KV 为与 M1 同轴的反接制动控制用的速度继电器，在控制电路中有 3 对触点：动合触点（13—18）在 M1 正转时动作，另一对动合触点（13—14）在反转时闭合，还有一对动断触点（13—15）提供变速冲动控制。当 M1 的转速达到 120 r/min 以上时，KV 的触点动作；当转速降至 40 r/min 以下时，KV 的触点复位。下面以 M1 正转高速运行、按下停车按钮SB1停车制动为例进行分析。

按下SB1→SB1动断触点（3—4）先断开，先前得电的线圈KA1、KM3、KT、KM1、KM5相继断电→然后SB1动合触点（3—13）闭合，经KV-1使KM2线圈通电→KM4通电M1D形接法串电阻反接制动→电动机转速迅速下降至KV的复位值→KV-1动合触点断开，KM2断电→KM2动合触点断开，KM4断电，制动结束。

如果是M1反转时进行制动，则由KV-2（13—14）闭合，控制KM1、KM4进行反接制动。

（4）M1的点动控制。SB4和SB5分别为正反转点动控制按钮。当需要进行点动调整时，可按下SB4（或SB5）按钮，使KM1线圈（或KM2线圈）通电，KM4线圈也随之通电，由于此时KA1、KA2、KM3、KT线圈都没有通电，所以M1串入电阻低速转动。当松开SB4（或SB5）按钮时，由于没有自锁作用，所以M1为点动运行。

（5）主轴的变速控制。主轴的各种转速是由变速操纵盘来调节变速传动系统而取得的。在主轴运转时，如果要变速，可不必停车。只要将主轴变速操纵盘的操作手柄拉出（见图3-17，将手柄拉至②的位置），与变速手柄有机械联系的行程开关SQ3、SQ5均复位（见表3-1），此后的控制过程如下（以正转低速运行为例）。

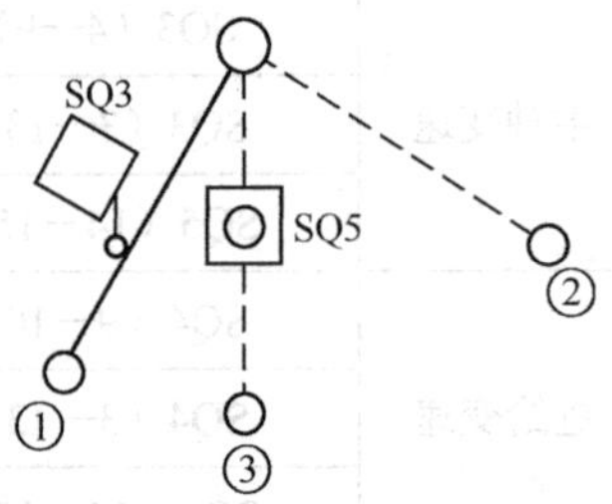

图3-17 主轴变速手柄位置示意图

将变速手柄拉出→SQ3复位→SQ3动合触点断开→KM3和KT都断电→KM1、KM4断电，M1断电后由于惯性继续旋转。

SQ3动断触点（3—13）后闭合，由于此时转速较高，故KV-1动合触点为闭合状态→KM2线圈通电→KM4通电，电动机△接法进行制动，转速很快下降到KV的复位值→KV-1动合触点断开，KM2、KM4断电，断开M1反向电源，制动结束。

转动变速盘进行变速，变速后将手柄推回→SQ3动作→SQ3动断触点（3—13）断开；动合触点（4—9）闭合，KM1、KM3、KM4重新通电，M1重新起动。

由以上分析可知，如果变速前主电动机处于停转状态，那么变速后主电动机也处于停转状态。若变速前主电动机处于正向低速（△形连接）状态运转，由于中间继电器仍然保持通电状态，变速后主电动机仍处于△形连接下运转。同理，如果变速前电动机处于高速（YY）正转状态，那么变速后，主电动机仍先连接成△形，再经3 s左右的延时，才进入YY形连接高速运转状态。

（6）主轴的变速冲动。SQ5为变速冲动行程开关，由表3-1可见，在不进行变速时，SQ5的动合触点（14—15）是断开的；在变速时，如果齿轮未啮合好，变速手柄就合不上，即在图3-17中处于③的位置，则SQ5被压合→SQ5的动合触点（14—15）闭合→KM1由（13—15—14—16）支路通电→KM4线圈支路也通电→M1低速串电阻起动→当M1的转速升至120 r/min时→KV动作，其动断触点（13—15）断开→KM1、KM4线圈支路断电→KV-1动合触点闭合→KM2通电→KM4通电，M1进行反接制动，转速下降→当M1的转速降至KV复位值时，KV复位，其动合触点断开，M1断开制动电源，动断触点（13—15）又闭合→KM1、KM4线圈支路再次通电→M1转速再次上升……这样使M1的转速在KV复位值和动作值之间反复升降，进行连续低速冲动，

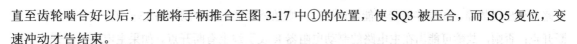

直至齿轮啮合好以后，才能将手柄推合至图 3-17 中①的位置，使 SQ3 被压合，而 SQ5 复位，变速冲动才告结束。

（7）进给变速控制。与上述主轴变速控制的过程基本相同，只是在进给变速控制时，拉动的是进给变速手柄，动作的行程开关是 SQ4 和 SQ6。

（8）快速移动电动机 M2 的控制。为缩短辅助时间，提高生产效率，由快速移动电动机 M2 经传动机构拖动镗头架和工作台作各种快速移动。运动部件及运动方向的预选由装在工作台前方的操作手柄进行，而控制则是由镗头架的快速操作手柄进行。当扳动快速操作手柄时，将压合行程开关 SQ8 或 SQ9，接触器 KM6 或 KM7 通电，实现 M2 快速正转或快速反转。电动机带动相应的传动机构拖动预选的运动部件快速移动。将快速移动手柄扳回原位时，行程开关 SQ5 或 SQ6 不再受压，KM6 或 KM7 断电，电动机 M2 停转，快速移动结束。

（9）联锁保护。为了防止工作台及主轴箱与主轴同时进给，将行程开关 SQ1 和 SQ2 的动断触点并联在控制电路（1—2）中。当工作台及主轴箱进给手柄在进给位置时，SQ1 的触点断开；而当主轴的进给手柄在进给位置时，SQ2 的触点断开。如果两个手柄都处在进给位置，则 SQ1、SQ2 的触点都断开，机床不能工作。

3. 照明电路和指示灯电路

由变压器 TC 提供 24 V 安全电压供给照明灯 EL，EL 的一端接地。SA 为灯开关，由 FU4 提供照明电路的短路保护。XS 为 24 V 电源插座。HL 为 6 V 的电源指示灯。

4. T68 型卧式镗床常见电气故障的诊断与检修

镗床常见电气故障的诊断、检修与前面讲述的钻床大致相同，但由于镗床的机—电联锁较多，且采用双速电动机，所以会有一些特有的故障，现举例分析如下。

（1）主轴的转速与标牌的指示不符。这种故障一般有 2 种现象：第 1 种是主轴的实际转速比标牌指示转数增加一倍或减少一半；第 2 种是 M1 只有高速或只有低速运行。前者大多是由于安装调整不当而引起的。T68 型卧式镗床有 18 种转速，是由双速电动机和机械滑移齿轮联合调速来实现的。第 1，2，4，6，8…挡是由电动机以低速运行驱动的，而 3，5，7，9…挡是由电动机以高速运行来驱动的。由以上分析可知，M1 的高低速转换是靠主轴变速手柄推动微动开关 SQ7，由 SQ7 的动合触点（11—12）通、断来实现的。如果安装调整不当，使 SQ7 的动作恰好相反，则会发生第 1 种故障。产生第 2 种故障的主要原因是 SQ7 损坏（或安装位置移动）：如果 SQ7 的动合触点（11—12）总是接通，则 M1 只有高速；如果总是断开，则 M1 只有低速。此外，KT 的损坏（如线圈烧断、触点不动作等）也会造成此类故障发生。

（2）M1 能低速起动，但置“高速”挡时，不能高速运行而自动停机。M1 能低速起动，说明接触器 KM3、KM1、KM4 工作正常；而低速起动后不能换成高速运行且自动停机，又说明时间继电器 KT 是工作的，其动断触点（13—20）能切断 KM4 线圈支路，而动合触点（13—22）不能接通 KM5 线圈支路。因此，应重点检查 KT 的动合触点（13—22）。此外，还应检查 KM4 的互锁动断触点（22—23）。按此思路，接下去还应检查 KM5 有无故障。

（3）M1 不能进行正反转点动、制动及变速冲动控制。其原因往往是上述各种控制功能的公共电路部分出现故障。如果伴随着不能低速运行，则故障可能出在控制电路 13—20—21—0 支路中有断开点；否则，故障可能出在主电路的制动电阻器 R 及引线上有断开点。如果主电路仅断开一相电源，电动机还会伴有断相运行时发出的“嗡嗡”声。

（五）M7130 型平面磨床电气控制线路

磨床是用磨具和磨料（如砂轮、砂带、油石、研磨剂等）对工件的表面进行磨削加工的一种机床，它可以加工各种表面，如平面、内外圆柱面、圆锥面和螺旋面等。通过磨削加工，使工件的形状及表面的精度、光洁度达到预期的要求。同时，它还可以进行切断加工。根据用途和采用的工艺方法不同，磨床可以分为平面磨床、外圆磨床、内圆磨床、工具磨床和各种专用磨床（如螺纹磨床、齿轮磨床、球面磨床、导轨磨床等），其中以平面磨床使用最多。平面磨床又分为卧轴和立轴、矩台和圆台 4 种类型，下面以 M7130 型卧轴矩台平面磨床为例介绍磨床的电气控制电路。

M7130 型平面磨床型号的含义为：

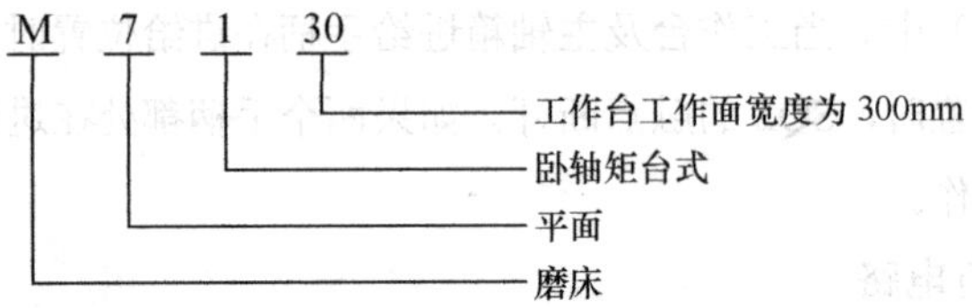

1. 平面磨床的主要结构和运动形式

M7130 型卧轴矩形工作台平面磨床的主要结构包括床身、立柱、滑座、砂轮箱、工作台和电磁吸盘，如图 3-18 所示。磨床的工作台表面有 T 形槽，可以用螺钉和压板将工件直接固定在工作台上，也可以在工作台上装上电磁吸盘，用来吸持铁磁性的工件。平面磨床进行磨削加工的示意图如图 3-19 所示，砂轮与砂轮电动机均装在砂轮箱内，砂轮直接由砂轮电动机带动旋转；砂轮箱装在滑座上，而滑座装在立柱上。

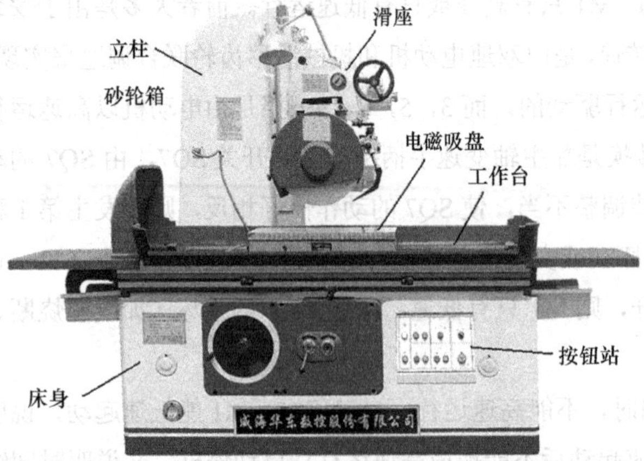

图3-18 M7130卧轴矩台平面磨床结构示意图

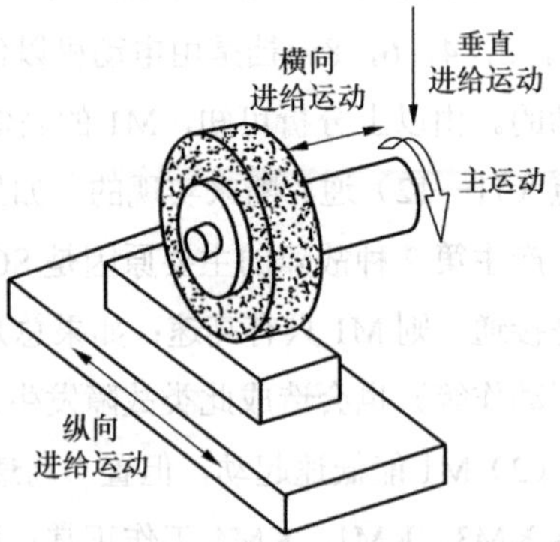

图3-19 磨床的主运动和进给运动示意图

磨床的主运动是砂轮的旋转运动，而进给运动则分为以下 3 种运动。

（1）工作台（带动电磁吸盘和工件）作纵向往复运动。

（2）砂轮箱沿滑座上的燕尾槽作横向进给运动。

（3）砂轮箱和滑座一起沿立柱上的导轨作垂直进给运动。

2. 平面磨床的电力拖动形式和控制要求

M7130 型卧轴矩台平面磨床采用多台电动机拖动，其电力拖动和电气控制、保护的要求如下。

（1）砂轮由一台笼型异步电动机拖动。因为砂轮的转速一般不需要调节，所以对砂轮电动机没有电气调速的要求，也不需要反转，可直接起动。

（2）平面磨床的纵向和横向进给运动一般采用液压传动，所以需要由一台液压泵电动机驱动液压泵，对液压泵电动机也没有电气调速、反转和降压起动的要求。

（3）同车床一样，也需要一台冷却泵电动机提供冷却液，冷却泵电动机与砂轮电动机也具有联锁关系，即要求砂轮电动机起动后才能开动冷却泵电动机。

（4）平面磨床往往采用电磁吸盘来吸持工件。电磁吸盘要有退磁电路，为防止在磨削加工时因电磁吸盘吸力不足而造成工件飞出，还要求有弱磁保护环节。

（5）具有各种常规的电气保护环节（如短路保护和电动机的过载保护）；具有安全的局部照明装置。

3. M7130 型平面磨床电气控制电路分析

M7130 型平面磨床的电气原理图如图 3-20 所示。

（1）主电路。三相交流电源由电源开关 QS 引入，由 FUl 作全电路的短路保护。砂轮电动机 M1 和液压电动机 M3 分别由接触器 KM1、KM2 控制，并分别由热继电器 FRl、FR2 作过载保护。由于磨床的冷却泵箱是与床身分开安装的，所以冷却泵电动机 M2 由插头插座 Xl 接通电源，在需要提供冷却液时才插上。M2 受 M1 起动和停转的控制。由于 M2 的容量较小，因此不需要过载保护。三台电动机均直接起动，单向旋转。

（2）控制电路。控制电路采用 380 V 电源，由 FU2 作短路保护。SBl、SB2 和 SB3、SB4 分别为 M1 和 M3 的起动、停止按钮，通过 KM1、KM2 控制 M1 和 M3 的起动、停止。

（3）电磁吸盘电路。电磁吸盘结构与工作原理示意图如图 3-21 所示。其线圈通电后产生电磁吸力，以吸持铁磁性材料的工件进行磨削加工。与机械夹具相比较，电磁吸盘具有操作简便，不损伤工件的优点，特别适合于同时加工多个小工件。采用电磁吸盘的另一优点是工件在磨削时发热能够自由伸缩，不至于变形。但是电磁吸盘不能吸持非铁磁性材料的工件，而且其线圈还必须使用直流电。

如图 3-20 所示，变压器 T1 将 220 V 交流电降压至 127 V 后，经桥式整流器 VC 变成 110 V 直流电压供给电磁吸盘线圈 YH。SA2 是电磁吸盘的控制开关，待加工时，将 SA2 扳至右边的“吸合”位置，触点（301—303）、（302—304）接通，电磁吸盘线圈通电，产生电磁吸力将工件牢牢吸持。加工结束后，将 SA2 扳至中间的“放松”位置，电磁吸盘线圈断电，可将工件取下。如果工件有剩磁难以取下，可将 SA2 扳至左边的“退磁”位置，触点（301—305）、（302—303）接通，可见此时线圈通以反向电流产生反向磁场，对工件进行退磁。注意这时要控制退磁的时间，否则工件会因反向充磁而更难取下。R2 用于调节退磁的电流。采用电磁吸盘的磨床还配有专用的交流退磁器，如图 3-22 所示。如果退磁不够彻底，可以使用退磁器退去剩磁。X2 是退磁器的电源插座。

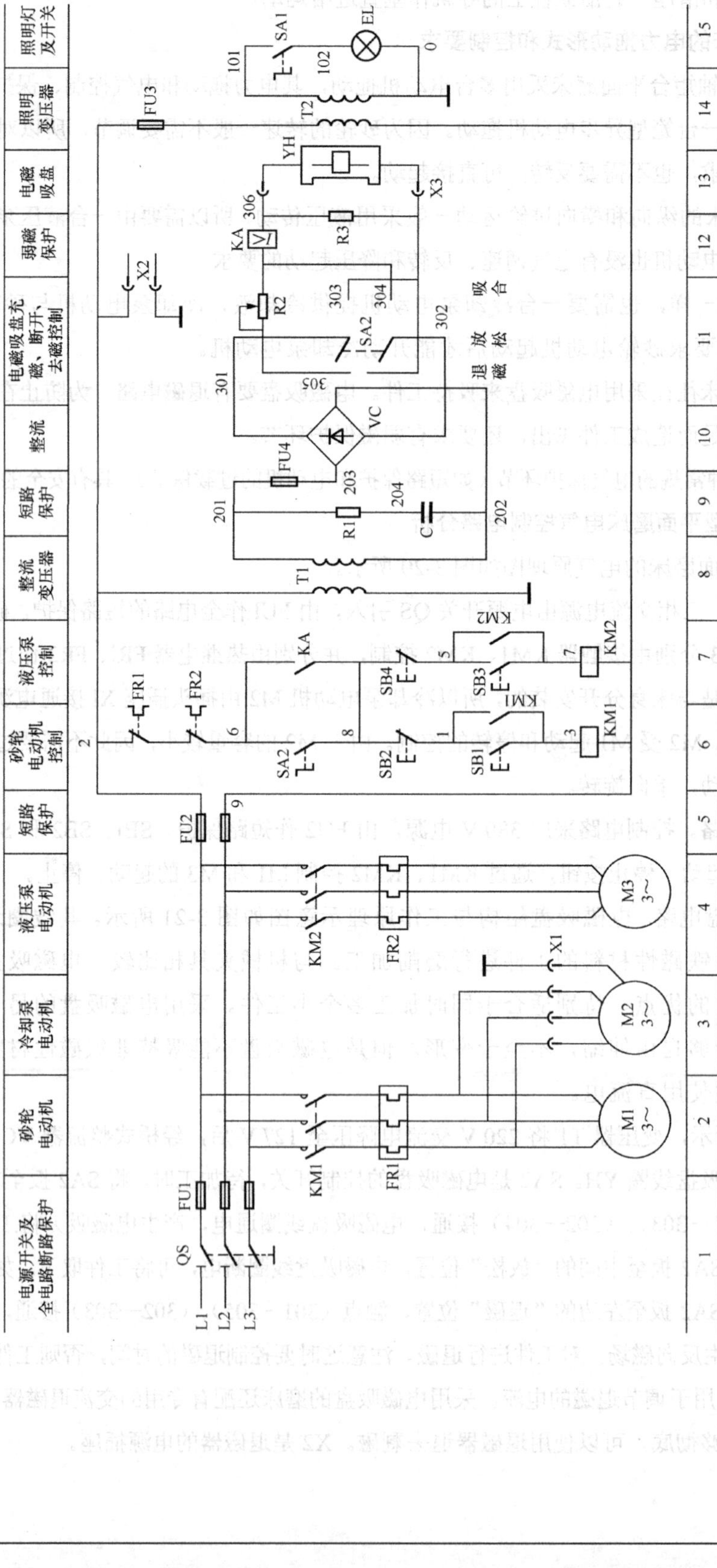

图3-20　M7130平面磨床电气原理图

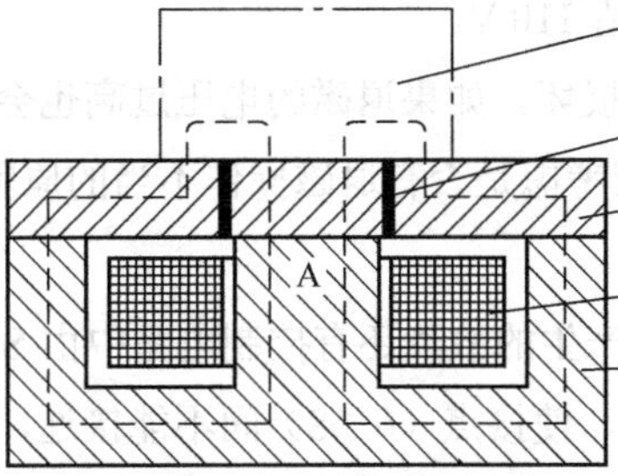

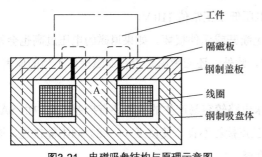

图3-21　电磁吸盘结构与原理示意图

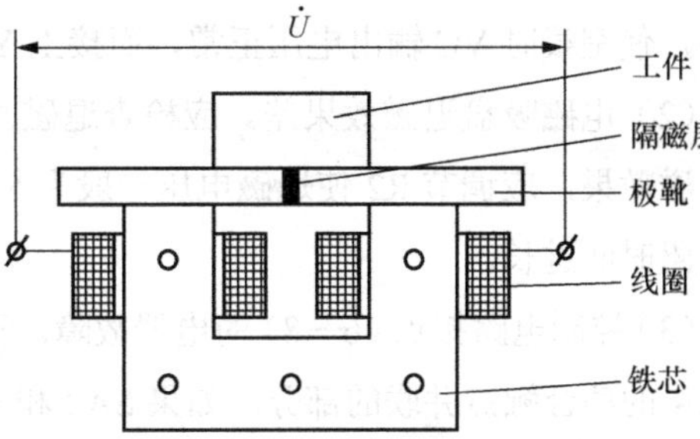

图3-22　交流去磁器结构原理图

（4）电气保护环节。除常规的电路短路保护和电动机的过载保护之外，电磁吸盘电路还专门设有一些保护环节。

① 电磁吸盘的弱磁保护。采用电磁吸盘来吸持工件有许多好处，但在进行磨削加工时一旦电磁吸力不足，就会造成工件飞出事故。因此在电磁吸盘线圈电路中串入欠电流继电器 KA 的线圈，KA 的动合触点与 SA2 的一对动合触点并联，串接在控制砂轮电动机 M1 的接触器 KM1 线圈支路中。SA2 的动合触点（6—8）只有在“退磁”挡才接通，而在“吸合”挡是断开的，这就保证了电磁吸盘在吸持工件时必须保证有足够的充磁电流，才能起动砂轮电动机 M1。在加工过程中一旦电流不足，欠电流继电器 KA 动作，能够及时地切断 KM1 线圈电路，使砂轮电动机 M1 停转，避免事故发生。如果不使用电磁吸盘，可以将其插头从插座 X3 上拔出，将 SA2 扳至“退磁”挡，此时 SA2 的触点（6—8）接通，不影响对各台电动机的操作。

② 电磁吸盘线圈的过电压保护。电磁吸盘线圈的电感量较大，当 SA2 在各挡间转换时，线圈会产生很大的自感电动势，使线圈的绝缘和电器的触点损坏。因此在电磁吸盘线圈两端并联电阻器 R3 作为放电回路。

③ 整流器的过电压保护。在整流变压器 T1 的二次侧并联由 R1、C 组成的阻容吸收电路，用以吸收交流电路产生的过电压和在直流侧电路通断时产生的浪涌电压，对整流器进行过电压保护。

（5）照明电路。照明变压器 T2 将 380 V 交流电压降至 36 V 安全电压供给照明灯 EL，EL 的一端接地，SA1 为灯开关，由 FU3 提供照明电路的短路保护。

4. M7130 型平面磨床常见电气故障的诊断与检修

M7130 型平面磨床电路与其他机床电路的主要不同是电磁吸盘电路，在此主要分析电磁吸盘电路的故障。

（1）电磁吸盘没有吸力或吸力不足。如果电磁吸盘没有吸力，首先应检查电源，从整流变压器 T1 的一次侧到二次侧，再检查到整流器 VC 输出的直流电压是否正常；检查熔断器 FU1、FU2、FU4；检查 SA2 的触点、插头插座 X3 是否接触良好；检查欠电流继电器 KA 的线圈有无断路；一直检查到电磁吸盘线圈 YH 两端有无 110 V 直流电压。如果电压正常，电磁吸盘仍无吸力，则需要检查 YH 有无断线。如果是电磁吸盘的吸力不足，则多半是工作电压低于额定值，如桥式整流电路的某一桥臂出现故障，使全波整流变成半波整流，VC 输出的直流电压下降了一半，也可能是 YH 线圈局部短路，使空载时 VC 输出电压正常，而接上 YH 后电压低于正常值 110 V。

（2）电磁吸盘退磁效果差。应检查退磁回路有无断开或元件损坏。如果退磁的电压过高也会影响退磁效果，应调节 R2 使退磁电压一般为 5～10 V。此外，还应考虑是否有退磁操作不当的原因，如退磁时间过长。

（3）控制电路接点（6—8）的电器故障。平面磨床电路较容易产生的故障还有控制电路中由 SA2 和 KA 的动合触点并联的部分。如果 SA2 和 KA 的触点接触不良，使接点（6—8）间不能接通，则会造成 M1 和 M2 无法正常起动，平时应特别注意检查。

项目小结

本项目以卧式镗床为典型项目，引出了速度继电器的结构特点、工作原理和应用，讲述了双速电动机的原理及控制。速度继电器是反应转速和转向的继电器，主要用作笼型异步电动机的反接制动控制，所以也称反接制动继电器，主要由转子、定子和触点 3 部分组成。双速电动机属于异步电动机变极调速类型，主要是通过改变定子绕组的连接方法达到改变定子旋转磁场磁极对数，从而改变电动机的转速。

在应用举例中讲述了双速异步电动机控制线路的结构组成、工作原理及安装调试技能。三相异步电动机制动常用的有能耗制动和反接制动，能耗制动是指电动机脱离交流电源后，立即在定子绕组的任意两相中加入一直流电源，在电动机转子上产生一制动转矩，使电动机快速停下来。反接制动是利用改变电动机电源的相序，使定子绕组产生相反方向的旋转磁场，因而产生制动转矩的一种制动方法。本项目中讲述了单向和正反转能耗制动、反接制动控制线路的组成、工作原理和调试技能。

本项目还重点讲述了 T68 卧式镗床、M7130 型平面磨床的基本结构、运动形式、操作方法、电动机和电气元件的配置情况，以及机械、液压系统与电气控制的关系等方面知识，详细分析了 T68 卧式镗床、M7130 型平面磨床电气控制线路组成、工作原理、安装调试方法，还讲述了 T68 型卧式镗床、M7130 型平面磨床常见电气故障的诊断与检修方法。

习题及思考

1．简述 T68 型卧式镗床的结构和运动形式。T68 型卧式镗床在进给时能否变速？

2．T68 型卧式镗床能低速起动，但不能高速运行，试分析故障的原因。

3．双速电动机高速运行时通常先低速起动而后转入高速运行，为什么？

4．简述速度继电器的结构、工作原理及用途。

5．有 2 台电动机 M1 和 M2，要求满足：（1）M1 先起动，经过 10 s 后 M2 起动；（2）M2 起动后，M1 立即停止。试设计其控制线路。

6．控制电路工作的准确性和可靠性是电路设计的核心和难点，在设计时必须特别重视。试分析图 3-23 是否合理？如果不合理，试改之。设计本意：按下 SB2，KM1 得电，延时一段时间后，KM2 得电运行，KM1 失电。按下 SB1，整个电路失电。

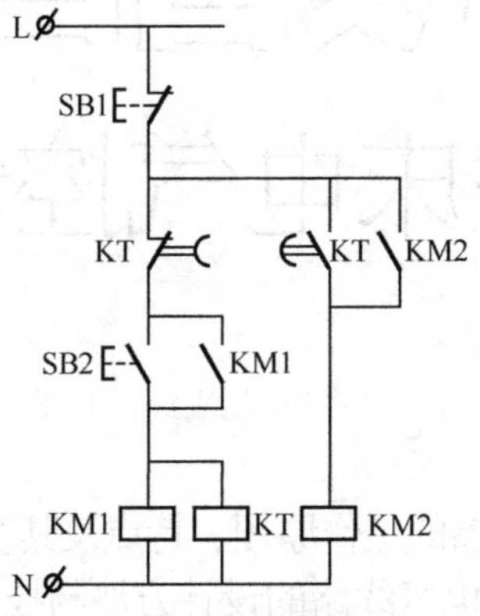

图3-23　题6图

7．分析 M7130 型平面磨床充磁的过程。

8．M7130 型平面磨床电磁吸盘没有吸力的原因是什么？

Chapter 4

项目四

铣床电气控制

【学习目标】

1. 熟悉转换开关、电磁离合器的工作原理、特点及其在机床电气控制中的应用。
2. 掌握电动机不同顺序控制电气线路的设计方法与技巧。
3. 掌握电动机多地控制的原理与设计这类控制电路的特点与技巧。
4. 了解 X62W 型万能铣床的主要结构和运动形式，并熟悉铣床的基本操作过程。
5. 掌握 X62W 型万能铣床电气控制线路工作原理与电气故障的分析方法。
6. 能检修转换开关、电磁离合器的电气故障。
7. 学会电动机顺序控制、多地控制线路的安装接线与故障维修。
8. 能排除 X62W 万能铣床的常见电气故障。

一、项目导入

铣床的加工范围广，运动形式较多，其结构也较为复杂。X62W 型万能铣床在加工时是主轴先起动，当铣刀旋转后才允许工作台的进给运动，当铣刀离开工件表面后，才允许铣刀停止工作。这里有两台电动机顺序起动控制的问题需要学习。

操作者操作铣床时，在机床的正面与侧身都要有操作的可能，这就涉及机床电动机的两地或多地控制问题。

（一）X62W 万能铣床的主要结构和运动形式

X62W 型万能铣床的主要结构如图 4-1 所示。

床身固定于底座上，用于安装和支撑铣床的各部件，在床身内还装有主轴部件、主传动装置、变速操纵机构等。床身顶部的导轨上装有悬梁，悬梁上装有刀杆支架。铣刀则装在刀杆上，刀杆的一端装在主轴上，另一端装在刀杆支架上。刀杆支架可以在悬梁上水平移动，悬梁又可以在床身顶部的水平导轨上水平移动，因此可以适应各种不同长度的刀杆。

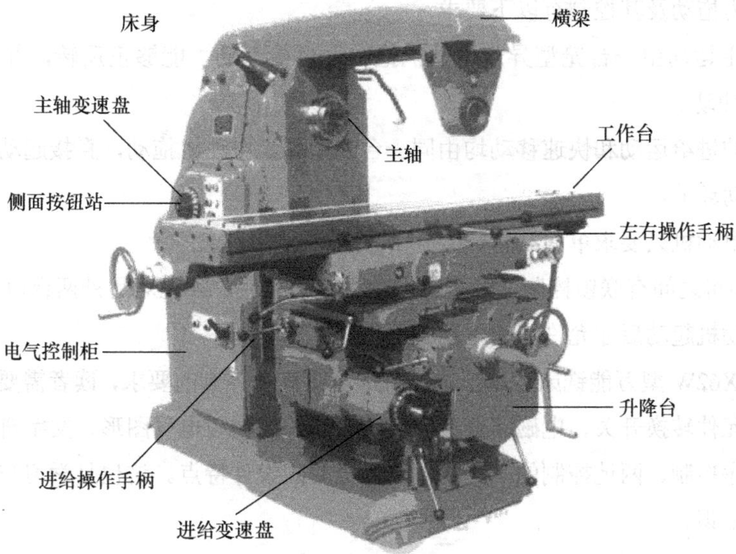

图4-1 X62W型万能铣床结构示意图

床身的前部有垂直导轨，升降台可以沿导轨上下移动，升降台内装有进给运动和快速移动的传动装置及其操纵机构等。在升降台的水平导轨上装有滑座，可以沿导轨作平行于主轴轴线方向的横向移动；工作台又经过回转盘装在滑座的水平导轨上，可以沿导轨作垂直于主轴轴线方向的纵向移动。这样，紧固在工作台上的工件，通过工作台、回转盘、滑座和升降台，可以在相互垂直的 3 个方向上实现进给或调整运动。

在工作台与滑座之间的回转盘还可以使工作台左右转动 45°，因此工作台在水平面上除可以作横向和纵向进给外，还可以实现在不同角度的各个方向上的进给，用以铣削螺旋槽。

由此可见，铣床的主运动是主轴带动刀杆和铣刀的旋转运动；进给运动包括工作台带动工件在水平的纵、横方向及垂直方向 3 个方向的运动；辅助运动则是工作台在 3 个方向的快速移动。

（二）铣床的电力拖动形式和控制要求

铣床的主运动和进给运动各由一台电动机拖动，这样铣床的电力拖动系统一般由 3 台电动机所组成：主轴电动机、进给电动机和冷却泵电动机。主轴电动机通过主轴变速箱驱动主轴旋转，并由齿轮变速箱变速，以适应铣削工艺对转速的要求，电动机则不需要调速。由于铣削分为顺铣和逆铣两种加工方式，分别使用顺铣刀和逆铣刀，所以要求主轴电动机能够正反转，但只要求预先选定主轴电动机的转向，在加工过程中则不需要主轴反转。又由于铣削是多刃不连续的切削，负载不稳定，所以主轴上装有飞轮，以提高主轴旋转的均匀性，消除铣削加工时产生的震动，这样主轴传动系统的惯性较大，因此还要求主轴电动机在停机时有电气制动。

进给电动机作为工作台进给运动及快速移动的动力，也要求能够正反转，以实现 3 个方向的正反向进给运动。通过进给变速箱，可获得不同的进给速度。为了使主轴和进给传动系统在变速时齿轮能够顺利啮合，要求主轴电动机和进给电动机在变速时能够稍微转动一下（称为变速冲动）。

3 台电动机之间还要求有联锁控制，即在主轴电动机起动之后，另外两台电动机才能起动运行。

由此，铣床对电力拖动及其控制有以下要求。

（1）铣床的主运动由一台笼型异步电动机拖动，直接起动，能够正反转，并设有电气制动环节，能进行变速冲动。

（2）工作台的进给运动和快速移动均由同一台笼型异步电动机拖动，直接起动，能够正反转，也要求有变速冲动环节。

（3）冷却泵电动机只要求单向旋转。

（4）3台电动机之间有联锁控制，即主轴电动机起动之后，才能对另外两台电动机进行控制。

（5）主轴电动机起动后才允许工作电动机工作。

通过以上对X62W型万能铣床运动形式与机床电力拖动控制的要求，读者需要学习与铣床电气控制相关的电气元件转换开关、电磁离合器等低压电器的结构与电气图形、文字符号。同时，还应学习有关机床顺序控制、两地控制的一些基本控制电路的设计特点。这也是学习与识读电气图纸时需要掌握的基础知识。

二、相关知识

（一）转换开关

组合开关又称转换开关，常用于交流50 Hz、380 V以下及直流220 V以下的电气线路中，供手动不频繁的接通和分断电路、电源开关或控制5 kW以下小容量异步电动机的起动、停止和正反转，各种用途的转换开关如图4-2所示。

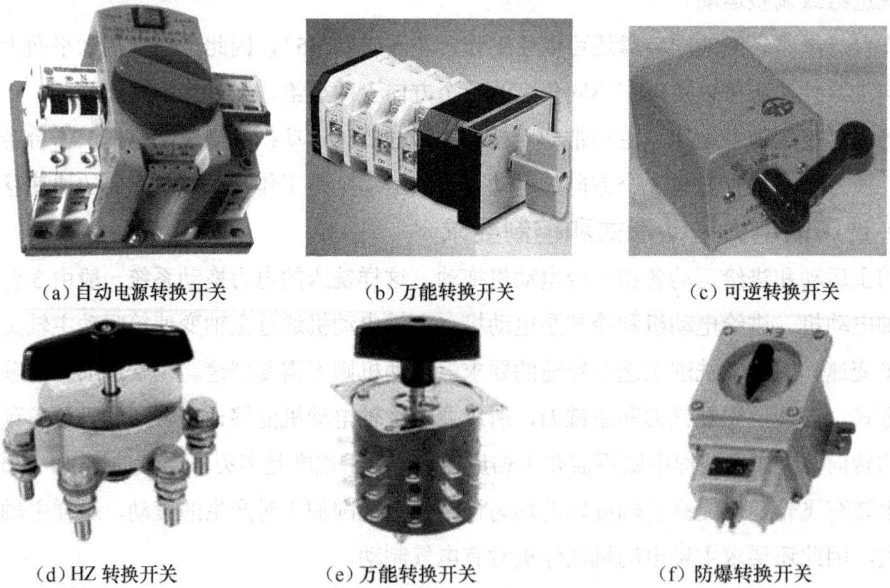

（a）自动电源转换开关　（b）万能转换开关　（c）可逆转换开关

（d）HZ 转换开关　（e）万能转换开关　（f）防爆转换开关

图4-2　各种用途的转换开关

组合开关的常用产品有HZ6、HZ10、HZ15系列。一般在电气控制线路中普遍采用的是HZ10系列的组合开关。

组合开关有单极、双极和多极之分。普通类型的转换开关各极是同时通断的；特殊类型的转换开关是各极交替通断，以满足不同的控制要求。其表示方法类似于万能转换开关。

1. 无限位型转换开关

无限位型转换开关手柄可以在 360° 范围内旋转，无固定方向。常用的是全国统一设计产品 HZ10 系列，HZ10-10/3 型组合开关外形、结构与符号如图 4-3 所示。它实际上就是由多节触点组合而成的刀开关，与普通闸刀开关的区别是转换开关用动触片代替闸刀，操作手柄在平行于安装面的平面内可左右转动。开关的 3 对静触点分别装在 3 层绝缘垫板上，并附有接线柱，用于与电源及用电设备相接。动触点是用磷铜片（或硬紫铜片）和具有良好灭弧性能的绝缘钢纸板铆合而成，并和绝缘垫板一起套在附有手柄的方形绝缘转轴上。手柄和转轴能在平行于安装面的平面内沿顺时针或逆时针方向每次转动 90°，带动 3 个动触点分别与 3 对静触点接触或分离，实现接通或分断电路的目的。开关的顶盖部分是由滑板、凸轮、弹簧、手柄等构成的操作机构。由于采用了弹簧储能，可使触点快速闭合或分断，因此提高了开关的通断能力。

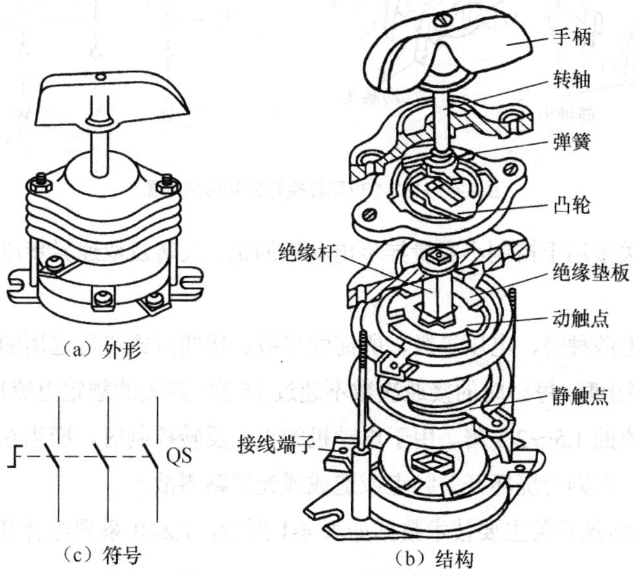

图4-3　HZ10-10/3型组合开关

2. 有限位型转换开关

有限位型转换开关也称为可逆转换开关或倒顺开关，只能在 90° 范围内旋转，有定位限制，类似双掷开关，即所谓的两位置转换类型。常用的为 HZ3 系列，其 HZ3-132 型转换开关外形、结构如图 4-4 所示。

HZ3-132 型转换开关的手柄有倒、停、顺 3 个位置，手柄只能从“停”位置左转 45° 和右转 45°。移去上盖可见两边各装有 3 个静触点，右边标符号 L1、L2 和 W，左边标符号 U、V 和 L3，如图 4-4（b）所示。转轴上固定着 6 个不同形状的动触点。其中，Ⅰ1、Ⅰ2、Ⅰ3、Ⅱ1 是同一种形状，Ⅱ2、Ⅱ3 为另一种形状，如图 4-4（c）所示。6 个动触点分成 2 组，每组 3 个，Ⅰ1、Ⅰ2、Ⅰ3 为一组，Ⅱ1、Ⅱ2、Ⅱ3 为一组。两组动触点不同时与静触点接触。

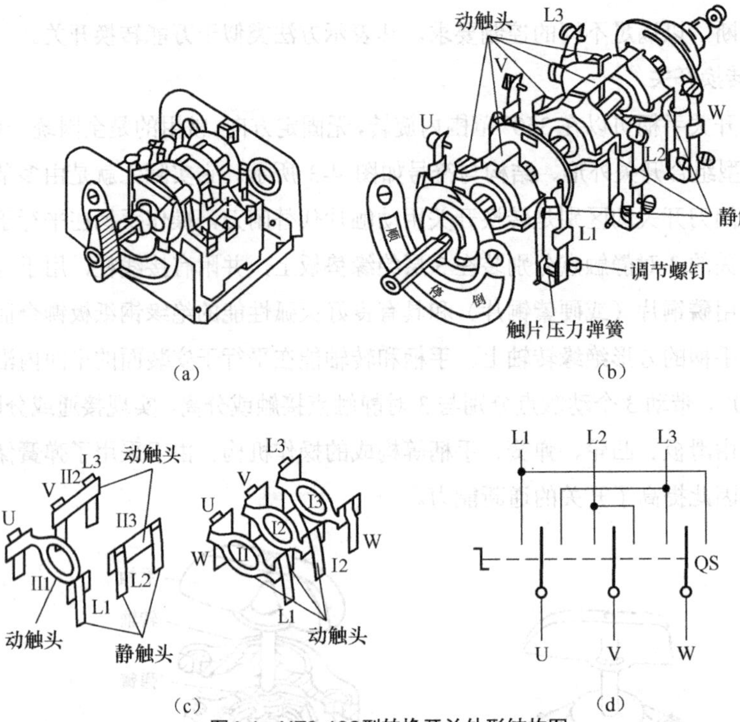

图4-4 HZ3-132型转换开关外形结构图

HZ3 系列转换开关多用于控制小容量异步电动机的正、反转及双速异步电动机△/YY、Y/YY 的变速切换。

转换开关是根据电源种类、电压等级、所需触点数、接线方式进行选用的。应用转换开关控制异步电动机的起动、停止时，每小时的接通次数不超过 15 次，开关的额定电流也应该选得略大一些，一般取电动机额定电流的 1.5～2.5 倍。用于电动机的正、反转控制时，应当在电动机完全停止转动后，才允许反向起动，否则会烧坏开关触点或造成弧光短路事故。

HZ5、HZ10 系列转换开关主要技术数据如表 4-1 所示，HZ10 系列组合开关在电路图中的符号如图 4-3 所示。

表 4-1　　HZ5、HZ10 系列转换开关主要技术数据

型　号	额定电压（V）	额定电流（A）	控制功率（kW）	用　途	备　注
HZ5-10	交流 380 直流 220	10	1.7	在电气设备中用于电源引入，接通或分断电路、换接电源或负载（电动机等）	可取代 HZ1～HZ3 等老产品
HZ5-20		20	4		
HZ5-40		40	7.5		
HZ5-60		60	10		
HZ10-10		10		在电气线路中用于接通或分断电路；换接电源或负载；测量三相电压；控制小型异步电动机正反转	可取代 HZ1、HZ2 等老产品
HZ10-25		25			
HZ10-60		60			
HZ10-100		100			

注：HZ10-10 为单极时，其额定电流为 6 A，HZ10 系列具有 2 极和 3 极。

HZ3 系列转换开关的型号和用途如表 4-2 所示。

表 4-2　　HZ3 系列组合开关的型号和用途

型号	额定电流（A）	电动机容量（kW）			手柄形式	用途
		220 V	380 V	500 V		
HZ3-131	10	2.2	3	3	普通	控制电动机起动、停止
HZ3-431	10	2.2	3	3	加长	控制电动机起动、停止
HZ3-132	10	2.2	3	3	普通	控制电动机倒、顺、停
HZ3-432	10	2.2	3	3	加长	控制电动机倒、顺、停
HZ3-133	10	2.2	3	3	普通	控制电动机倒、顺、停
HZ3-161	35	5.5	7.5	7.5	普通	控制电动机倒、顺、停
HZ3-452	5（110 V） 2.5（220 V）	—	—	—	加长	控制电磁吸盘
HZ3-451	10	2.2	3	3	加长	控制电动机△/YY、Y/YY 变速

HZ 系列型号含义如下。

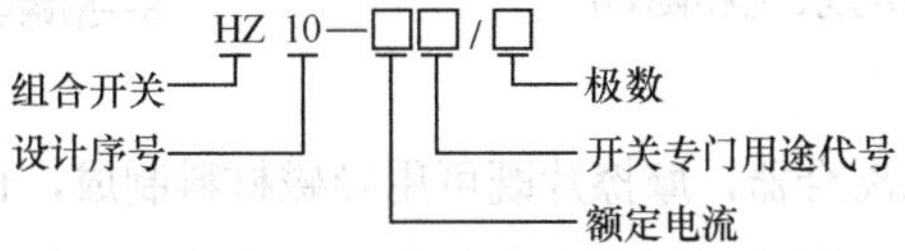

（二）电磁离合器

铣床工作的快速进给与常速进给皆通过电磁离合器来实现。

电磁离合器的工作原理是，电磁离合器的主动部分和从动部分借接触面的摩擦作用，或是用液体作为介质（液力耦合器），或是用磁力传动（电磁离合器）来传动转矩，使两者之间可以暂时分离，又逐渐接合，在传动过程中又允许两部分相互转动。

电磁离合器又称电磁联轴节，是利用表面摩擦和电磁感应原理在两个旋转运动的物体间传递力矩的执行电器。电磁离合器便于远距离控制，控制能量小，动作迅速、可靠，结构简单，因此广泛用于机床的自身控制，铣床上采用的是摩擦式电磁离合器。

摩擦式电磁离合器按摩擦片数量可以分为单片式与多片式两种。机床上普遍采用多片式电磁离合器，在主动轴的花键轴端，装有主动摩擦片，可以沿轴向自由移动，但因为是花键连接，故将随主轴一起转动，从动摩擦片与主动摩擦片交替叠装，其外缘凸起部分卡在从动齿轮固定在一起的套筒内，因而可以随从动齿轮转动，并在主动轴转动时，它不可以转动。

当线圈通电后产生磁场，将摩擦片吸向铁芯，衔铁也被吸住，紧紧压住各摩擦片，于是，依靠主动摩擦片与从动摩擦片之间的摩擦力使从动齿轮随主动轴转动，实现力矩的传递。当电磁离合器线圈电压达到额定值时的 85%～105%时，离合器就能可靠地工作。当线圈断电时，装在内外摩擦片之间的圆桩弹簧使衔铁和摩擦片复位，离合器便失去传递力矩的作用。

多片式摩擦电磁离合器具有传递力矩大、体积小、容易安装的优点。多片式电磁离合器的数量在2～12片时，随着片数的增加，传递力矩也增加，但片数大于12片后，由于磁路气隙增大等原因，所传递的力矩会因而减少。因此，多片式电磁离合器的摩擦片以2～12片最为合适。

图4-5所示为线圈旋转（带滑环）多片摩擦式电磁离合器，在磁轭4的外表面和线圈槽中分别用环氧树脂固定滑环5和励磁线圈6，线圈引出线的一端焊在滑环上，另一端焊在磁轭上接地。外连接件1与外摩擦片组成回转部分，内摩擦片与传动轴套7、磁轭4组成另一回转部分。当线圈通电时，衔铁2被吸引沿花键套右移压紧摩擦片组，离合器接合。这种结构的摩擦片位于励磁线圈产生的磁力线回路内，因此需用导磁材料制成。由于受摩擦片的剩磁和涡流影响，其脱开时间较非导磁摩擦片长，常在湿式条件下工作，因而广泛用于远距离控制的传动系统和随动系统中。

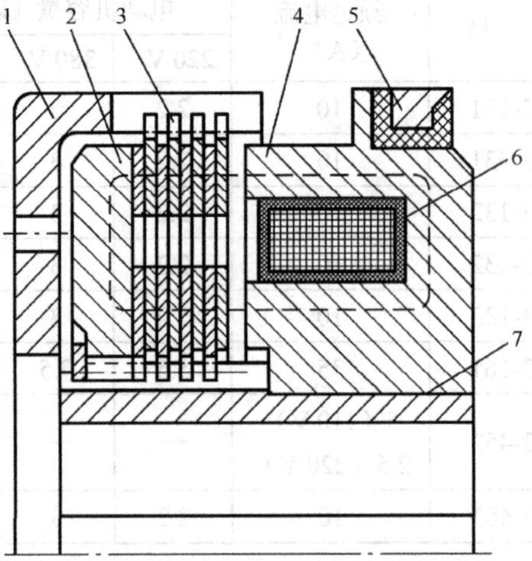

图4-5 多片摩擦式电磁离合器
1—外连接件 2—衔铁 3—摩擦片组 4—磁轭 5—滑环 6—励磁线圈 7—传动轴套

摩擦片处在磁路外的电磁离合器，摩擦片既可用导磁材料制成，也可用摩擦性能较好的铜基粉末冶金等非导磁材料制成，或在钢片两侧面黏合具有高耐磨性、韧性而且摩擦因数大的石棉橡胶材料，可在湿式或干式情况下工作。

为了提高导磁性能和减少剩磁影响，磁轭和衔铁可用电工纯铁或08号、10号低碳钢制成，滑环一般用淬火钢或青铜制成。

（三）顺序控制

一般机床是由多台电动机来实现机床的机械拖动与辅助运动控制的，用于满足机床的特殊控制要求，在起动与停车时需要电动机按一定的顺序来进行。下面是多台电动机起动与停车的顺序控制电路的原理图。

1. 先启后停控制线路

对于某处机床，要求在加工前先给机床提供液压油，使机床床身导轨进行润滑，或是提供机械运动的液压动力，这就要求先起动液压泵后才能起动机床的工作台拖动电动机或主轴电动机。当机床停止时要求先停止拖动电动机或主轴电动机，才能让液压泵停止。其电气原理图如图4-6所示。

2. 先起先停控制电路

在有的特殊控制中，要求A电动机先起动后才能起动B电动机，当A停止后B才能停止。其电气控制原理图如图4-7所示。

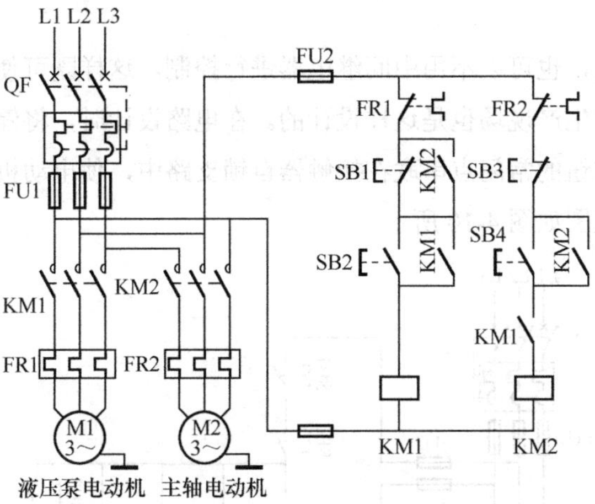

图4-6　电动机先起后停控制原理图

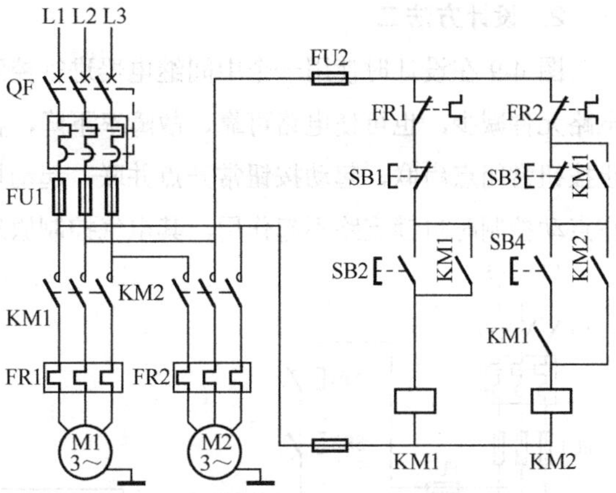

图4-7　电动机先起先停控制原理图

（四）多地控制

对于多数机床而言，因加工需要，加工人员应该在机床正面和侧面均能进行操作。如图 4-8 所示，SB1、SB2 为机床上正面、侧面两地总停开关，SB3、SB4 为 M1 电动机的两地正转起动控制开关，SB5、SB6 为 M2 电动机的两地反转起动控制开关。

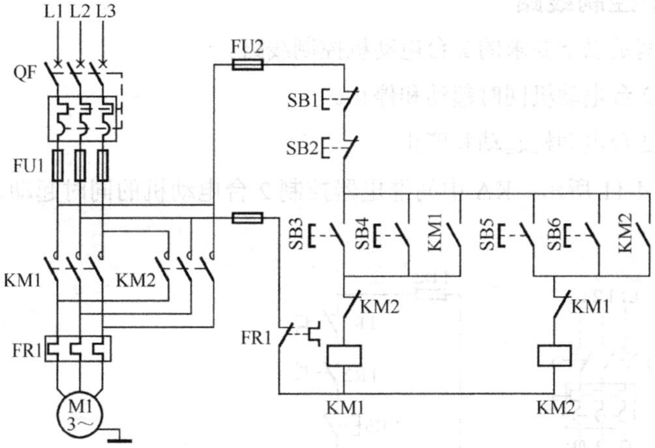

图4-8　两地控制电动机正反转原理图

可见，多地控制的原则是：起动按钮并联，停车按钮串联。

三、应用举例

（一）从两地实现一台电动机的连续—点动控制

设计一个控制电路，能在 A、B 两地分别控制同一台电动机单方向连续运行与点动控制，画出电气原理图。

1. 设计方法一

如图 4-9 所示，SB1、SB2 为电动机的停车控制开关，SB3、SB4 为电动机的点动控制开关，SB5、SB6 为电动机的长车控制开关。在电路设计时，将停止按钮常闭点串联，起动按钮常开点并联。

2. **设计方法二**

图 4-9 在设计时使用一个中间继电器进行控制，也可以不用中间继电器进行控制，这样既可使电路元件减少，也可使电路可靠、故障率下降，在生产现场也是这样设计的。在电路设计时，将停止按钮常闭点串联，起动按钮常开点并联，起动按钮的常闭点串联在接触器自锁支路中，使电动机在点动控制时自锁支路不起作用，其电气控制原理图如图 4-10 所示。

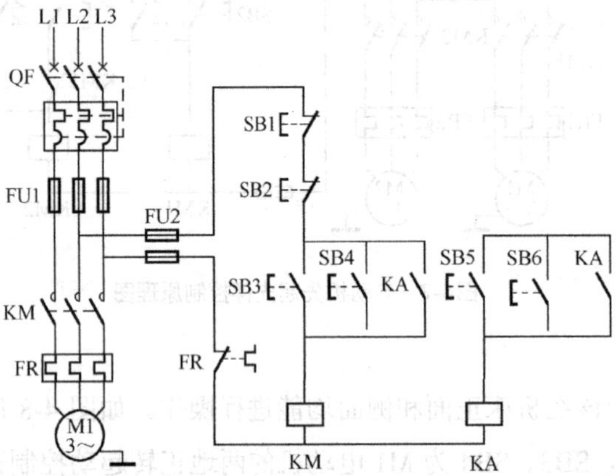

图4-9　两地控制一台电动机连续—点动原理图（一）

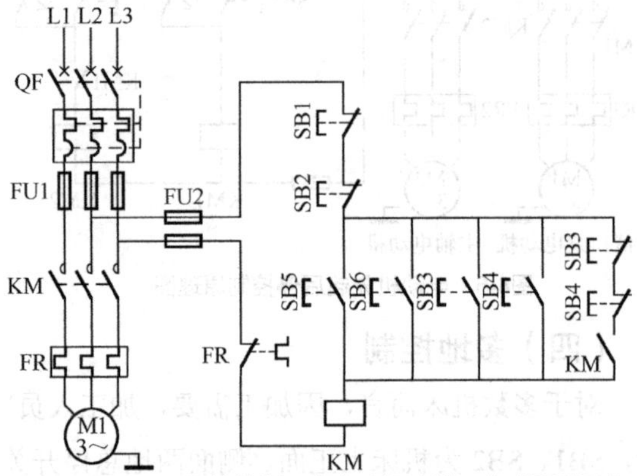

图4-10　两地控制一台电动机连续—点动原理图（二）

（二）设计一个控制线路

设计一个能同时满足以下要求的 2 台电动机控制线路。

（1）能同时控制 2 台电动机同时起动和停止。

（2）能分别控制 2 台电动机起动和停止。

电气原理图如图 4-11 所示，KA 中间继电器控制 2 台电动机的同时起动，SB6 控制 2 台电动机的同时停止。

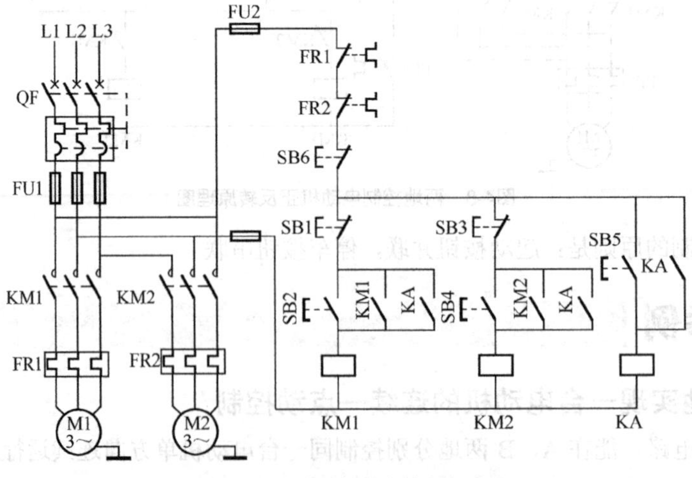

图4-11　2台电动机顺序控制原理图

（三）X62W 型万能铣床电气控制线路分析及故障排除

X62W 型万能铣床的电气控制线路有多种，图 4-12 所示的电路是经过改进的电路，为 X62W 型卧式和 X53K 型立式 2 种万能铣床所通用。

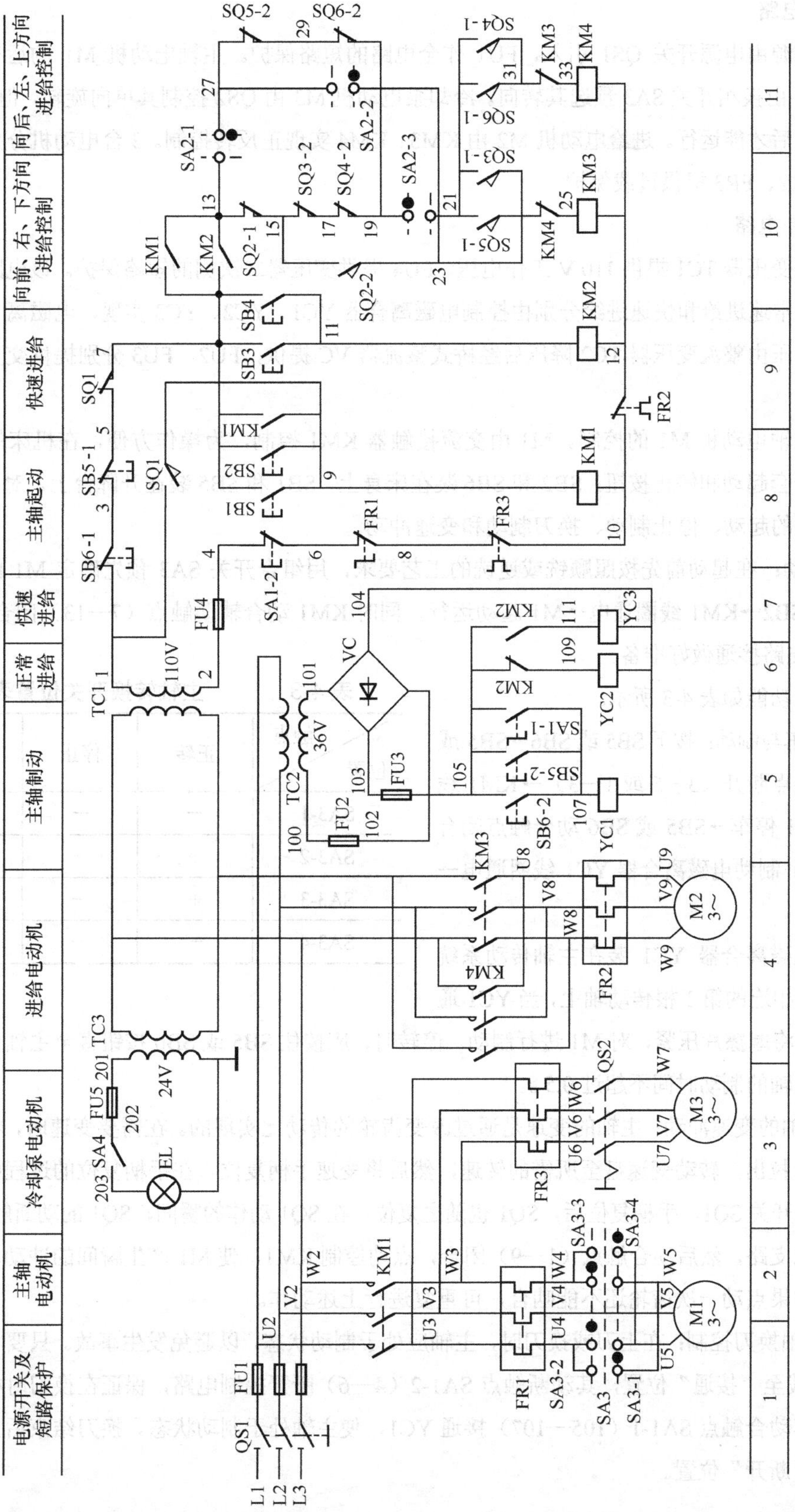

图4-12　X62W型万能铣床电气原理图

1. 主电路

三相电源由电源开关 QS1 引入，FU1 作全电路的短路保护。主轴电动机 M1 的运行由接触器 KM1 控制，由换相开关 SA3 预选其转向。冷却泵电动机 M3 由 QS2 控制其单向旋转，但必须在 M1 起动运行之后才能运行。进给电动机 M2 由 KM3、KM4 实现正反转控制。3 台电动机分别由热继电器 FR1、FR2、FR3 提供过载保护。

2. 控制电路

由控制变压器 TC1 提供 110 V 工作电压，FU4 提供变压器二次侧的短路保护。该电路的主轴制动、工作台常速进给和快速进给分别由控制电磁离合器 YC1、YC2、YC3 实现，电磁离合器需要的直流工作电压由整流变压器 TC2 降压后经桥式整流器 VC 提供，FU2、FU3 分别提供交直流侧的短路保护。

（1）主轴电动机 M1 的控制。M1 由交流接触器 KM1 控制，为操作方便，在机床的不同位置各安装了一套起动和停止按钮：SB2 和 SB6 装在床身上，SB1 和 SB5 装在升降台上。对 M1 的控制包括有主轴的起动、停止制动、换刀制动和变速冲动。

① 起动：在起动前先按照顺铣或逆铣的工艺要求，用组合开关 SA3 预先确定 M1 的转向。按下 SB1 或 SB2→KM1 线圈通电→M1 起动运行，同时 KM1 动合辅助触点（7—13）闭合为 KM3、KM4 线圈支路接通做好准备。

SA3 的功能如表 4-3 所示。

表 4-3　主轴转换开关位置表

位置＼触点	正转	停止	反转
SA3-1	—	—	+
SA3-2	+	—	—
SA3-3	+	—	—
SA3-4	—	—	+

② 停车与制动：按下 SB5 或 SB6→SB5 或 SB6 动断触点断开（3—5 或 1—3）→KM1 线圈断电，M1 停车→SB5 或 SB6 动合触点闭合（105—107）制动电磁离合器 YC1 线圈通电→M1 制动。

制动电磁离合器 YC1 装在主轴传动系统与 M1 转轴相连的第 1 根传动轴上，当 YC1 通电吸合时，将摩擦片压紧，对 M1 进行制动。停转时，应按住 SB5 或 SB6 按钮直至主轴停转才能松开，一般主轴的制动时间不超过 0.5 s。

③ 主轴的变速冲动：主轴的变速是通过改变齿轮的传动比实现的。在需要变速时，将变速手柄（见图 4-1）拉出，转动变速盘至所需的转速，然后将变速手柄复位。在手柄复位的过程中，在瞬间压动了行程开关 SQ1，手柄复位后，SQ1 也随之复位。在 SQ1 动作的瞬间，SQ1 的动断触点（5—7）先断开其他支路，然后动合触点（1—9）闭合，点动控制 KM1，使 M1 产生瞬间的冲动，利于齿轮的啮合。如果点动一次齿轮还不能啮合，可重复进行上述动作。

④ 主轴换刀控制：在上刀或换刀时，主轴应处于制动状态，以避免发生事故。只要将换刀制动开关 SA1 拨至“接通”位置，其动断触点 SA1-2（4—6）断开控制电路，保证在换刀时机床没有任何动作；其动合触点 SA1-1（105—107）接通 YC1，使主轴处于制动状态。换刀结束后，要记住将 SA1 扳回“断开”位置。

（2）进给运动控制。工作台的进给运动分为常速（工作）进给和快速进给，常速进给必须在M1起动运行后才能进行，而快速进给属于辅助运动，可以在M1不起动的情况下进行。工作台在6个方向上的进给运动是由机械操作手柄（见图4-1）带动相关的行程开关SQ3～SQ6，通过控制接触器KM3、KM4来控制进给电动机M2正反转实现。行程开关SQ5和SQ6分别控制工作台的向右和向左运动，SQ3和SQ4则分别控制工作台的向前、向下和向后、向上运动。

进给拖动系统使用的两个电磁离合器YC2和YC3都安装在进给传动链中的第4根传动轴上。当YC2吸合而YC3断开时，为常速进给；当YC3吸合而YC2断开时，为快速进给。

①工作台的纵向进给运动。工作台的纵向（左右）进给运动是由“工作台纵向操纵手柄”来控制的。手柄有3个位置：向左、向右、零位（停止），其控制关系如表4-4所示。

表4-4　工作台纵向进给开关位置

触点＼位置	左	停	右
SQ5-1	－	－	＋
SQ5-2	＋	＋	－
SQ6-1	＋	－	－
SQ6-2	－	＋	＋

将纵向进给操作手柄扳向右边→行程开关SQ5动作→其动断触点SQ5-2（27—29）先断开，动合触点SQ5-1（21—23）后闭合→KM3线圈通过（13—15—17—19—21—23—25）路径通电→M2正转→工作台向右运动。

若将操作手柄扳向左边，则SQ6动作→KM4线圈通电→M2反转→工作台向左运动。

SA2为圆工作台控制开关，此时应处于“断开”位置，3组触点状态为SA2-1、SA2-3接通，SA2-2断开。

②工作台的垂直与横向进给运动。工作台垂直与横向进给运动由一个十字形手柄操纵，十字形手柄有上、下、前、后和中间5个位置，其对应的运动状态如表4-5所示。将手柄扳至向下或向上位置时，分别压动行程开关SQ3或SQ4，控制M2正转或反转，并通过机械传动机构使工作台分别向下和向上运动；而当手柄扳至向前或向后位置时，虽然同样是压动行程开关SQ3和SQ4，但此时机械传动机构使工作台分别向前和向后运动。当手柄在中间位置时，SQ3和SQ4均不动作。下面就以向上运动的操作为例分析电路的工作情况，其余的可自行分析。

表4-5　工作台横向与垂直操纵手柄功能

手柄位置	工作台运动方向	离合器接通的丝杆	行程开关动作	接触器动作	电动机运转
向上	向上进给或快速向上	垂直丝杆	SQ4	KM4	M2反转
向下	向下进给或快速向下	垂直丝杆	SQ3	KM3	M2正转
向前	向前进给或快速向前	横向丝杆	SQ3	KM3	M2正转
向后	向后进给或快速向后	横向丝杆	SQ4	KM4	M2反转
中间	升降或横向停止	横向丝杆	—	—	停止

将十字形手柄扳至“向上”位置，SQ4的动断触点SQ4—2先断开，动合触点SQ4—1后闭合→KM4线圈经（13—27—29—19—21—31—33）路径通电→M2反转→工作台向上运动。

③ 进给变速冲动。与主轴变速时一样，进给变速时也需要使M2瞬间点动一下，使齿轮易于啮合。进给变速冲动由行程开关SQ2控制，在操纵进给变速手柄和变速盘（见图4-1）时，瞬间压动了行程开关SQ2，在SQ2通电的瞬间，其动断触点SQ2-1（13—15）先断开而动合触点SQ2-2（15—23）后闭合，使KM3线圈经（13—27—29—19—17—15—23—25）路径通电，M2正向点动。由KM3的通电路径可见：只有在进给操作手柄均处于零位（即SQ3～SQ6均不动作）时，才能进行进给变速冲动。

④ 工作台快速进给的操作。要使工作台在6个方向上快速进给，在按常速进给的操作方法操纵进给控制手柄的同时，还要按下快速进给按钮开关SB3或SB4（两地控制），使KM2线圈通电，其动断触点（105—109）切断YC2线圈支路，动合触点（105—111）接通YC3线圈支路，使机械传动机构改变传动比，实现快速进给。由于与KM1的动合触点（7—13）并联了KM2的一个动合触点，所以在M1不起动的情况下也可以进行快速进给。

（3）圆工作台的控制。在需要加工弧形槽、弧形面和螺旋槽时，可以在工作台上加装圆工作台。圆工作台的回转运动也是由进给电动机M2拖动的。在使用圆工作台时，将控制开关SA2扳至“接通”的位置，此时SA2-2接通而SA2-1、SA2-3断开。在主轴电动机M1起动的同时，KM3线圈经（13—15—17—19—29—27—23—25）的路径通电，使M2正转，带动圆工作台旋转运动（圆工作台只需要单向旋转）。由KM3线圈的通电路径可见，只要扳动工作台进给操作的任何一个手柄，SQ3～SQ6其中一个行程开关的动断触点断开，都会切断KM3线圈支路，使圆工作台停止运动，这就实现了工作台进给和圆工作台运动的联锁关系。

圆工作台转换开关SA1情况说明如表4-6所示。

表4-6 圆工作台转换开关说明

触点 \ 位置	圆工作台 接通	圆工作台 断开
SA2-1	−	+
SA2-2	+	−
SA2-3	−	+

3. 照明电路

照明灯EL由照明变压器TC3提供24 V的工作电压，SA4为灯开关，FU5提供短路保护。

4. X62W型万能铣床常见电气故障的诊断与检修

X62W型万能铣床的主轴运动由主轴电动机M1拖动，采用齿轮变换实现调速。电气原理上不仅保证了上述要求，还在变速过程中采用了电动机的冲动和制动。

铣床的工作台应能够进行前、后、左、右、上、下6个方向的常速和快速进给运动，同样，工作台的进给速度也需要变速，变速也是采用变换齿轮来实现的，电气控制原理与主轴变速相似。其控制是由电气和机械系统配合进行的，所以在出现工作台进给运动的故障时，如果对机、电系统的部件逐个进行检查，是难以尽快查出故障所在的。可依次进行其他方向的常速进给、快速进给、进给变速冲动和圆工作台的进给控制试验，逐步缩小故障范围，分析故障原因，然后在故障范围内逐个对电器元件、触点、接线和接点进行检查。在检查时，还应考虑机械磨损或移位使操纵失灵等非电气的故障原因。这部分电路的故障较多，下面仅以一些较典型的故障为例来进行分析。

由于万能铣床的机械操纵与电气控制配合十分密切，因此调试与维修时，不仅要熟悉电气原理，还要对机床的操作与机械结构，特别是机电配合有足够的了解。下面对 X62W 型万能铣床常见电气故障分析与故障处理的一些方法与经验进行归纳与总结。

（1）主轴停车时没有制动作用。

【故障分析】

① 电磁离合器 YC1 不工作，工作台能常速进给和快速进给。

② 电磁离合器 YC1 不工作，且工作台无常速进给和快速进给。

【故障排除方法】

① 检查电磁离合器 YC1，如 YC1 线圈有无断线、接点有无接触不良等。此外还应检查控制按钮 SB5 和 SB6。

② 重点是检查整流器中的 4 个整流二极管是否损坏或整流电路有无断线。

（2）主轴换刀时无制动。

【故障分析】转换开关 SA1 经常被扳动，其位置发生变动或损坏，导致接触不良或断路。

【故障排除方法】调整转换开关的位置或予以更换。

（3）按下主轴停车按钮后，主轴电动机不能停车。

【故障分析】故障的主要原因可能是 KM1 的主触点熔焊。

注意　如果在按下停车按钮后，KM1 不释放，则可断定故障是由 KM1 主触点熔焊引起的。此时电磁离合器 YC1 正在对主轴起制动作用，会造成 M1 过载，并产生机械冲击。所以一旦出现这种情况，应该马上松开停车按钮，进行检查，否则会很容易烧坏电动机。

【故障排除方法】检查接触器 KM1 主触点是否熔焊，并予以修复或更换。

（4）工作台各个方向都不能进给。

【故障分析】

① 电动机 M2 不能起动，电动机接线脱落或电动机绕组断线。

② 接触器 KM1 不吸合。

③ 接触器 KM1 主触点接触不良或脱落。

④ 经常扳动操作手柄，开关受到冲击，行程开关 SQ3、SQ4、SQ5、SQ6 位置发生变动或损坏。

⑤ 变速冲动开关 SQ2-1 在复位时，不能闭合接通或接触不良。

【故障排除方法】

① 检查电动机 M2 是否完好，并予以修复。

② 检查接触器 KM1、控制变压器一、二次绕组，电源电压是否正常，熔断器是否熔断，并予以修复。

③ 检查接触器主触点，并予以修复。

④ 调整行程开关的位置或予以更换。

⑤ 调整变速冲动开关 SQ2-1 的位置，检查触点情况，并予以修复或更换。

（5）主轴电动机不能起动。

【故障分析】

① 电源不足、熔断器熔断、热继电器触点接触不良。

② 起动按钮损坏、接线松脱、接触不良或线圈断路。

③ 变速冲动开关SQ1的触点接触不良，开关位置移动或撞坏。

④ 因为M1的容量较大，导致接触器KM1的主触点、SA3的触点被熔化或接触不良。

【故障排除方法】

① 检查三相电源、熔断器、热继电器的触点的接触情况，并给予相应的处理。

② 更换按钮，紧固接线，检查与修复线圈。

③ 检查冲动开关SQ1的触点，调整开关位置，并予以修复或更换。

④ 检查接触器KM1和相应开关SA3，并予以调整或更换。

（6）主轴电动机不能冲动（瞬时转动）。

【故障分析】行程开关SQ1经常受到频繁冲击，使开关位置改变、开关底座被撞碎或接触不良。

【故障排除方法】修复或更换开关，调整开关动作行程。

（7）进给电动机不能冲动（瞬时转动）。

【故障分析】行程开关SQ2经常受到频繁冲击，使开关位置改变、开关底座被撞碎或接触不良。

【故障排除方法】修复或更换开关，调整开关动作行程。

（8）工作台能向左、向右进给，但不能向前、向后、向上、向下进给。

【故障分析】

① 限位开关SQ3、SQ4经常被压合，使螺钉松动、开关位移、触点接触不良、开关机构卡住及线路断开。

② 限位开关SQ5-2、SQ6-2被压开，使进给接触器KM3、KM4的通电回路均被断开。

【故障排除方法】

① 检查与调整SQ3或SQ4，并予以修复或更换。

② 检查SQ5-2或SQ6-2，并予以修复或更换。

（9）工作台能向前、向后、向上、向下进给，但不能向左、向右进给。

【故障分析】

① 限位开关SQ5、SQ6经常被压合，使开关位移、触点接触不良、开关机构卡住及线路断开。

② 限位开关SQ5-2、SQ6-2被压开，使进给接触器KM3、KM4的通电回路均被断开。

【故障排除方法】

① 检查与调整SQ5或SQ6，并予以修复或更换。

② 检查SQ5-2或SQ6-2，并予以修复或更换。

（10）工作台不能快速移动。

【故障分析】

① 电磁离合器 YC3 由于冲击力大，操作频繁，经常造成铜制衬垫磨损严重，产生毛刺，划伤线圈绝缘层，引起匝间短路，烧毁线圈。

② 线圈受震动，接线松脱。

③ 控制回路电源故障或 KM2 线圈断路、短路。

④ 按钮“SB3”或“SB4”接线松动、脱落。

【故障排除方法】

① 如果铜制衬垫磨损，则更换电磁离合器 YC3；重新绕制线圈，并予以更换。

② 紧固线圈接线。

③ 检查控制回路电源及 KM2 线圈情况，并予以修复或更换。

④ 检查按钮“SB3”或“SB4”接线，并予以紧固。

项目小结

本项目介绍了 X62W 型万能铣床的主要结构和运动形式，介绍了相关的组合开关及电磁离合器的结构原理与其文字图形符号，还介绍了电气控制中一些常见的顺序控制与多地控制电路。在应用中，以实例的形式引出“顺序控制”等相关控制电路，以点带面地引导出在设计这类电路的设计思路，以及铣床常见电气故障的诊断与检修。

在对 X62W 型万能铣床的电气控制线路进行分析时，应掌握机床电气线路的一般分析方法：先从主电路分析，掌握各电动机在机床中所起的作用、起动方法、调速方法、制动方法以及各电动机的保护，并应注意各电动机控制的运动形式之间的相互关系，如主电动机和冷却泵电动机之间的顺序；主运动和进给运动之间的顺序；各进给方向之间的联锁关系。分析控制电路时，应分析每一个控制环节对应的电动机的相关控制，同时还应关注机械和电气上的联动关系，注意各控制环节中电气之间的相互联锁，以及电路中的保护环节。

不同的机床有各自的特点，本章介绍铣床常见电气故障的分析与处理。通过对铣床的掌握，应能在以后的学习和应用中做到举一反三。

习题及思考

1．电磁离合器主要由哪几部分组成？工作原理是什么？

2．铣床在变速时，为什么要进行冲动控制？

3．X62W 型万能铣床具有哪些联锁和保护？为何要有这些联锁与保护？

4．X62W 型万能铣床工作台运动控制有什么特点？在电气与机械上是如何实现工作台运动控制的？

5．简述 X62W 万能铣床圆工作台电气控制的工作原理。

6．万能铣床的常见电气故障类型有哪些？如何分析与处理这些电气故障？

7．分析铣床工作台能向前、向后、向上、向下进给，但不能向左、向右进给的故障原因。

8．设计题。

（1）设计在 3 个地方都能控制一台电动机正转、反转、停止的控制电路，要求电路有完整的保护。

（2）设计能在两地实现两台电动机的顺序起动、逆序停止的控制电路。

（3）有一组皮带运输机共有 3 台电动机 A、B、C，要求：在起动 A 电动机 3 s 后自动起动 B 电动机，B 电动机起动 3 s 后自动起动 C 电动机；停止时 C 电动机停 2 s 后 B 电动机自动停止，B 电动机停止 2 s 后 A 电动机自动停止。试设计出该组皮带运输机的电气控制原理图，当线路出现紧急事故时，按下停止按钮所有的电动机全部停止。要求电路有完整的保护。

Chapter 5

项目五

桥式起重机电气控制

【学习目标】

1. 了解桥式起重机的基本结构与运动形式。
2. 了解桥式起重机对电力拖动控制的主要要求。
3. 能检修电流、电压继电器、凸轮控制器常见电气故障。
4. 能分析与设计绕线式异步电动机起动调速控制电路。
5. 能完成绕线式异步电动机起动调速控制线路的安装调试。
6. 会进行桥式起重机的凸轮控制器控制线路工作原理分析。

一、项目导入

桥式起重机又称天车、行车、吊车，是一种用来起吊和放下重物并在短距离内水平移动的起重机械。桥架型起重机是桥架在高架轨道上运行，桥式起重机的桥架沿铺设在两侧高架上的轨道纵向运行，起重小车沿铺设在桥架上的轨道横向运行。广泛地应用在室内外仓库、厂房、码头和露天储料场等处。它对减轻工人劳动强度、提高劳动生产率、促进生产过程机械化起着重要的作用，是现代化生产中不可缺少的起重工具。桥式起重机可分为简易梁桥式起重机、普通桥式起重机和冶金专用桥式起重机 3 种。常见的有 5t、10t 单钩起重机及 15/3t、20/5t 等双钩起重机。桥式起重机外形如图 5-1 所示。

图5-1　150/50 t 双梁桥式起重机外形图

（一）桥式起重机的结构及运动形式

普通桥式起重机一般由起重小车、桥架（又称大车）运行机构、桥架金属结构、司机室组成。20/5t 桥式起重机结构示意图如图 5-2 所示。

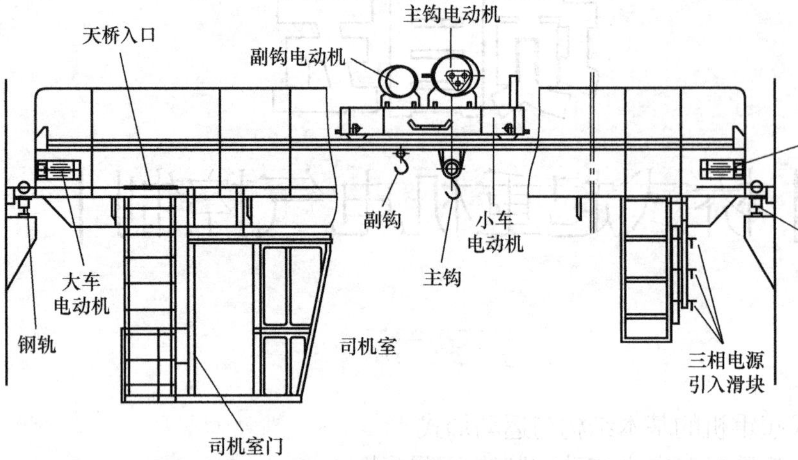

图5-2　20/5 t 桥式起重机结构示意图

1. 起重小车

起重小车由起升机构、小车运行机构、小车架和小车导电滑线等组成。

起升机构包括电动机、制动器、减速器、卷筒和滑轮组。电动机通过减速器带动卷筒转动，使钢丝绳绕上卷筒或从卷筒放下，以升降重物。小车架是支托、安装起升机构和小车运行机构等部件的机架，通常为焊接结构。20/5t 起重机小车上的提升机构有 20t 的主钩和 5t 的副钩。起重小车是经常移动的，提升机构、小车上的电动机、电磁抱闸的电源通常采用滑触线和电刷供电，由加高在大车上的辅助滑触线来供给的。转子电阻也是通过辅助滑触线与电动机连接。

2. 桥架运行机构

桥架又称大车。起重机桥架运行机构的驱动方式可分为两大类：一类为集中驱动，即用一台电动机带动长传动轴驱动两边的主动车轮；另一类为分别驱动，即两边的主动车轮各用一台电动机驱动。中、小型桥式起重机较多采用制动器、减速器和电动机组合成一体的“三合一”驱动方式，大起重量的普通桥式起重机为便于安装和调整，驱动装置常采用万向联轴器，由大车电动机进行驱动控制。

起重机运行机构一般只用 4 个主动和从动车轮，如果起重量很大，常用增加车轮的办法来降低轮压。当车轮超过 4 个时，必须采用铰接均衡车架装置，使起重机的载荷均匀地分布在各车轮上。

桥式起重机相对于支撑机构进行运动，电源由 3 根主滑触线通过电刷引进起重机驾驶室内的保护控制盘上，3 根主滑触线是沿着平行于大车轨道方向敷设在厂房的一侧。

3. 桥架的金属结构

桥架的金属结构由主桥梁和端梁组成，分为单主梁桥架和双梁桥架两类。单主梁桥架由单根主梁和位于跨度两边的端梁组成，双梁桥架由两根主梁和端梁组成。

主梁与端梁刚性连接，端梁两端装有车轮，用以支撑桥架在高架上运行。主梁上焊有轨道，供起重小车运行。

普通桥式起重机主要采用电力驱动，一般是在司机室内操纵，也有远距离控制的。起重量可达500t，跨度可达60m。

4. 司机室

司机室是操纵起重机的吊舱，也称操纵室或驾驶室。司机室内有大、小车移动机构控制装置、提升机构控制装置以及起重机的保护装置等。司机室一般固定在主梁的一端，上方开有通向桥架走台的舱口，供检修人员进出桥架（天桥）用。

桥式起重机的运动形式有3种（以坐在司机室内操纵的方向为参考方向）。

（1）起重机由大车电动机驱动大车运动机构沿车间基础上的大车轨道作左右运动。

（2）小车与提升机构由小车电动机驱动小车运动机构沿桥架上的轨道作前后运动。

（3）起重电动机驱动提升机构带动重物作上下运动。

因此，桥式起重机挂着物体在厂房内可作上、下、左、右、前、后6个方向的运动来完成物体的移动。

（二）桥式起重机对电力拖动控制的主要要求

为提高起重机的生产率和生产安全，对起重机提升机构电力拖动控制提出如下要求。

（1）在上下运动时，具有合理的升降速度。

空钩时能快速升降，以减少辅助工时；轻载时的提升速度应大于额定负载时的提升速度；额定负载时速度最慢。

（2）具有一定的调速范围，由于受允许静差率的限制，所以普通起重机的调速范围为2～3，要求较高的则要达到5～10。

（3）为消除传动间隙，将钢丝绳张紧，以避免过大的机械冲击，提升的第一挡就作为预备级，该级起动转矩一般限制在额定转矩的一半以下。

（4）下放重物时，依据负载大小，拖动电动机可运行在下放电动状态（加力下放）、倒拉反接制动状态、超同步制动状态或单相制动状态。

（5）必须设有机械抱闸以实现机械制动。大车运行机构和小车运行机构对电力拖动自动控制的要求比较简单，要求有一定的调速范围，分几挡进行控制，为实现准确停车，采用机械制动。

桥式起重机应用广泛，起重机电气控制设备都已系列化、标准化，都有定型的产品。后面将对桥式起重机的控制设备和控制线路原理进行介绍。

通过以上对桥式起重机的运动形式与电力拖动控制的要求，读者需要学习与起重机电气控制相关的电气元件凸轮控制器、电磁抱闸器结构和工作原理，学习电流继电器和电压继电器的结构、工作原理及用途，并学习绕线转子异步电动机的起动及调速控制。

二、相关知识

（一）电流继电器

根据继电器线圈中电流的大小而接通或断开电路的继电器叫作电流继电器。使用时，电流继电器的线圈串联在被测电路中。为了使串入电流继电器线圈后不影响电路正常工作，电流继电器线圈的匝数要少，导线要粗，阻抗要小。

电流继电器分为过电流继电器和欠电流继电器两种。

1. 过电流继电器

当继电器中的电流超过预定值时，引起开关电器有延时或无延时动作的继电器称为过电流继电器。它主要用于频繁起动和重载起动的场合，作为电动机和主电路的过载和短路保护。

（1）结构及工作原理。JL系列电流继电器外形图如图5-3所示。JT4系列过电流继电器的外形结构及工作原理如图5-4所示。它主要由线圈、铁芯、衔铁、触点系统和反作用弹簧等组成。

图5-3 JL系列电流继电器外形图

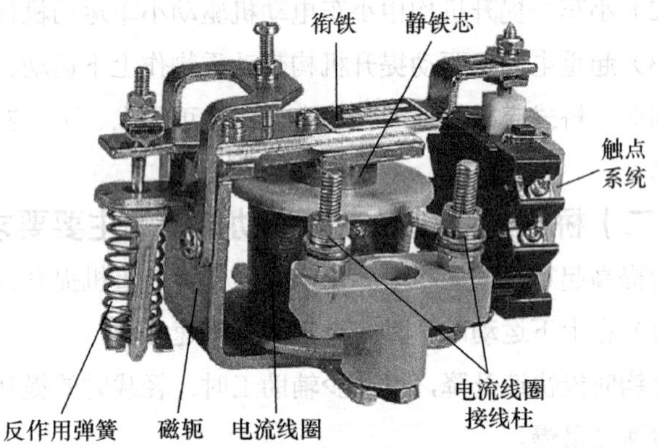

图5-4 JT4系列电流继电器结构图

当线圈通过的电流为额定值时，所产生的电磁吸力不足以克服弹簧的反作用力，此时衔铁不动作。当线圈通过的电流超过整定值时，电磁吸力大于弹簧的反作用力，铁芯吸引衔铁动作，带动动断触点断开、动合触点闭合。调整反作用弹簧的作用力，可整定继电器的动作电流值。该系列中有的过电流继电器带有手动复位机构，这类继电器过电流动作后，当电流再减小甚至到零时，衔铁也不能自动复位，只有当操作人员检查并排除故障后，手动松掉锁扣机构，衔铁才能在复位弹簧作用下返回，从而避免重复过电流事故的发生。

JT4系列为交流通用继电器，在这种继电器的电磁系统上装设不同的线圈，便可制成过电流、欠电流、过电压或欠电压等继电器。JT4都是瞬动型过电流继电器，主要用于电动机的短路保护。

过电流继电器在电路图中的外形、结构符号如图5-5所示。

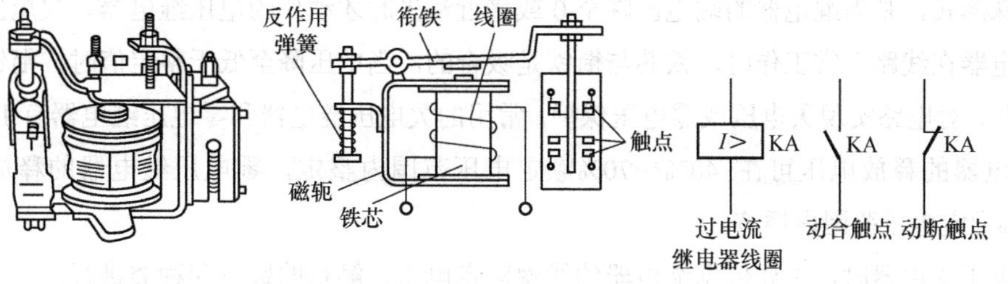

（a）外形　　（b）结构　　（c）符号

图5-5　JT4系列过电流继电器

（2）型号。常用的过电流继电器有 JT4 系列交流通用继电器和 JL14 系列交直流通用继电器，其型号及含义分别如下所示。

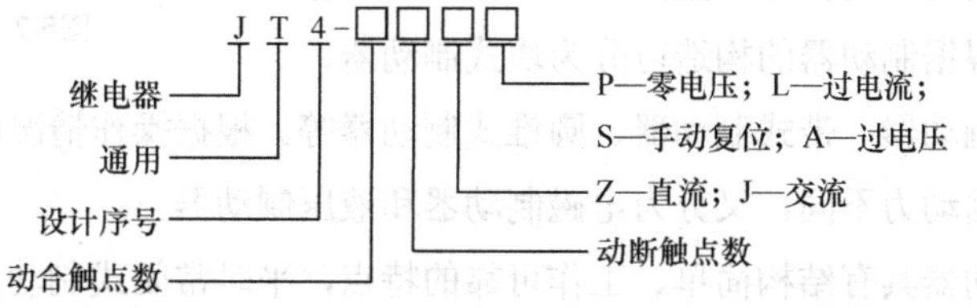

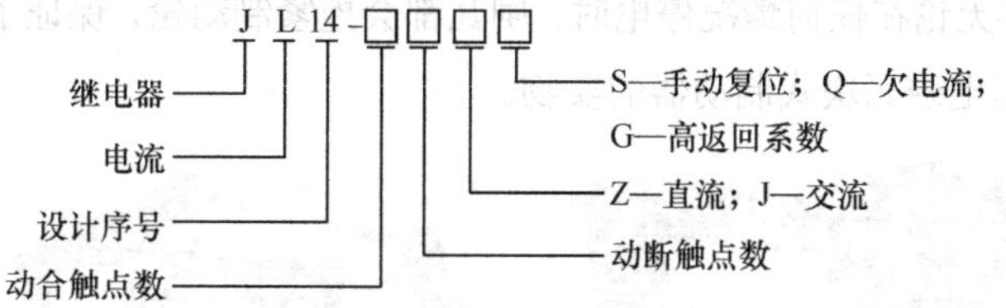

2. 欠电流继电器

当通过继电器的电流减小到低于整定值时动作的继电器称为欠电流继电器。在线圈电流正常时，这种继电器的衔铁与铁芯是吸合的。它常用于直流电动机励磁电路和电磁吸盘的弱磁保护。

常用的欠电流继电器有 JL14-Q 等系列产品，其结构与工作原理和 JT4 系列继电器相似。这种继电器的动作电流为线圈额定电流的 30%～65%，释放电流为线圈额定电流的 10%～20%。因此，当通过欠电流继电器线圈的电流降低到额定电流的 10%～20%时，继电器即释放复位，其动合触点断开，动断触点闭合，给出控制信号，使控制电路作出相应的反应。

欠电流继电器在电路图中的符号如图 5-6 所示。

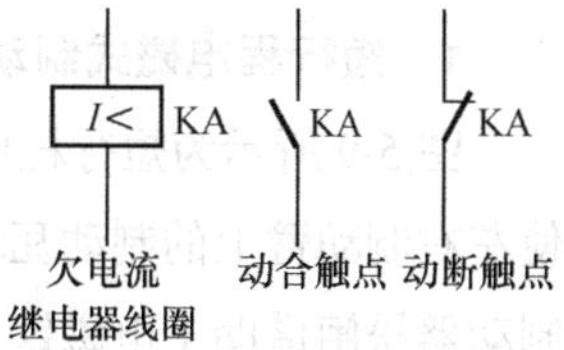

图5-6　欠电流继电器的符号

（二）电压继电器

反映输入量为电压的继电器称为电压继电器。使用时电压继电器的线圈并联在被测量的电路中，根据线圈两端电压的大小而接通或断开电路。因此这种继电器线圈的导线细、匝数多、阻抗大。

根据实际应用的要求，电压继电器分为过电压继电器、欠电压继电器。

过电压继电器是当电压大于整定值时动作的电压继电器，主要用于对电路或设备作过电压保护，常用的过电压继电器为 JT4-A 系列，其动作电压可在 105%～120%额定电压范围内调整。

欠电压继电器是当电压降至某一规定范围时动作的电压继电器；零电压继电器是欠电压继电器

的一种特殊形式，是当继电器的端电压降至0或接近消失时才动作的电压继电器。欠电压继电器和零电压继电器在线路正常工作时，铁芯与衔铁是吸合的，当电压降至低于整定值时，衔铁释放，带动触点动作，对电路实现欠电压或零电压保护。常用的欠电压继电器和零电压继电器有JT4-P系列，欠电压继电器的释放电压可在 40%～70%额定电压范围内整定，零电压继电器的释放电压可在10%～35%额定电压范围内调节。

选择电压继电器时，主要依据继电器的线圈额定电压、触点的数目和种类进行。

电压继电器在电路图中的符号如图5-7所示。

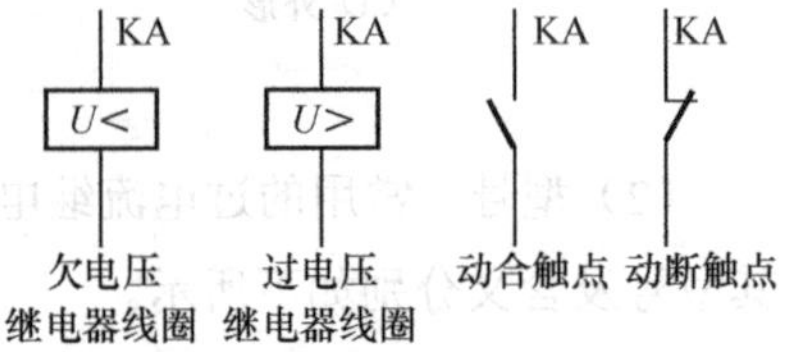

图5-7　电压继电器的符号

（三）电磁抱闸器

电磁抱闸器也称电磁制动器，是使机器在很短时间内停止运转并闸住不动的装置，是机床的重要部件，它既是工作装置又是安全装置。根据制动器的构造可分为块式制动器、盘式制动器、多盘式制动器、带式制动器、圆锥式制动器等。根据操作情况的不同又分为常闭式、常开式和综合式。根据动力不同，又分为电磁制动器和液压制动器。

常闭式双闸瓦制动器具有结构简单、工作可靠的特点，平时常闭式制动器抱紧制动轮，当起重机工作时才松开，这样无论在任何情况停电时，闸瓦都会抱紧制动轮，保证了起重机的安全。图5-8所示是短行程与长行程电磁瓦块式制动器的实物。

（a）短行程电磁瓦块式制动器　　（b）长行程电磁瓦块式制动器

图5-8　短行程与长行程电磁瓦块式制动器实物

1. 短行程电磁式制动器

图5-9所示为短行程电磁瓦块式制动器的工作原理图。制动器是借助主弹簧4，通过框形拉板5使左右制动臂上的制动瓦块压在制动轮上，借助制动轮10和制动瓦块2之间的摩擦力来实现制动。制动器松闸借助于电磁铁 1，当电磁铁线圈通电后，衔铁吸合，将顶杆向右推动，制动臂带动制动瓦块同时离开制动轮。在松闸时，左制动臂13在电磁铁自重作用下左倾，制动瓦块也离开了制动轮10。为防止制动臂倾斜过大，可用调整螺钉来调整制动臂的倾斜量，以保证左右制动瓦块离开制动轮的间隙相等，副弹簧6的作用是把右制动臂推向右倾，防止在松闸时，整个制动器左倾而造成右制动瓦块离不开制动轮。

短行程电磁瓦块式制动器动作迅速、结构紧凑、自重小、铰链比长行程的少、死行程少、制动瓦块与制动臂铰链连接、制动瓦与制动轮接触均匀、磨损均匀。但由于行程小、制动力矩小，多用于制动力矩不大的场合。

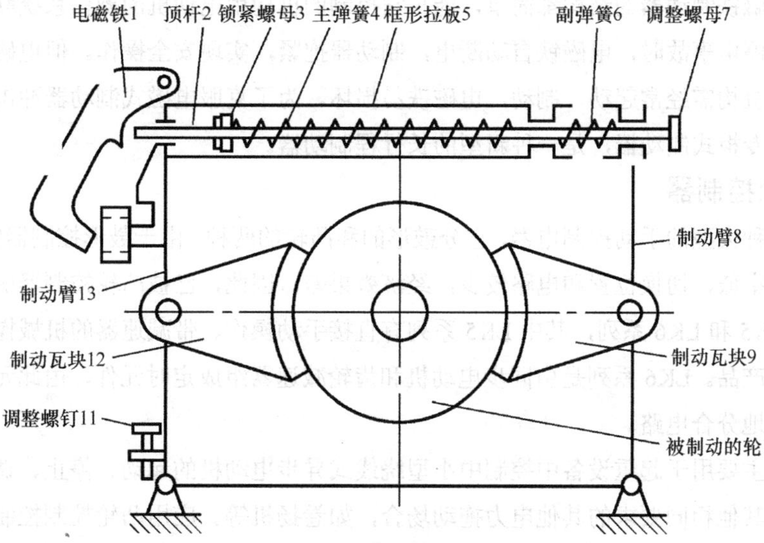

图5-9　短行程电磁瓦块式制动器的工作原理图

2. 长行程电磁式制动器

当机构要求有较大的制动力矩时，可采用长行程制动器。由于驱动装置和产生制动力矩的方式不同，又分为重锤式长行程电磁铁、弹簧式长行程电磁铁、液压推杆式长行程及液压电磁铁等双闸瓦制动器。制动器也可在短期内用来减低或调整机器的运转速度。

图 5-10 为长行程电磁式制动器工作原理图。它通过杠杆系统来增加上闸力。其松闸通过电磁铁产生电磁力经杠杆系统实现，紧闸借助弹簧力通过杠杆系统实现。当电磁线圈通电时，水平杠杆抬起，带动螺杆 4 向上运动，使杠杆板 3 绕轴逆时针方向旋转，压缩制动弹簧 1，在螺杆 2 与杠杆作用下，两个制动臂带动制动瓦左右运动而松闸。当电磁铁线圈断电时，靠制动弹簧的张力使制动闸瓦闸住制动轮。与短行程电磁式制动器比较，由于在结构上增加了一套杠杆系统，长行程电磁式制动器采用三相电源，制动力矩大，制动轮直径增大，工作较平稳可靠、制动时自振小。连接方式与电动机定子绕组连接方式相同，有△形连接和 Y 形连接。

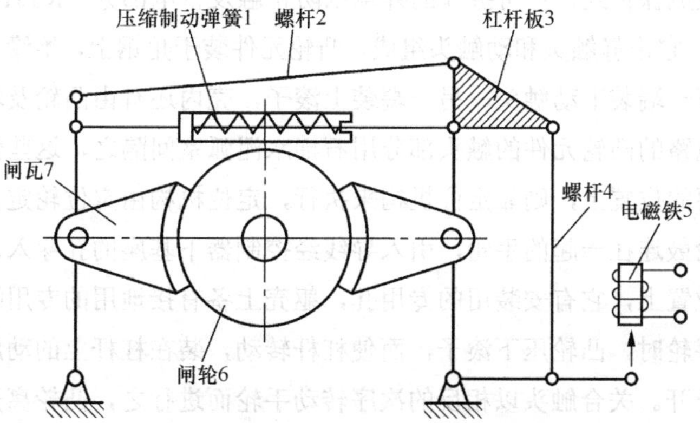

图5-10　长行程电磁式制动器工作原理图

上述两种电磁铁制动器的结构都简单，能与它控制的机构用电动机的操作系统联锁，当电动机停止工作或发生停电事故时，电磁铁自动断电，制动器抱紧，实现安全操作。但电磁铁吸合时冲击大、有噪声，且机构需经常起动、制动，电磁铁易损坏。为了克服电磁式制动器冲击大的缺点，现采用了液压推杆专柜式制动器，是一种新型的长行程制动器。

（四）凸轮控制器

控制器是一种大型的手动控制电器，它分鼓形的和凸轮的两种，由于鼓形控制器的控制容量小，体积大，操作频率低，切换位置和电路较少，经济效果差，因此，已被凸轮控制器所代替。常用的凸轮控制器有 LK5 和 LK6 系列，其中 LK5 系列有直接手动操作、带减速器的机械操作和电动机驱动等 3 种形式的产品。LK6 系列是由同步电动机和齿轮减速器组成定时元件，由此元件按规定的时间顺序，周期性地分合电路。

凸轮控制器主要用于起重设备中控制中小型绕线式异步电动机的起动、停止、调速、换向和制动，也适用于有其他相同要求的其他电力拖动场合，如卷扬机等。应用凸轮控制控制电动机，控制电路简单，维修方便，广泛用于中小型起重机的平移机构和小型起重机提升机构的控制中。KTJ1 、KT12 系列凸轮控制器的外形与内部结构如图 5-11、图 5-12 所示。

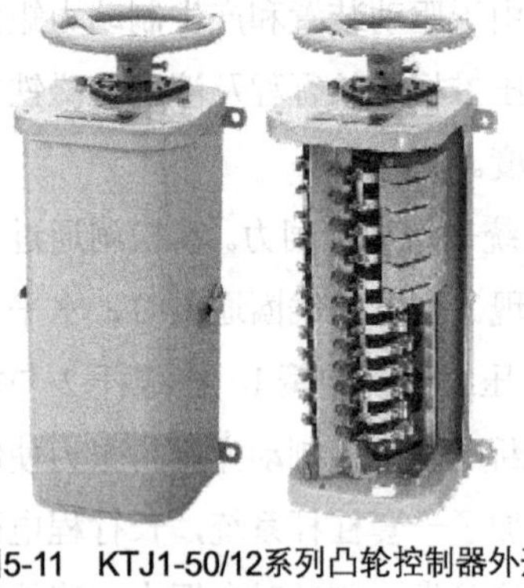

图5-11　KTJ1-50/12系列凸轮控制器外形

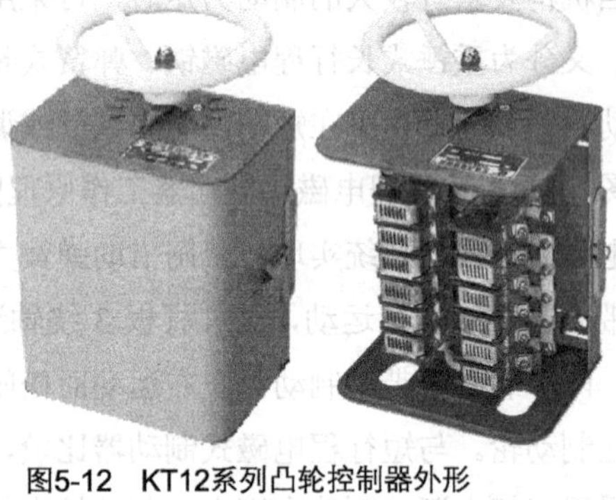

图5-12　KT12系列凸轮控制器外形

1. 结构与动作原理

凸轮控制器都做成保护式，借可拆卸的外罩以防止触及带电部分。KTJ1-50 型凸轮控制器的壳内装有凸轮元件 ，它由静触头和动触头组成。凸轮元件装于角钢上，绝缘支架装上静触头及接线头，动触头的杠杆一端装上动触头，另一端装上滚子，壳内还有由凸轮及轴构成的凸轮鼓。分合转子电路或定子电路的凸轮元件的触头部分用石棉水泥弧室间隔之，这些弧室被装于小轴上，欲使凸轮鼓停在需要的位置上，则靠定位机构来执行，定位机构由定位轮定位器和弹簧组成。操作控制器是借与凸轮鼓连在一起的手轮，引入导线经控制器下基座的孔穿入。控制器可固定在墙壁、托架等的任何位置上，它有安装用的专用孔，躯壳上备有接地用的专用螺钉，手轮通过凸轮环而接地。当转动手轮时，凸轮压下滚子，而使杠杆转动，装在杠杆上的动触头也随之转动。继续转动杠杆则触头分开。关合触头以相反的次序转动手轮而进行之，凸轮离开滚子后，弹簧将杆顶回原位。动触头对杠杆的转动即为触头的超额行程，其作用为触头磨损时保证触头间仍有必须的压力。

2. 型号含义说明

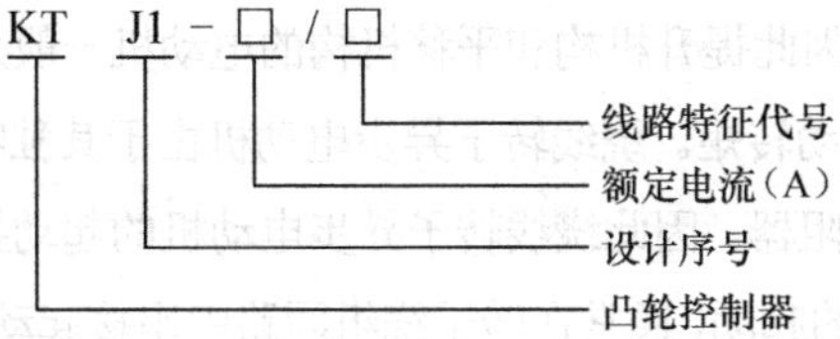

3. 触头分断图、表与文字符号

凸轮控制器触头分断表如表5-1所示，表示LK14-12/96型凸轮控制器有12对触头，操作手柄的位置有13个位置，手柄放在“0”位时，只有K1这对触头是接通的，其余各点都在断开状态。当手柄放在下降第1挡时，K1断开，K3、K4、K6、K7闭合，当手柄放在第2挡时，K3、K4、K6、K7保持闭合，增加一对触头K8闭合，其他挡位的触头分断情况的分析方法相同。凸轮控制器图形符号如图5-13所示。

表5-1　　LK14-12/96型凸轮控制器触头分断表

触头	下降						SA	上升					
	6	5	4	3	2	1	0	1	2	3	4	5	6
K1							×						
K2											×	×	×
K3	×	×	×	×	×	×		×	×	×			
K4	×	×	×	×	×	×			×	×	×	×	×
K5											×	×	×
K6	×	×	×	×	×	×		×	×	×			
K7	×	×	×	×	×	×		×	×		×	×	×
K8	×	×	×	×	×			×			×	×	×
K9	×	×	×	×								×	×
K10	×	×	×										×
K11	×	×											×
K12	×												×

×表示触头闭合

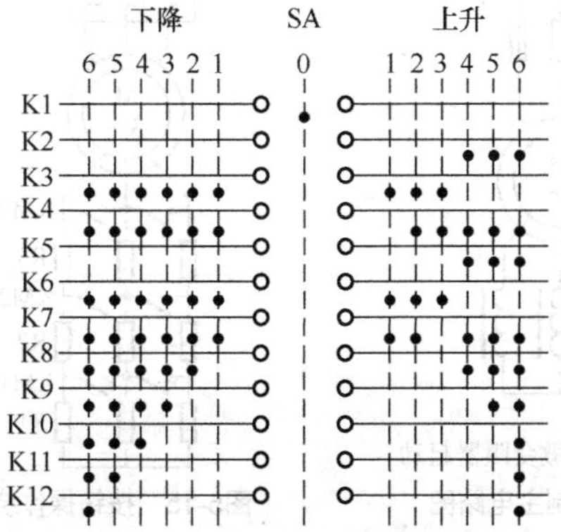

图5-13　凸轮控制器图形符号

（五）绕线转子异步电动机转子串电阻起动控制

起重机经常需要重载起动，因此提升机构和平移机构的电动机一般采用起动转矩较大的绕线转子异步电动机，以减小电流而增加起动转矩。绕线转子异步电动机由于其独特的结构，一般不采取定子绕组降压起动，而在转子回路外接变阻器。因此绕线转子异步电动机的起动控制方式和笼型异步电动机有所不同。三相绕线转子异步电动机的起动，通常在转子绕组回路中串接起动电阻和接入频敏变阻器等方法。

1. 主电路控制电路

如图 5-14（a）所示，在绕线式异步电动机的转子电路中通过滑环与外电阻器相连。起动时控制器触点 S1～S3 全断开，合上电源开关 QS 后，电动机开始起动，此时电阻器的全部电阻都串入转子电路中，随着转速的升高，S1 闭合，转速继续升高，再闭合 S2，最后闭合 S3，转子电阻就这样逐级地被全部切除，起动过程结束。

电动机在整个起动过程中的起动转矩较大，适合于重载起动。因此这种起动方法主要用于桥式起重机、卷扬机、龙门吊车等设备的电动机上。其主要缺点是所需起动设备较多，起动级数较少，起动时有一部分能量消耗在起动电阻上，因而又出现了频敏变阻器起动，如图 5-14（b）所示。

2. 控制电路

（1）按钮操作控制线路。如图 5-15 所示是按钮操作的控制线路，合上电源开关 QS，按下 SB1 按钮，KM 得电吸合并自锁，电动机串接全部电阻起动。经过一定时间后，按下 SB2 按钮，KM1 得电吸合并自锁，KM1 主触点闭合切除第一级电阻 R1，电动机转速继续升高。再经过一定时间后，按下 SB3 按钮，KM2 得电吸合并自锁，KM2 主触点闭合切除第二级电阻 R2，电动机转速继续升高。当电动机转速接近额定转速时，按下 SB4 按钮，KM3 得电吸合并自锁，KM3 主触点闭合切除全部电阻，起动结束，电动机在额定转速下正常运行。

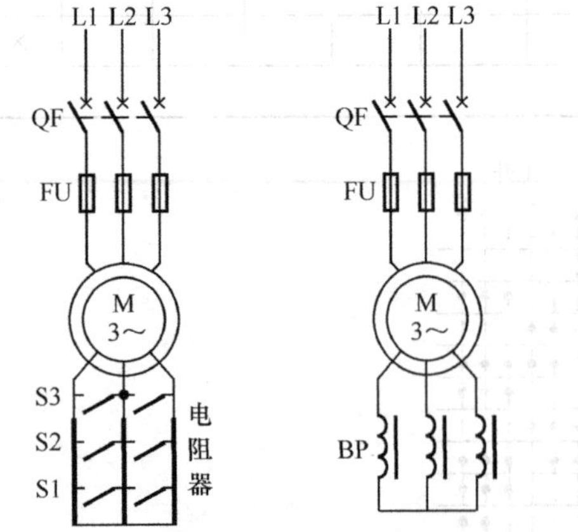

（a）转子串电阻起动　（b）转子串频敏变阻器起动

图5-14　绕线式异步电动机起动控制主电路图

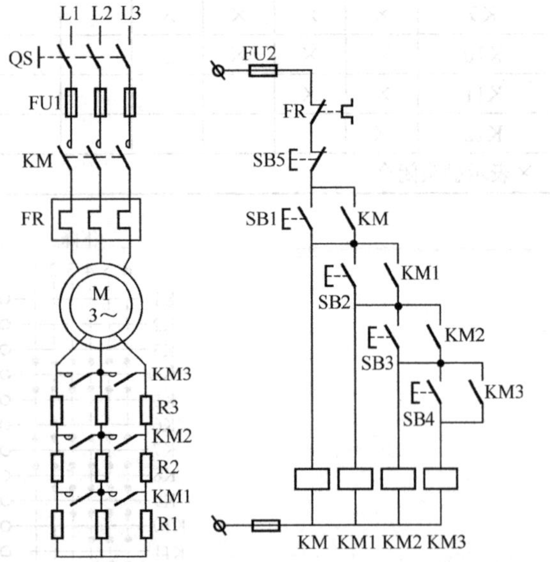

图5-15　按钮操作绕线式电动机串电阻起动控制线路

（2）时间原则控制绕线式电动机串电阻起动控制线路。图 5-16 所示为时间继电器控制绕线式电动机串电阻起动控制线路，又称为时间原则控制。其中，3 个时间继电器 KT1、KT2、KT3 分别控制

3 个接触器 KM1、KM2、KM3 按顺序依次吸合，自动切除转子绕组中的三级电阻，与起动按钮 SB1 串接的 KM1、KM2、KM3 这 3 个常闭触点的作用是保证电动机在转子绕组中接入全部起动电阻的条件下才能起动。若其中任何一个接触器的主触点因熔焊或机械故障而没有释放，电动机就不能起动。

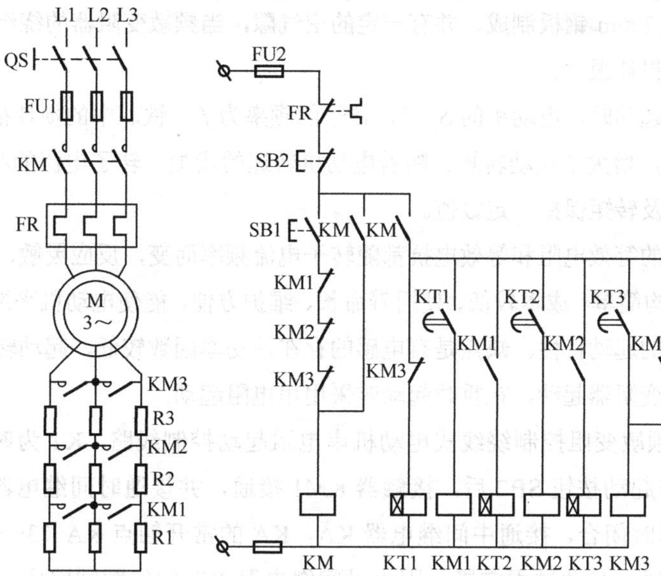

图5-16　时间原则控制绕线式电动机串电阻起动控制线路

（3）电流原则控制绕线式电动机串电阻起动控制线路。图 5-17 所示为用电流继电器控制绕线转子异步电动机的电气原理图。它是根据电动机起动时转子电流的变化，利用电流继电器来控制转子回路串联电阻的切除。

图中 KA1、KA2、KA3 是欠电流继电器，其线圈串接在转子电路中，这 3 个电流继电器的吸合电流都一样，但释放电流值不一样，KA1 的释放电流最大，KA2 较小，KA3 最小。该控制电路的动作原理是：合上断路器 Q，按下起动按钮 SB2，接触器 KM4 线圈通电吸合并自锁，主触点闭合，电动机 M 开始起动。刚起动时，转子电流很大，电流继电器 KA1、KA2、KA3 都吸合，它们接在控制电路中的常闭触点 KA1、KA2、KA3 都断开，接触器 KM1、KM2、KM3 线圈均不通电，常开主触点都断开，使全部电阻都接入转子电路。接触器 KM4 的常开辅助触点 KM4 闭合，为接触器 KM1、KM2、KM3 吸合做好准备。

随着电动机转速的升高，转子电流减小，电流继电器 KA1 首先释放，它的常闭触点 KA1 恢复闭合状态，使接触器 KM1 线圈通电吸合，其转子电路中的常开主触点闭合，切除第一级起动电阻 R1。当 R1 被切除后，转子电流重新增大，但随着转速的继续上升，转子电流又逐渐减小，当减小到电流继电器 KA2 的释放电流值时，KA2 释放，它的常闭触点 KA2 恢复闭合状态，接触器 KM2 线圈通电吸合，其转子电路中的常开主触点闭合，切除第二级起动电阻 R2。如此下去，直到把全部电阻都切除，电动机起动完毕，进入正常运行状态。

中间继电器 KA4 的作用是保证开始起动时全部电阻接入转子电路。在接触器 KM4 线圈通电后，电动机开始起动时，利用 KM4 接通中间继电器 KA4 线圈的动作时间，使电流继电器 KA1 的常闭触点先断开，KA4 常开触点闭合，以保证电动机转子回路串入全部电阻的情况下起动。

（六）绕线转子异步电动机转子串频敏变阻器起动控制

频敏变阻器是由 3 个铁芯柱和 3 个绕组组成的。3 个绕组接成星形，通过滑环和电刷与转子绕组连接，铁芯用 6～12 mm 钢板制成，并有一定的空气隙，当频敏变阻器的绕组中通入交流电后，在铁芯中产生的涡流损耗很大。

当电动机刚开始起动时，电动机的 $S\approx1$，转子的频率为 f_1，铁芯中的损耗很大，即 R2 很大，因此限制了起动电流，增大了起动转矩。随着电动机转速的增加，转子电流的频率下降，于是 R2 也减小，使起动电流及转矩保持一定数值。

由于频敏变阻器的等效电阻和等效电抗都随转子电流频率而变，反应灵敏，所以称为频敏变阻器。这种起动方法结构简单、成本较低、使用寿命长、维护方便，能使电动机平滑起动（无级起动），基本上可获得恒转矩的起动特性。缺点是有电感的存在，功率因数较低，起动转矩不大，因此在轻载起动时采用串频敏变阻器起动，在重载起动时采用串电阻起动。

图 5-18 所示为频敏变阻控制绕线式电动机串电阻起动控制线路，KT 为时间继电器，KA 为中间继电器。当操作起动按钮 SB2 后，接触器 KM1 接通，并接通时间继电器 KT，它的常开触点 KT（3—11）经延时闭合，接通中间继电器 KA，KA 的常开触点 KA（3—13）再接通接触器 KM，切断频敏变阻器，起动过程完毕。因为时间继电器 KT 的线圈回路中串有接触器 KM2 的常闭辅助触点 KM2（3—7），当 KM1 通电后，时间继电器 KT 断电。

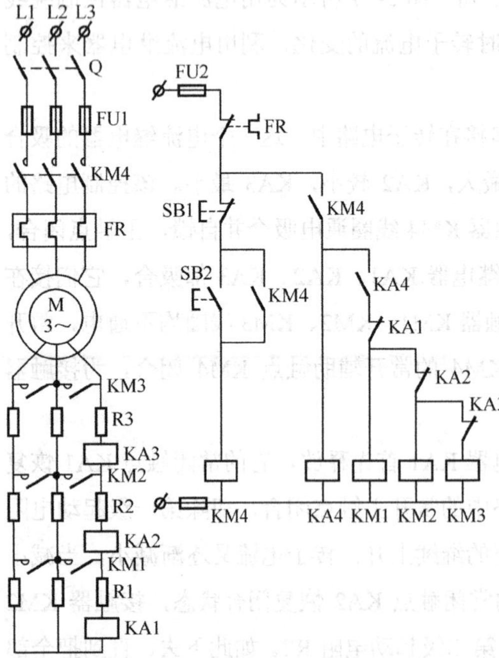

图5-17 用电流继电器控制绕线式电动机串电阻起动控制线路

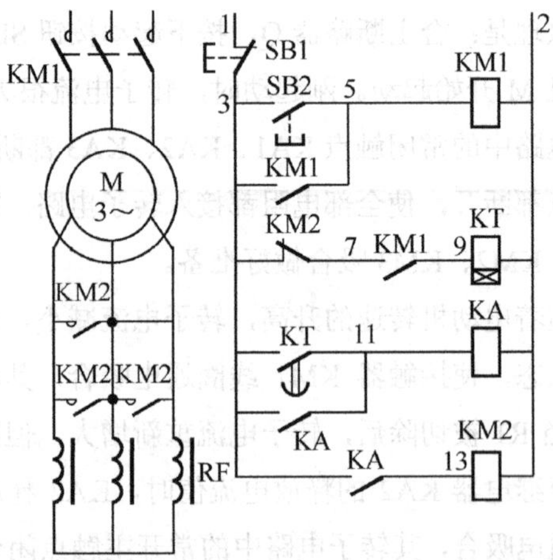

图5-18 频敏变阻控制绕线式电动机串电阻起动控制线路

三、应用举例

（一）电动机正反转转子串频敏变阻器起动线路

图 5-19 是绕线式异步电动机正反转转子串频敏变阻器起动线路原理图。

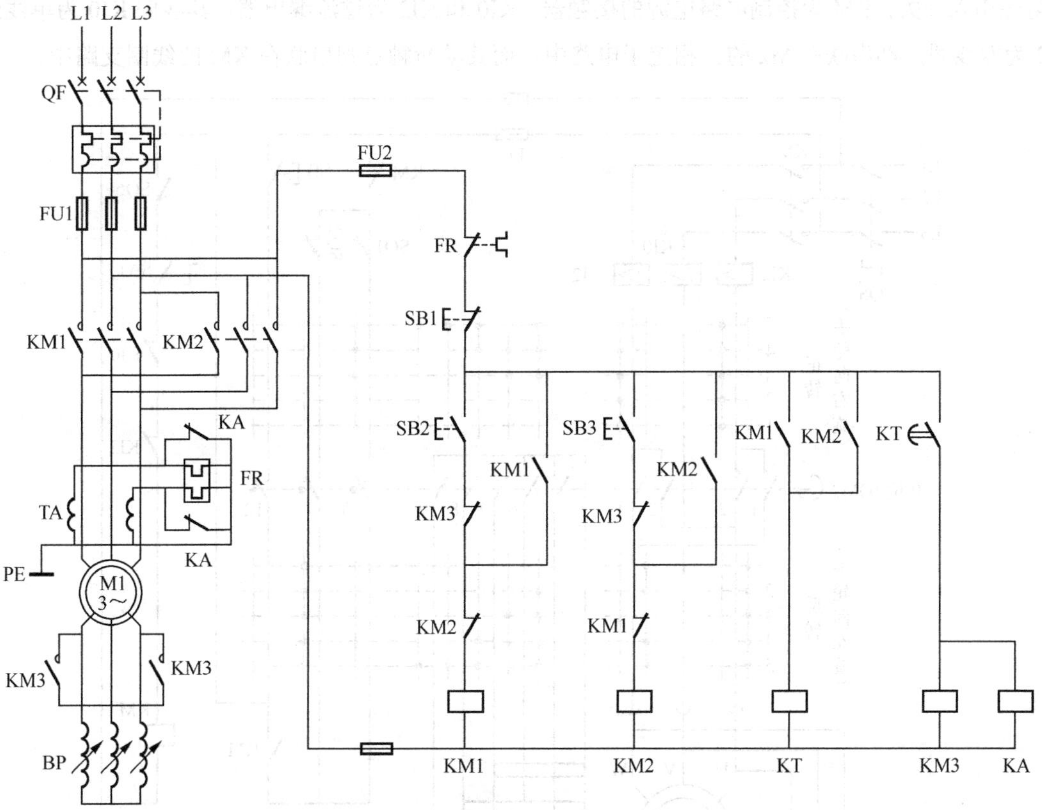

图5-19　转子串频敏变阻器正反转控制线路

电路的设计思路：主电路在单向运行的基础上加 1 个反向接触器 KM2，在设计控制线路时，要考虑在起动时，一定要串入频敏变阻器才能起动，也不能长期串入频敏变阻器运行。

线路的工作原理：合上 QF，按下起动按钮 SB2，正转接触器 KM1 得电，主触点闭合，电动机转子串入频敏变阻器开始起动；KM1 辅助常开触点闭合，时间继电器 KT 得电，经过一定时间，时间继电器延时常触点 KT 闭合，接触器 KM3 和中间继电器 KA 得电，KM3 主触点将频敏变阻器切断，电动机正常运行。

（二）凸轮控制器控制的桥式起重机小车控制电路

1. 桥式起重机凸轮控制器控制线路

图 5-20 所示为凸轮控制器控制绕线异步电动机运行的控制电路，这种电路用作桥式起重机的小车前后、钩子升降、大车左右电机的控制电路，只是不同的电路稍稍有所区别。凸轮控制器控制电路的特点是原理图用展开图来表示。由图中可见，凸轮控制器有编号为 1～12 的 12 对触点，以竖着画的细实线表示，而凸轮控制器的操作手轮右旋和左旋各有 5 个挡位，分别控制电动机制正反转与调速控

制，加上一个中间位置（称为“零位”）共有 11 个挡位，在各个挡位中的每对触点是否接通，是以在横竖线交点处的黑圆点“•”表示，有黑点的表示该对触点在该位置是接通的，无黑点的则表示断开。

图中 M2 为起重机的驱动电动机，采用绕线转子三相异步电动机，在转子电路中串入三相不对称电阻 R2，作为起动与调速控制。YB2 为制动电磁铁，三相电磁线圈与 M2 的定子绕组并联。QS 为电源引入开关，KM 为控制电路电源的接触器。KI0 和 KI2 为过流继电器，其线圈 KI0 为单线圈，KI2 为双线圈，都串联在 M2 的三相定子电路中，而其动断触点则串联在 KM 的线圈支路中。

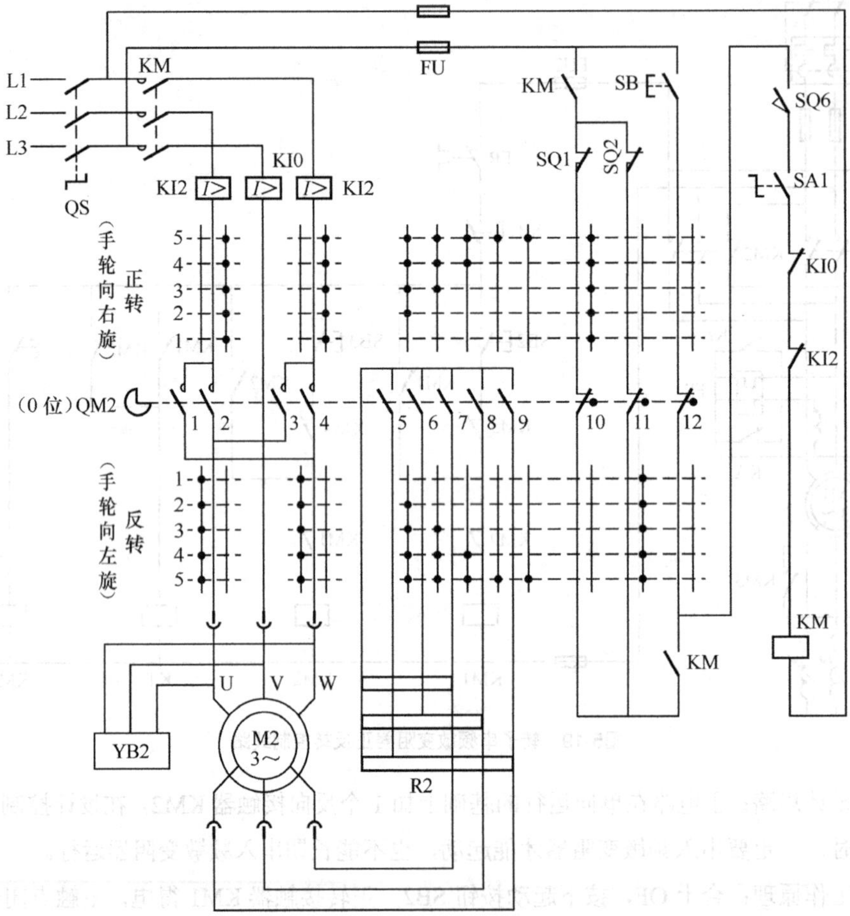

图5-20 凸轮控制器控制线路

2. 电动机定子电路

在每次操作之前，应先将凸轮控制器 QM2 置于零位，由图 5-20 所示可知，QM2 的触点 10、11、12 在零位上接通；然后合上电源开关 QS，按下起动按钮 SB，接触器 KM 线圈通过 QM2 的触点 12 得电，KM 的三对主触点闭合，接通电动机 M2 的电源，然后可以用 QM2 操纵 M2 的运行。QM2 的触点 10、11 与 KM 的动合触点一起构成正转和反转时的自锁电路。

凸轮控制器 QM2 的触点 1～4 控制 M2 的正反转，由图可见触点 2、4 在 QM2 右旋的 5 挡均接通，M2 正转；而左旋 5 挡则是触点 1、3 接通，按电源的相序 M2 为反转；在零位时 4 对触点均断开。

3. 电动机转子电路

凸轮控制器 QM2 的触点 5—9 用以控制 M2 转子外接电阻 R2，以实现对 M2 起动和转速的调节。由图可见这五对触点在中间零位均断开，而在左、右旋各 5 挡的通断情况是完全对称的：操作手柄在左、右两边的第 1 挡触点 5—9 均断开，三相不对称电阻 R2 全部串入 M2 的转子电路，此时 M2 的机械特性最软（图 5-21 中的曲线 1）；操作手柄置第 2、3、4 挡时触点 5、6、7 依次接通，将 R2 逐级不对称地切除，对应的机械特性曲线为图 5-21 中的曲线 2、3、4，可见电动机的转速逐渐升高；当置第 5 挡时触点 5—9 全部接通，R2 全部被切除，M2 运行在自然特性曲线 5 上。

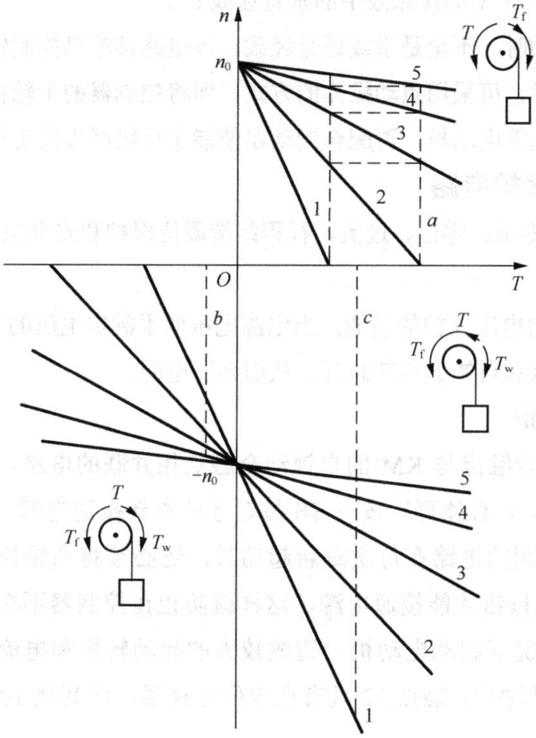

图5-21　转子串电阻电动机的机械特性

由以上分析可见，用凸轮控制器控制小车及大车的移行，凸轮控制器是用触点 1～9 控制电动机的正反转起动，在起动过程中逐段切断转子电阻，以调节电动机的起动转矩和转速。从第 1 挡到第 5 挡电阻逐渐减小至全部切除，转速逐渐升高。该电路如果用于控制起重机吊钩的升降，则升、降的控制操作不同。

（1）提升重物。凸轮控制器右旋时，起重电动机为正转，凸轮控制器控制提升电动机机械特性对应为图 5-21 中第 I 象限的 5 条曲线。第 1 挡的起动转矩很小，如图 5-21 所示的曲线 1，是作为预备级，用于消除传动齿轮的间隙并张紧钢丝绳；在 2~5 挡提升速度逐渐提高（见图第 I 象限中的垂直虚线 a）。

（2）轻载下放重物。凸轮控制器左旋时，起重电动机为反转，对应为图中第Ⅲ象限的 5 条曲线。因为下放的重物较轻，其重力矩 T_w 不足以克服摩擦转矩 T_f，则电动机工作在反转电动机状态，电动

机的电磁转矩与 T_W 方向一致迫使重物下降（$T_W+T>T_f$），在不同的挡位可获得不同的下降速度（见图 5-21 中第Ⅲ象限中的垂直虚线 *b*）。

（3）重载下放重物。此时起重电动机仍然反转，但由于负载较重，其重力矩 T_W 与电动机电磁转矩方向一致而使电动机加速，当电动机的转速大于同步转速 n_0 时，电动机进入再生发电制动工作状态，其机械特性曲线为第Ⅲ象限第 5 条曲线在第Ⅳ象限的延伸，*T* 与 T_W 方向相反而成为制动转矩。由图可见，在第Ⅳ象限的曲线 1、2、3 比较陡直，因此在操作时应将凸轮控制器的手轮从零位迅速扳至第 5 挡，中间不允许停留，在往回操作时也一样，应从第 5 挡快速扳回零位，以免引起重物高速下降而造成事故（见图 5-21 中第Ⅳ象限中的垂直虚线 *c*）。

由此可见，在下放重物时，不论是重载还是轻载，该电路都难以控制低速下降。因此在下降操作中如需要较准确的定位时，可采用点动操作的方式，即将控制器的手轮在下降（反转）第 1 挡与零位之间来回扳动以点动起重电动机，再配合制动器便能实现较准确的定位。

（三）桥式起重机保护电路

图 5-22 电路有欠压、零压、零位、过流、行程终端限位保护和安全保护共 6 种保护功能。

1. 欠压保护

接触器 KM 本身具有欠电压保护的功能，当电源电压低于额定电压的 85%时，KM 因电磁吸力不足而复位，其动合主触点和自锁触点都断开，从而切断电源。

2. 零压保护与零位保护

按下按钮 SB，SB 动合触点与 KM 的自锁动合触点相并联的电路，都具有零压（失压）保护功能，在操作中一旦断电，必须再次按下 SB 按钮才能重新接通电源。在此基础上，由图 5-20 可见，采用凸轮控制器控制的电路在每次重新起动时，还必须将凸轮控制器旋回中间的零位，使触点 12 接通，按下 SB 按钮才能接通电源，这样就防止在控制器不在第 1 挡时，电动机转子电路串入的电阻较小的情况下起动电动机，造成较大的起动转矩和电流冲击，甚至造成事故。这一保护作用称为“零位保护”。触点 12 只有在零位才接通，而其他 10 个挡位均断开，称为零位保护触点。

3. 过流保护

起重机的控制电路往往采用过流继电器作为电动机的过载保护与线路的短路保护，过流继电器 KI0、KI2 的动断触点串联在 KM 线圈支路中，一旦电动机过电流便切断 KM，从而切断电源。此外，KM 的线圈支路采用熔断器 FU 作短路保护。

4. 行程终端限位保护

行程开关 SQ1、SQ2 分别为小车的右行和左行的行程终端限位保护，其动断触点分别串联在 KM 的自锁支路中。以小车右行为例分析保护过程：将 QM2 右旋→M2 正转→小车右行→若行至行程终端还不停下→碰 SQ1→SQ1 动断触点断开→KM 线圈支路断电→切断电源。此时只能将 QM2 旋回零位→重新按下 SB 按钮→KM 线圈支路通电（并通过 QM2 的触点 11 及 SQ2 的动断触点自锁）→重新接通电源→将 QM2 左旋→M2 反转→小车左行，退出右行的行程终端位置。

5. 安全保护

在KM的线圈支路中，还串入舱口安全开关SQ6和事故紧急开关SA1。在平时，应关好驾驶舱门，保证桥架上无人，则SQ6被压，才能操纵起重机运行，一旦发生事故或出现紧急情况，或断开SA1紧急停车。

（四）10 t交流桥式起重机控制线路分析

1. 起重机的供电特点

交流起重机电源由公共的交流电网供电，由于起重机的工作是经常移动的，因此其与电源之间不能采用固定连接方式，对于小型起重机供电方式采用软电缆供电，随着大车或小车的移动，供电电缆随之伸展和叠卷。对于一般桥式起重机常用滑线和电刷供电。三相交流电源接到沿车间长度方向架设的3根主滑线上，再通过电刷引到起重机的电气设备上，进入驾驶室中的保护盘上的总电源开关，然后再向起重机各电气设备供电。对于小车及其上的提升机构等电气设备，则经过位于桥架另一侧的辅助滑线来供电。

滑线通常用角钢、圆钢、V形钢轨来制成。当电流值很大或滑线太长时，为减少滑线电压降，常将角钢与铝排逐断并联，以减少电阻值。在交流系统中，圆钢滑线因趋肤效应的影响，只适用于短线路或小电流的供电线路。

2. 电路构成

10 t交流桥式起重机电气控制的全电路如图5-22所示。10 t桥式起重机只有1个吊钩，但大车采用分别驱动，所以共用了4台绕线转子异步电动机拖动。起重电动机M1、小车驱动电动机M2、大车驱动电动机M3和M4分别由3只凸轮控制器控制：QM1控制M1、QM2控制M2、QM3同步控制M3与M4；R1～R4分别为4台电动机转子电路串入的调速电阻器；YB1～YB4则分别为4台电动机的制动电磁铁。三相电源由QS1引入，并由接触器KM控制。过流继电器KI0～KI4提供过电流保护，其中KI1～KI4为双线圈式，分别保护M1、M2、M3和M4，KI0为单线圈式，单独串联在主电路的一相电源线中，作总电路的过电流保护。

该电路的控制原理已在分析图5-20时介绍过，不同的是凸轮控制器QM3共有17对触点，比QM1、QM2多了5对触点，用于控制另一台电动机的转子电路，因此可以同步控制两台绕线转子异步电动机。下面主要介绍该电路的保护电路部分。

3. 保护电路

保护电路主要是KM的线圈支路，位于图5-22中7～10区。与图5-20电路一样，该电路具有欠压、零压、零位、过流、行程终端限位保护和安全保护共6种保护功能。所不同的是图5-22电路需保护4台电动机，因此在KM的线圈支路中串联的触点较多一些。KI0～KI4为5只过流继电器的动断触点，SA1仍是事故紧急开关，SQ6是舱口安全开关，SQ7和SQ8是横梁栏杆门的安全开关，平时驾驶舱门和横梁栏杆门都应关好，将SQ6、SQ7、SQ8都压合；若有人进入桥架进行检修时，这些门开关就被打开，即使按下SB按钮也不能使KM线圈支路通电；与起动按钮SB相串联的是3只凸轮控制器的零位保护触点：QM1、QM2的触点12和QM3触点17。与图5-20的电路有较大区别的是限位保护电路（位于图5-22中7区），因为3只凸轮控制器分别控制吊钩、小车和大车作垂直、横向和纵向共6个方向的运动，除吊钩下降不需要提供限位保护之外，其余5个方向都需要提供行程终端限位保护，相应的行程开关和凸轮控制器的动断触点均串入KM的自锁触点支路之中，各电器（触点）的保护作用见表5-2。

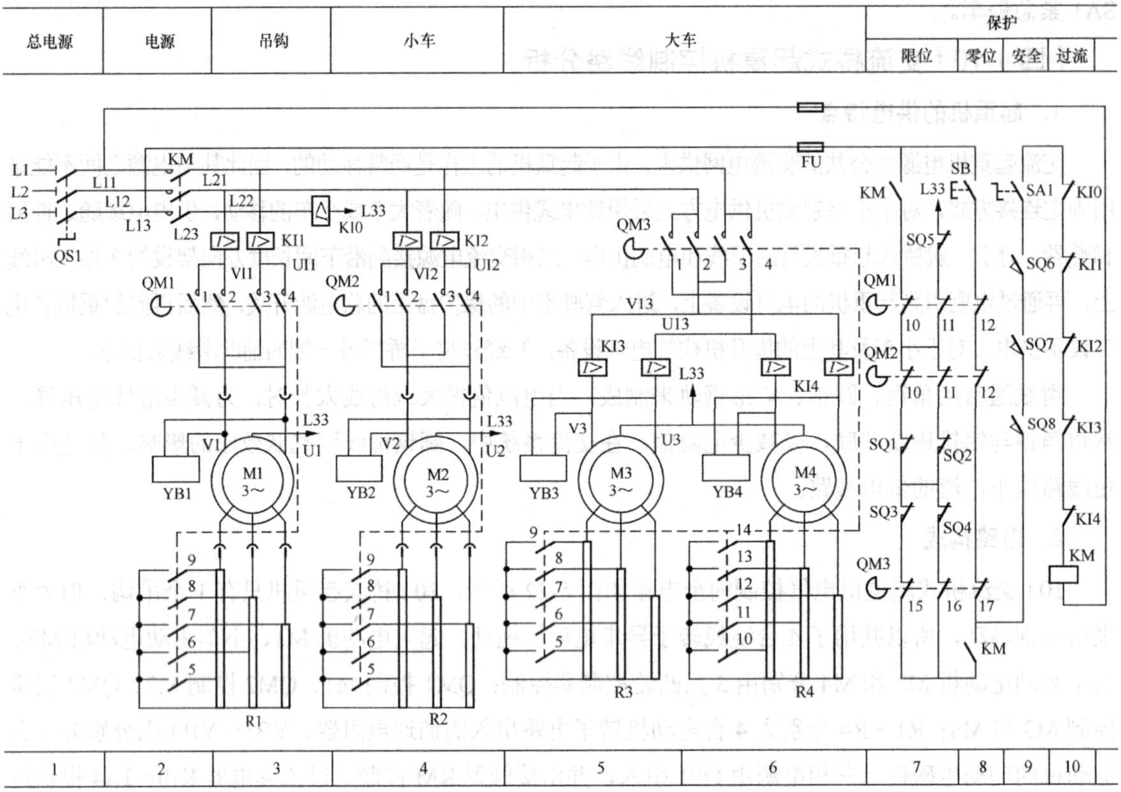

图5-22 10 t交流桥式起重机控制电路原理图

表 5-2　　行程终端限位保护电器及触点一览表

运行方向		驱动电动机	凸轮控制器及保护触点		限位保护行程开关
吊钩	向上	M1	QM1	11	SQ5
小车	右行	M2	QM2	10	SQ1
	左行			11	SQ2
大车	前行	M3、M4	QM3	15	SQ3
	后行			16	SQ4

项目小结

本项目介绍了桥式起重机的结构与运动形式，以及桥式起重机对电力拖动控制的主要要求，介绍了电压继电器、电流继电器、电磁抱闸、凸轮控制器的结构原理与其文字图形符号，并讲述了绕线式异步电动机转子的多种控制线路。在应用中，主要介绍凸轮控制器控制的桥式起重机控制线路，并简单介绍了 10t 交流桥式起重机控制电路。

在分析桥式起重机电气控制线路时，应了解绕线式异步电动机转子回路串不同电阻时的机械特性，掌握凸轮控制器与主令控制器的触点通断表与图形符号的识读，掌握桥式起重机具有的各种保护，以及实现这些保护的方法，这样才能有效地分析桥式起重机的电气线路的原理。

习题及思考

1．桥式起重机的结构主要由哪几部分组成？桥式起重机有哪几种运动方式？

2．桥式起重机电力拖动系统由哪几台电动机组成？

3．起重电动机的运行工作有什么特点？对起重电动机的拖动和控制有什么要求？

4．起重电动机为什么要采用电气和机械双重制动？

5. 电流继电器在电路中的作用是什么？它和热继电器有何异同？起重机上电动机为何不采用热继电器作过流保护？

6．凸轮控制器控制电路原理图是如何表示其触点状态的？

7．是否可用过电流继电器作电动机的过载保护？为什么？

8．凸轮控制器控制电路的零位保护与零压保护，两者有什么异同？

9．试分析图 5-20 凸轮控制器控制线路的工作原理。

10．如果在下放重物时，因重物较重而出现超速下降，此时应如何操作？

第二部分

PLC应用

Chapter 6

项目六

电动机正反转 PLC 控制系统

【学习目标】

1. 了解可编程控制器的产生过程、特点、应用领域及发展趋势。
2. 掌握 PLC 的基本结构、工作原理和常用的编程语言。
3. 掌握三菱 FX_{2N} 系列的 PLC 的软元件和主要技术指标。
4. 会操作三菱系列 PLC 的编程软件及仿真软件。
5. 会进行电动机正反转控制系统的 PLC 的硬件和软件设计。
6. 掌握自动往返、电动机的 Y—△、抢答器等 PLC 控制系统的硬件和软件设计。
7. 掌握电动机基本环节 PLC 控制系统的安装调试技能。

一、项目导入

1. 电动机正反转控制系统项目描述

电动机正反转控制是应用非常广泛的一种控制，如在铣床加工中工作台的左右运动、前后和上下运动，摇臂钻床的摇臂上下运动、立柱的松开与夹紧、电梯的升降运动等都要求电动机实现正反转。图 6-1 是 Z3050 钻床外形，要求：按下正转起动按钮 SB2，控制液压泵电动机正转使内外立柱松开，按下反转起动按钮 SB3，控制液压泵电动机反转使内外立柱夹紧。按下 SB1，电动机停车。

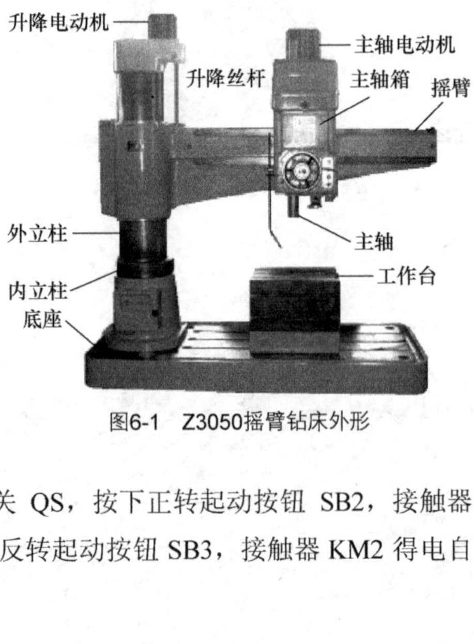

图6-1 Z3050摇臂钻床外形

2. 接触器继电器控制的电动机正反转线路

图 6-2 是传统的利用接触—继电控制实现的电动机正反转控制线路，它包括主电路和控制电路。合上电源开关 QS，按下正转起动按钮 SB2，接触器 KM1 得电自锁，KM1 主触头闭合，电动机 M 正转，按下反转起动按钮 SB3，接触器 KM2 得电自

锁，KM2 主触头闭合，电动机 M 反转，按下停车按钮 SB1，电动机 M 停车。传统的继电接触器控制具有结构简单、易于掌握、价格便宜等优点，在工业生产中应用甚广。但是，这些控制装置体积大，动作速度慢，耗电较多、功能少，特别是由于它靠硬件连线构成系统，接线复杂，当生产工艺或控制对象改变时，原有的接线和控制盘（柜）就必须随之改变或变换，通用性和灵活性较差。为了克服这些缺点，20 世纪 60 年代末产生了可编程控制器（PLC），PLC 是一种新型的控制方式，可编程控制通过硬件的实现和软件的编程同样可以实现电动机正反转控制，并且可以方便地改变梯形图程序实现电动机自动往返等电动机其他控制功能。由上可知，要完成可编程控制器对电动机或机床等的控制，首先要学习可编程控制器的相关知识。

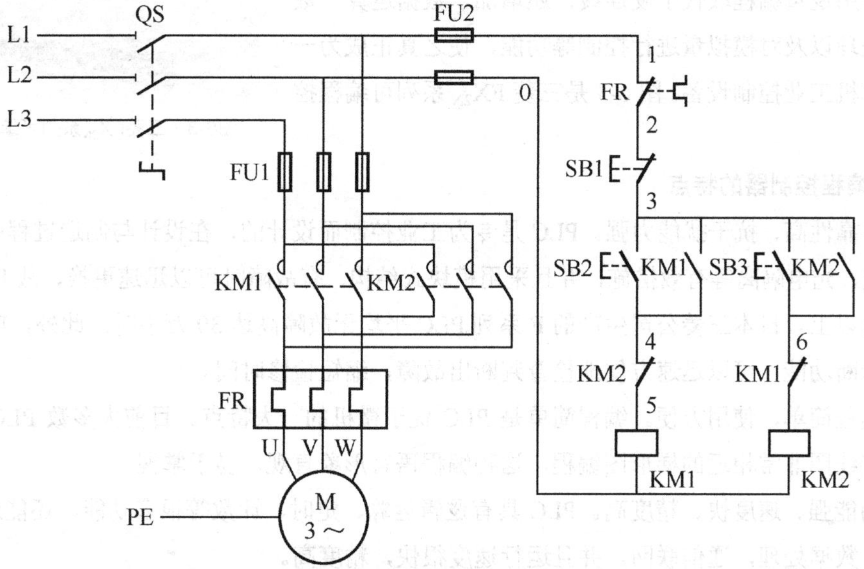

图6-2　电动机正反转控制线路

二、相关知识

（一）可编程控制器的基本知识

1. 可编程控制器的产生与发展

可编程控制器简称 PLC（Programmable Logic Controller），由于现代 PLC 的功能已经很强大，不仅仅限于逻辑控制，故也有称为 PC 的，但为避免与个人电脑的缩写混淆，很多人都仍然习惯称之为 PLC，它是从 20 世纪 60 年代末发展起来的一种新型的电气控制装置，它将传统的继电器控制技术和计算机控制技术、通信技术融为一体，以显著的优点正被广泛地应用于各种生产机械和生产过程的自动控制中。

20 世纪 60 年代末，美国的汽车制造业竞争十分激烈，各生产厂家的汽车型号不断更新，它也必然要求其加工生产线随之改变，并对整个控制系统重新配置。1968 年，美国最大的汽车制造商通用汽车公司（GM）为了适应汽车型号的不断翻新，提出了这样的设想：把计算机的功能完善、通用灵活等优点与继电接触器控制简单易懂、操作方便、价格便宜等优点结合起来，制成一种通用控制装置，以取代原有的继电线路。并要求把计算机的编程方法和程序输入方法加以简化，用“自然语言”进行编程，使得不熟悉计算机的人也能方便地使用。美国数字设备公司（DEC）根据以上设想和要求，在1969年研制出世界上第一台可编程控制器，并在通用汽车公司的汽车生产线上使用且获得了成功。这就是第一台PLC的产生，但当时的PLC仅有执行继电器逻辑控制、计时、计数等较少的功能。

20世纪70年代中期出现了微处理器和微型计算机，人们把微机技术应用到可编程控制器中，使得它兼有计算机的一些功能，不但用逻辑编程取代了硬连线，还增加了数据运算、数据传送与处理以及对模拟量进行控制等功能，使之真正成为一种电子计算机工业控制设备。图6-3是三菱FX_{2N}系列可编程控制器外形。

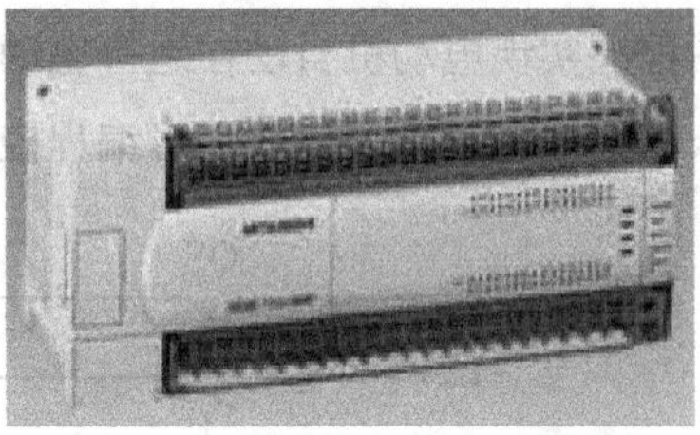

图6-3 三菱FX_{2N}系列可编程控制器

2. 可编程控制器的特点

（1）可靠性高、抗干扰能力强。PLC是专为工业控制而设计的，在设计与制造过程中均采用了屏蔽、滤波、光电隔离等有效措施，并且采用模块式结构，有故障时可以迅速更换，故PLC平均无故障2小时以上。日本三菱公司生产的F系列PLC平均无故障高达30万小时。此外，PLC还具有很强的自诊断功能，可以迅速方便地检查判断出故障，缩短检修时间。

（2）编程简单，使用方便。编程简单是PLC优于微机的一大特点。目前大多数PLC都采用与实际电路接线图非常相近的梯形图编程，这种编程语言形象直观，易于掌握。

（3）功能强、速度快、精度高。PLC具有逻辑运算、定时、计数等很多功能，还能进行D/A、A/D转换，数据处理，通信联网。并且运行速度很快，精度高。

（4）通用性好。PLC品种多，档次也多，许多PLC制成模块式，可灵活组合。

（5）体积小，重量轻，功能强，耗能低，环境适应性强，不需专门的机房和空调。从上述PLC的功能特点可见，PLC控制系统与传统的继电接触控制系统相比具有许多优点，在许多方面可以取代继电接触控制。但是，目前PLC价格还较高，高、中档PLC使用需具有相当的计算机知识，且PLC制造厂家和PLC品种类型很多，而指令系统和使用方法不尽相同，这给用户带来不便。

3. 可编程控制器的分类

按结构分类，PLC可分为整体式和机架模块式两种。

（1）整体式。整体式结构的PLC是将中央处理器、存储器、电源部件、输入和输出部件集中配置在一起，结构紧凑、体积小、重量轻、价格低、小型PLC常采用这种结构，适用于工业生产中的单机控制。如FX_2-32MR、S7-200等。

（2）机架模块式。机架模块式PLC，是将各部分单独的模块分开，如CPU模块、电源模块、输入模块、输出模块等。使用时可将这些模块分别插入机架底板的插座上，配置灵活、方便，便于扩展。可根据生产实际的控制要求配置各种不同的模块，构成不同的控制系统，一般大、中型PLC西门子S7-300、S7-400采用这种结构。图6-4所示为S7-200系列PLC外形。

图6-4　西门子S7-200可编程控制器

按 PLC 的 I/O 点数、存储容量和功能来分，大体可以分为：大、中、小 3 个等级。

小型 PLC 的 I/O 点数在 120 点以下，用户程序存储器容量为 2K 字（1K=1024，存储一个“0”或“1”的二进制码称为一“位”，一个字为 16 位）以下，具有逻辑运算、定时、计数等功能，也有些小型 PLC 增加了模拟量处理、算术运算功能，其应用面更广，主要适用于对开关量的控制，可以实现条件控制，定时、计数控制、顺序控制等。

中型 PLC 的 I/O 点数在 120～512 点之间，用户程序存储器容量达 2～8KB，具有逻辑运算、算术运算、数据传送、数据通信、模拟量输入输出等功能，可完成既有开关量又有模拟量较为复杂的控制。

大型 PLC 的 I/O 点数在 512 点以上，用户程序存储器容量达到 8K 字以上，具有数据运算、模拟调节、联网通信、监视、记录、打印等功能。能进行中断控制、智能控制、远程控制。在用于大规模的过程控制中，可构成分布式控制系统，或整个工厂的自动化网络。

PLC 还可根据功能分为低档机、中档机和高档机。

4. 可编程控制器的应用和发展

可编程控制器在国内外已广泛应用于钢铁、石化、机械制造、汽车装配、电力、轻纺等各行各业，目前 PLC 主要有以下几方面应用。

（1）用于开关逻辑控制。这是 PLC 最基本的应用。可用 PLC 取代传统继电接触器控制，如机床电气的 PLC 控制，也可取代顺序控制，如高炉上料、电梯控制、货物存取、运输、检测等。总之，PLC 可用于单机、多机群控以及生产线的自动化控制。

（2）用于机械加工的数字控制。PLC 和计算机控制（CNC）装置组合成一体，可以实现数值控制，组成数控机床。

（3）具有定时计数、数据处理功能。PLC 具有定时、计数功能。它为用户提供了若干个定时器、计数器，并设置了定时计数指令。用户在编程时可使用，操作起来非常方便。具有很强的数据处理功能，PLC 还设有四则运算指令，可以很方便地对生产过程中的数据进行处理。

（4）用于机器人控制。可用一台PLC实现3～6轴的机器人控制。

（5）用于模拟量和闭环过程控制。PLC还具有“模数”和“数模”转换功能，能完成对模拟量的调节与控制，现代大型PLC都有PID子程序或PID模块，可实现单回路、多回路的调节控制。

（6）用于组成多级网络控制系统实现工厂自动化网络。

有些PLC采用通信技术，可以进行远程I/O控制，多台PLC之间可以进行同位链接，还可以与计算机进行上位链接，接受计算机命令，并将执行结果告诉计算机。

目前PLC已广泛应用于钢铁、采矿、水泥、石油、化工、电力、机械制造、汽车装卸、造纸、纺织、环保以及娱乐等，为各行各业工业自动化提供了有力的工具，促进了机电一体化的实现。可以预料，随着科学技术的不断发展，PLC的应用领域也会不断拓宽和增强。

自从美国研制出第一台PLC以后，日本、德国、法国等工业发达国家相继研制出各自的PLC。20世纪70年代中期在PLC中引入了微机技术，使PLC的功能不断增强，质量不断提高，应用日益广泛。

1971年日本从美国引进PLC技术，很快就研制出日本第一台DSC-8型PLC，1984年日本就有30多个PLC生产厂家，产品60种以上。西欧在1973年研制出它们的第一台PLC，并且发展很快，年销售增长20%以上，目前世界上众多PLC制造厂家中，比较著名的几个大公司有美国AB公司、歌德公司、德州仪器公司、通用电气公司，德国的西门子公司，日本的三菱、东芝、富士和立石公司等，它们的产品控制着世界上大部分的PLC市场。PLC技术已成为工业自动化三大技术（PLC技术、机器人、计算机辅助设计与分析）支柱之一。

我国研制与应用PLC起步较晚，1973年开始研制，1977年开始应用，20世纪80年代初期以前发展较慢，80年代随着成套设备或专用设备引进了不少PLC，例如宝钢一期工程整个生产线上就使用了数百台PLC，二期工程使用更多。近几年来，国外PLC产品大量进入我国市场，我国已有许多单位在消化吸收引进PLC技术的基础上，仿制和研制了PLC产品。例如北京机械自动化研究所、上海起重电器厂、上海电力电子设备厂、无锡电器厂等。

目前PLC主要是朝着小型化、廉价化、系列化、标准化、智能化、高速化和网络化方向发展，这将使PLC功能更强，可靠性更高，使用更方便，适应面更广。

（二）可编程控制器的结构和工作原理

PLC是微型计算机技术与机电控制技术相结合的产物，尽管PLC的型号多种多样，但其结构组成基本相同，都是一种以微处理器为核心的结构。其功能的实现不仅基于硬件的作用，更要靠软件的支持，实际上PLC就是一种新型的专门用于工业控制的计算机。

1. 硬件组成

PLC的硬件系统主要由中央处理器（CPU）、存储器（RAM、ROM）、输入/输出单元（I/O）、电源、通信接口、I/O扩展接口等构成，这些单元都是通过内部的总线进行连接的，PLC的硬件构成如图6-5所示。

（1）输入单元。输入单元是连接PLC与其他外部设备之间的桥梁。生产设备的控制信号通过输入模块传送给CPU。

开关量输入接口用于连接按钮、选择开关、行程开关、接近开关和各类传感器传来的信号，PLC 输入电路中有光耦合器隔离，并设有 RC 滤波器，用以消除输入触点的抖动和外部噪声干扰。当输入开关闭合时，一次电路中流过电流，输入指示灯亮，光耦合器被激励，三极管从截止状态变为饱和导通状态，这是一个数据输入过程。图 6-6 所示为直流及交流两类输入口的电路图，图中虚线框内的部分为 PLC 内部电路，框外为用户接线。在一般整体式 PLC 中，直流输入口都使用可编程本机的直流电源供电，不再需要外接电源。

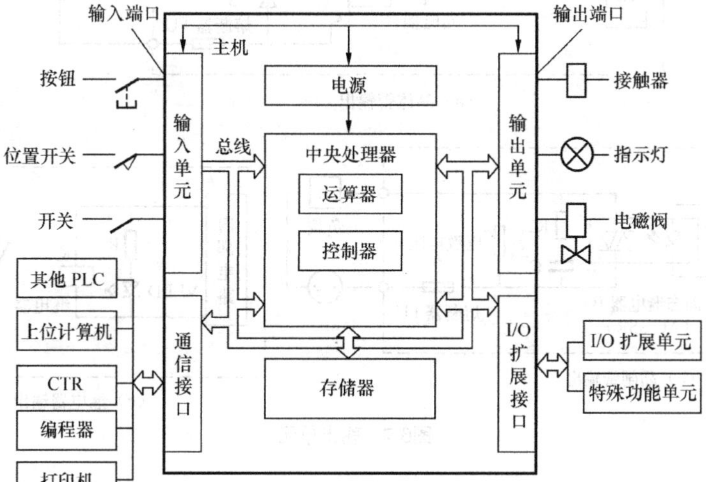

图6-5　硬件构成

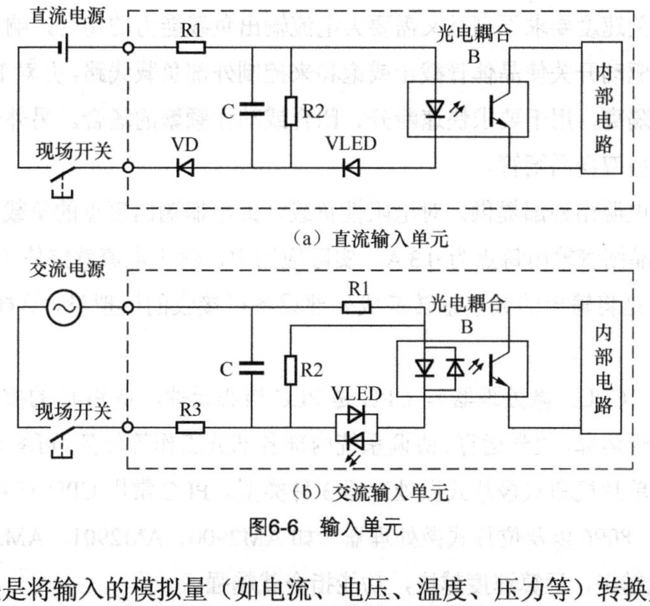

图6-6　输入单元

模拟量输入模块是将输入的模拟量（如电流、电压、温度、压力等）转换成 PLC 的 CPU 可接收的数字量，在 PLC 中将模拟量转化成数字量的模块称为 A/D 模块。

（2）输出单元。开关量输出单元用于连接继电器、接触器、电磁阀线圈，是 PLC 的主要输出口，是连接 PLC 与控制设备的桥梁。CPU 运算的结果通过输出单元模块输出。输出单元模块通过将 CPU 运算的结果进行隔离和功率放大后来驱动外部执行元件。输出单元类型很多，但是它们的基本原理是相似的。PLC 有 3 种输出方式：继电器输出、晶体管输出、晶闸管输出。图 6-7 所示为 PLC 的 3 种输出电路图。

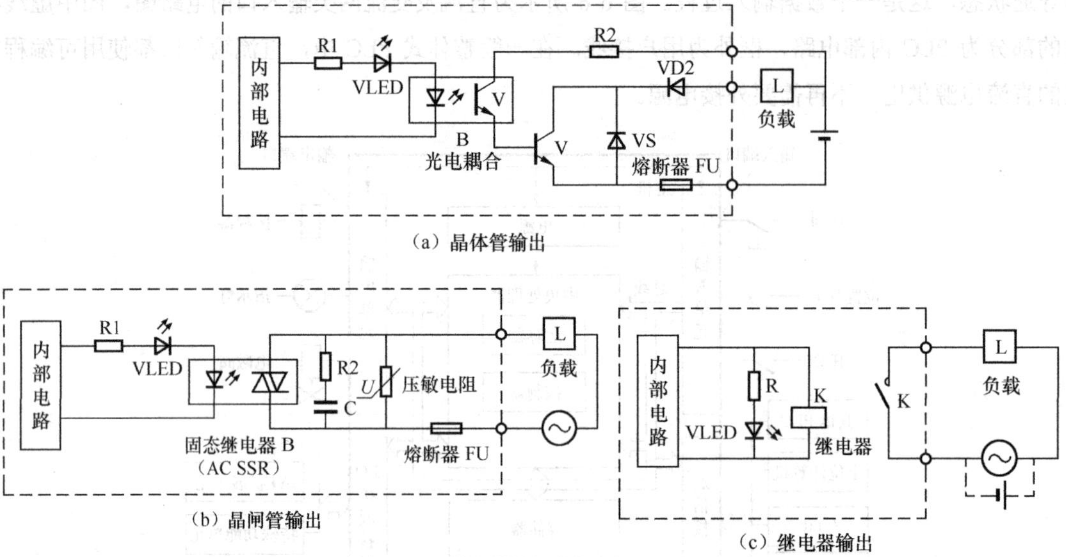

图6-7 输出单元

继电器输出型最常用。当 CPU 有输出时，接通或断开输出线路中继电器的线圈，继电器的触点闭合或断开，通过该触点控制外部负载线路的通断。继电器输出线圈与触点已完全分离，故不再需要隔离措施，用于开关速度要求不高且又需要大电流输出负载能力的场合，响应较慢。晶体管输出型是通过光电耦合器驱动开关使晶体管截止或饱和来控制外部负载线路，并对 PLC 内部线路和输出晶体管线路进行电气隔离，用于要求快速断开、闭合或动作频繁的场合。另外一种是双向晶闸管输出型，采用了光触发型双向晶闸管。

输出回路的负载电源由外部提供。对电阻性负载，继电器输出每点的负载电流为 2 A，晶体管输出每点为 0.75 A，晶闸管输出每点为 0.3 A。实际应用中，输出电流额定值还与负载性质有关。

模拟量输出模块是将输出的数字量转换成外部设备可接收的模拟量，这样的模块在 PLC 中又称为 D/A 模块。

（3）中央处理器（CPU，微处理器）。CPU 是 PLC 核心元件，是 PLC 的控制运算中心，在系统程序的控制下完成逻辑运算、数学运算、协调系统内部各部分工作等任务。可编程控制中常用的 CPU 主要采用微处理器、单片机和双极片式微处理器 3 种类型。PLC 常用 CPU 有 8080、8086、80286、80386、单片机 8031、8096 以及位片式微处理器（如 AM2900、AM2901、AM2903）等。PLC 的档次越高，CPU 的位数越多，运算速度越快，功能指令就越强。

（4）存储器。存储器是可编程控制器存放系统程序、用户程序及运算数据的单元。与一般计算机一样，PLC 的存储器有只读存储器（ROM）和随机读写存储器（RAM）两大类。只读存储器用来保存那些需要永久保存，即使机器掉电也需要保存程序的存储器，主要用来存放系统程序。随机读写存储器的特点是写入与擦除都很容易，但在掉电情况下存储的数据就会丢失，一般用来存放用户程序及系统运行中产生的临时数据。为了能使用户程序及某些运算数据在 PLC 脱离外界电源后也能保持，在实际使用中都为一些重要的随机读写存储器配备电池或电容等掉电保持装置。

（5）外部设备。

① 编程器。编程器是 PLC 必不可少的重要外部设备，主要用来输入、检查、修改、调试用户程序，也可用来监视 PLC 的工作状态。编程器分为简易编程器和智能型编程器。简易编程器价廉，用于小型 PLC；智能型编程器价高，用于要求比较高的场合。另一类是个人计算机，在个人计算机上安装编程软件，即可用计算机对 PLC 编程。利用微型计算机作编程器，可以直接编制、显示、运行梯形图，并能进行 PC—PLC 的通信。

② 其他外部设备。根据需要，PLC 还可能配设其他外部设备，如盒式磁带机、打印机、EPROM 写入器以及高分辨率大屏幕彩色图形监控系统（用于显示或监视有关部分的运行状态）。

（6）电源部分。PLC 的供电电源是一般市电，电源部分是将交流 220 V 转换成 PLC 内部 CPU 存储器等电子线路工作所需直流电源。PLC 内部有一个设计优良的独立电源。常用的是开关式稳压电源，用锂电池作停电后的后备电源，有些型号的 PLC（如 F1、FX、S7-200 系列）电源部分还有 24 V 直流电源输出，用于对外部传感器供电。

2. 软件系统

PLC 是一种工业控制计算机，有硬件，但软件也必不可少，提到软件就必然和编程语言相联系。不同厂家，甚至不同型号的 PLC 编程语言只能适应自己的产品。目前 PLC 常用的编程语言有四种：梯形图、指令表、功能图以及高级语言。

（1）梯形图编程语言。梯形图语言是 PLC 应用最广泛的一种编程语言，它形象直观，类似继电器控制线路，逻辑关系明显，电气技术人员容易接受。

PLC 梯形图中每个网络由多个梯级组成，每个梯级由一个或多个支路组成，并由一个输出元件构成，但右边的元件必须是输出元件。梯形图中每个编程元件应按一定的规则加标字母和数字串，不同编程元件常用不同的字母符号和一定的数字串来表示，不同厂家 PLC 使用的符号和数字串往往是不一样的。

PLC 的梯形图是形象化的编程语言，梯形图左右两端的母线是不接任何电源的（右端母线可省略）。梯形图中并没有真实的物理电流流动，而仅仅是概念电流（虚电流），或称为假想电流。把 PLC 梯形图中左边母线假想为电源相线，而把右边母线假想为电源地线。假想电流只能从左向右流动，层次改变只能先上后下。假想电流是执行用户程序时满足输出执行条件的形象理解。

继电器接触器电气控制线路图和 PLC 梯形图如图 6-8 所示，由图可见两种控制线路图逻辑含义是一样的，但具体表达方法却有本质区别。PLC 梯形图中的继电器、定时器、计数器不是物理继电器、定时器、计数器，这些器件实际上是存储器中的存储位，因此称为软器件。相应位为“1”状态，表示继电器线圈通电或动合触点闭合和动断触点断开。

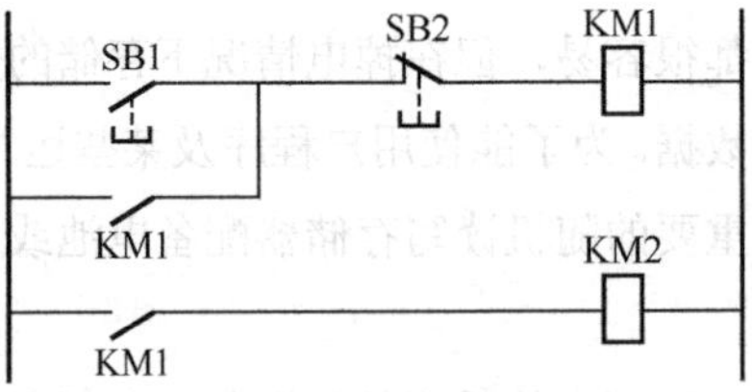

（a）电气控制电路图

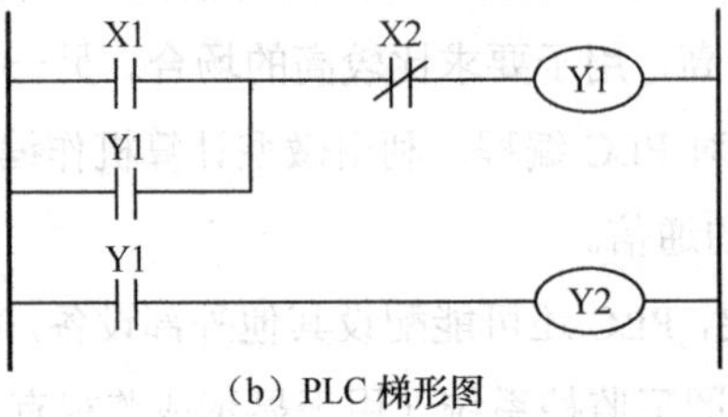

（b）PLC 梯形图

图6-8 继电控制图和PLC梯形图的比较

（2）指令语句表编程语言。这种编程语言是一种与计算机汇编语言类似的助记符编程方式，用一系列操作指令组成的语句表将控制流程描述出来，并通过编程器输入到 PLC 中去。需要指出的是，不同厂家 PLC 指令语句表使用的助记符并不相同，因此，相同功能的梯形图，对应的语句表不相同。

指令语句表是由若干条语句组成的程序。语句是程序的最小独立单元。每个操作功能由一条或几条语句来执行。PLC 的语句表达形式与微机的语句表达式相类似，也是由操作码和操作数两部分组成。操作码用助记符表示（如 LD 表示取、OR 表示或等），用来说明要执行的功能，告诉 CPU 该进行什么操作，例如逻辑运算的与、或、非；算术运算的加、减、乘、除；时间或条件控制中的计时、计数、移位等功能。

操作数一般由标识符和参数组成。标识符表示操作数的类别，例如表明是输入继电器、输出继电器、定时器、计数器、数据寄存器等。参数表明操作数的地址或一个预先设定值。

表 6-1 为三菱 FX 型 PLC 根据图 6-8 梯形图所写的语句表。

表 6-1 三菱 FX_{2N} 型 PLC 语句表

步 序	操作码（助记符）	操作数	说 明
1	LD	X1	逻辑行开始，输入 X1 动合触点
2	OR	Y1	并联 Y1 的自锁触点
3	ANI	X2	串联 X2 的动断触点
4	OUT	Y1	输出 Y1 逻辑行结束
5	LD	Y1	输入 Y1 动合触点逻辑行开始
6	OUT	Y2	输出 Y2 逻辑行结束

（3）顺序功能图。顺序功能图常用来编制顺序控制类程序。它包括步、动作、转换三个要素。

顺序功能编程法将一个复杂的顺序控制过程分解为一些小的工作状态，对这些小状态的功能分别处理后再将它们依顺序连接组合成整体的控制程序。顺序功能图体现了一种编程思想，在程序的编制中有很重要的意义。图 6-9 是顺序功能图示意图。

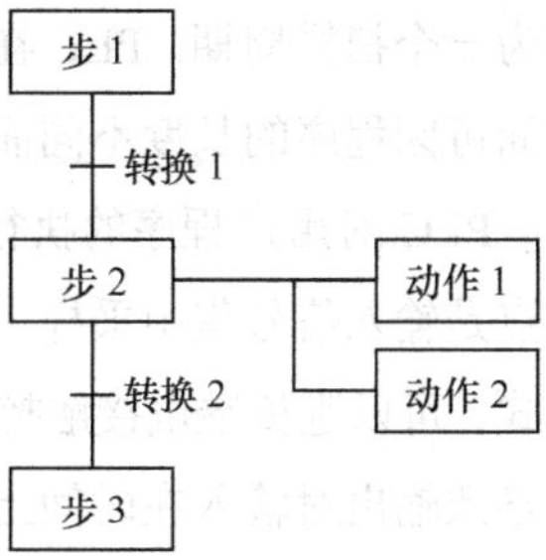

图6-9　顺序功能示意图

（4）功能块图。功能块图是一种类似于数字逻辑电路的编程语言，熟悉数字电路的人比较容易掌握。该编程语言用类似与门、或门的方框来表示逻辑运算关系，方框的左侧为逻辑运算的输入变量，右侧为输出变量。输入端、输出端的小圆点表示“非”运算，信号自左向右流动。就像电路图一样，它们被“导线”连接在一起，功能块的实例如图 6-10 所示。

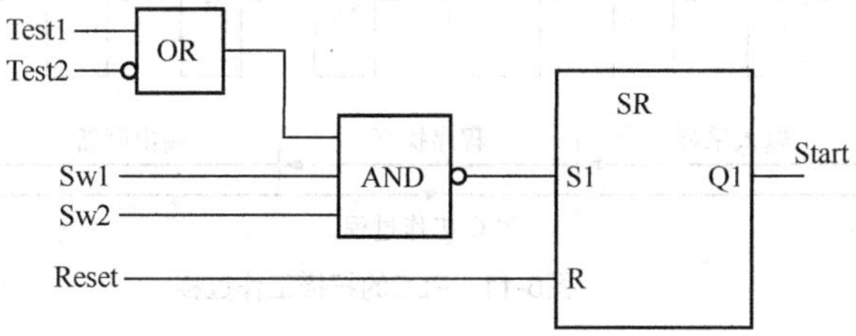

图6-10　功能块图

3. 可编程控制器基本工作原理

可编程序控器的工作原理与计算机的工作原理基本上是一致的，可以简单地表述为在系统程序的管理下，通过运行应用程序完成用户任务。但个人计算机与 PLC 的工作方式有所不同，计算机一般采用等待命令的工作方式。如常见的键盘扫描方式或 I/O 扫描方式。当键盘有键按下或 I/O 口有信号输入时则中断转入相应的子程序。而 PLC 在确定了工作任务，装入了专用程序后成为一种专用机，它采用循环扫描工作方式，系统工作任务管理及应用程序执行都是循环扫描方式完成的。

PLC 的工作过程一般可分为三个主要阶段：输入采样（输入扫描）阶段、程序执行（执行扫描）阶段和输出刷新（输出扫描）阶段。

（1）输入采样阶段。在输入采样阶段 PLC 扫描全部输入端，读取各开关点通、断状态，A/D 转换值，并写入到寄存输入状态的输入映像寄存器中存储。这一过程称为采样。在本工作周期内这个采样结果的内容不会改变，而且这个采样结果将在 PLC 执行程序时使用。

（2）程序执行阶段。PLC 按顺序对用户程序进行扫描，按梯形图从左到右，从上到下逐步扫描每条程序，并根据输入/输出（I/O）状态及有关数据进行逻辑运算“处理”，再将结果写入寄存执行结果的输出寄存器中保存，但这个结果在全部程序未执行完毕之前不会送到输出端口上。

（3）输出刷新阶段。在所有指令执行完毕后，把输出寄存器中的内容送入到寄存输出状态的输出锁存器中，再以一定方式去驱动用户设备，这就是输出刷新。

PLC 的扫描工作过程如图 6-11 所示，PLC 周期性地重复执行上述三个阶段，每重复一次的时间称为一个扫描周期。PLC 在一个周期中，输入扫描和输出刷新的时间一般为 4ms 左右，而程序执行时间可因程序的长度不同而不同。PLC 一个扫描周期一般为 40～100ms 之间。

PLC 对用户程序的执行过程是通过 CPU 周期性的循环扫描工作方式来实现。PLC 工作的主要特点是输入信号集中采样，执行过程集中批处理和输出控制集中批处理。PLC 的这种“串行”工作方式，可以避免继电接触控制中触点竞争和时序失配的问题。这是 PLC 可靠性高的原因之一，但是又导致输出对输入在时间上的滞后，降低了系统响应速度。

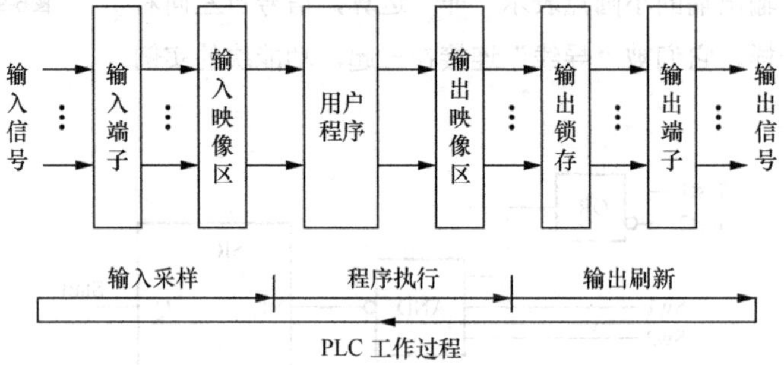

图6-11　PLC的扫描工作过程

（三）三菱 FX_{2N} 系列 PLC 的编程器件

可编程控制器用于工业控制，其实质是用程序表达控制过程中事物间的逻辑或控制关系。而就程序来说，这种关系必须借助机内器件来表达，这就要求在可编程控制器内部设置具有各种各样功能的，能方便地代表控制过程中各种事物的元器件，这就是编程器件。

可编程控制器的编程器件从物理实质上来说是电子电路及存储器。具有不同使用目的的元件其电路有所不同。考虑工程技术人员的习惯，用继电器电路中类似名称命名，称为输入继电器、输出继电器、辅助（中间）继电器、定时器、计时器等。为了明确它们的物理属性，称它们为“软继电器”。从编程的角度出发，我们可以不管这些器件的物理实现，只注重它们的功能，像在继电器电路中一样使用它们。

在可编程控制器中这种“器件”的数量往往是巨大的。为了区分它们的功能，不重复使地选用，我们给元件编上号码。这些号码也就是计算机存储单元的地址。FX_{2N} 系列 PLC 具有数十种编程器件，它们均用字母和编号来表示。字母如 X 表示输入，Y 表示输出，编号由 3 位数字表示，数字因机型不同而异。

需要特别指出的是，不同厂家，甚至同一厂家的不同型号的 PLC 编程器件的数量、种类和编号都不一样，下面我们以 FX_{2N} 小型 PLC 为蓝本，介绍编程器件。

1. 输入继电器（X0～X267）

输入继电器与 PLC 的输入端相连，是 PLC 接收外部开关信号的接口。与输入端子连接，输入继电器是光电隔离的电子继电器，其线圈、动合触点、动断触点与传统的硬继电器表示方法一样，如图 6-12 左边所示。这里动合触点、动断触点的使用次数不限，这些触点在 PLC 内部可以自由使用。FX_{2N} 型 PLC 输入继电器采用八进制地址编号 X0～X267，最多可达 184 点，输入继电器必须由外部信号所驱动，而不能由程序驱动，其触点也不能直接输出驱动外部负载。

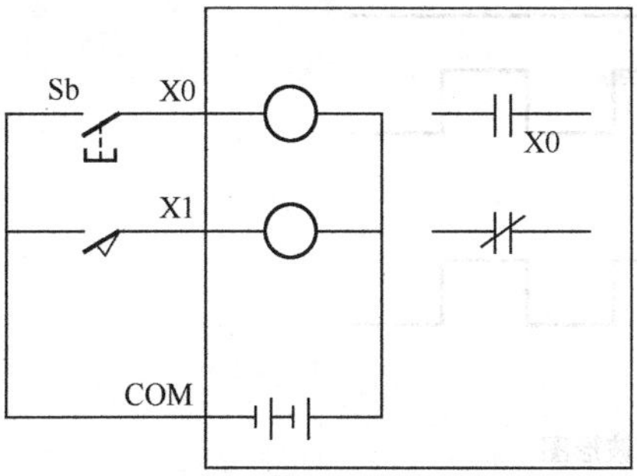

图6-12　输入继电器示意图

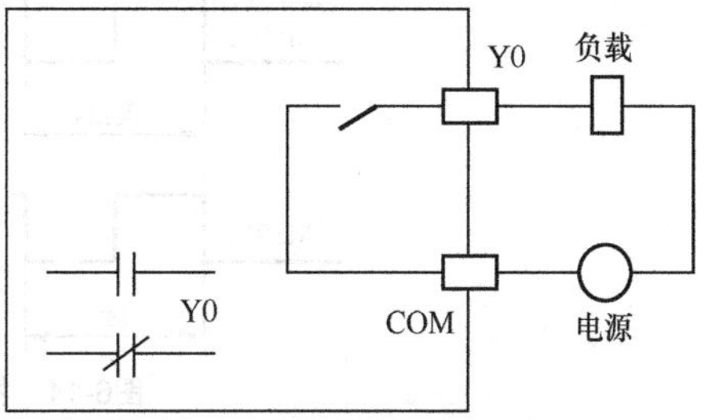

图6-13　输出继电器示意图

2. 输出继电器（Y0～Y267）

输出继电器是将 PLC 的输出信号送给输出模块，再驱动外部负载的元件，如图 6-13 右边所示，每一个输出继电器有一个外部输出的动合触点（硬触点），它与 PLC 的输出端子相连，而内部的软触点，不管是动合还是动断，都可无限制的自由使用，有一定的负载能力。FX_{2N} 型 PLC 输出继电器也采用八进制地址编号 Y0～Y267，最多可达 184 点输出。

3. 辅助继电器 M

PLC 内部有很多辅助继电器，它的动合动断触点在 PLC 内部编程时可以无限次的自由使用。但是这些触点不能直接驱动负载，辅助继电器 M 只能由程序驱动，外部负载必须由输出继电器的外部触点来驱动。

（1）通用辅助继电器（M0～M499）。通用辅助继电器的作用类似于中间继电器，地址编号按十进制 M0～M499 共 500 点（在 FX 型 PLC 中除输入输出继电器外，其他所有器件都是十进制编号）。

（2）断电保持辅助继电器（M500～M1023）。PLC 在运行中若发生停电，输出继电器和通用辅助继电器全部成为断开状态。上电后，除 PLC 运行时被外部输入信号接通的以外，其他仍断开。不少控制系统要求保持断电瞬间状态。断电保持辅助继电器就是用于此场合，断电保持辅助继电器 M500～M1023（524 点）是由 PLC 内装锂电池支持的。

（3）特殊辅助继电器（M8000～M8255）。PLC 内有 256 个特殊辅助继电器，这些特殊辅助继电器各自具有特定的功能。根据使用方式可以分为两类。

一类为其线圈由 PLC 自行驱动，用户只能利用其触点。如常用的有：

M8000 为运行监视用，当 PLC 运行，M8000 接通。

M8002 为初始化脉冲，在 PLC 运行瞬间，M8002 发一单脉冲。

M8012 为产生 100ms 时钟脉冲的特殊辅助继电器。

M8013 为产生 1s 时钟脉冲的特殊辅助继电器。

图 6-14 为常用特殊辅助继电器波形图。

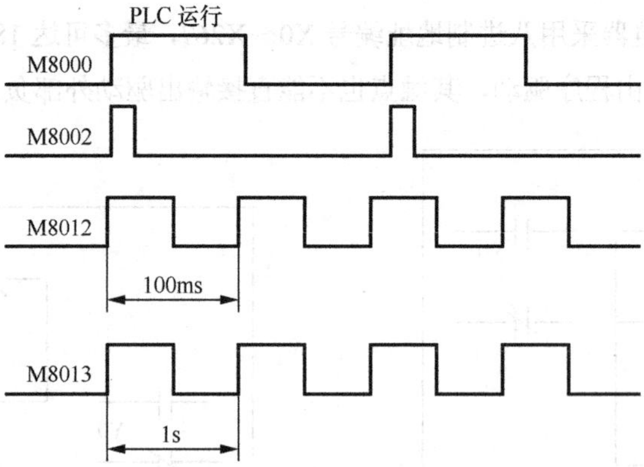

图6-14　特殊辅助继电器波形图

另一类为可驱动线圈型特殊辅助继电器，用户驱动线圈后，PLC 做特定动作。例如:

M8030 为使 BATTLED（锂电池欠压指示灯）熄灭。

M8033 为 PLC 停止时输出保持。

M8034 为禁止全部输出。

M8039 为定时扫描方式。

注意，未定义的特殊辅助继电器不可在程序中使用。

4．定时器 T

定时器在 PLC 中的作用相当于一个时间继电器，它是根据时钟脉冲累积计时的，时钟脉冲有 1ms、10ms、100ms，当所计时间到达设定值，其输出触点动作。定时器可以用常数 K 或数据寄存器 D 作为设定值。定时器有常规定时器和积算定时器。

（1）常规定时器 T0～T245。100ms 定时器 T0～T199 ，共 200 点，每个设定值范围为 0.1～3276.7s；10ms 定时器 T200～T245，共 46 点，每个设定值范围为 0.01～327.67s。图 6-15 是 T0 定时器的工作原理图。当驱动输入 X0 接通，地址编号为 T0 的当前值计数器对 100ms 时钟脉冲进行累积计数，当该值与设定值 K50 相等时，定时器的输出触点就接通，即输出触点是在驱动线圈后的 50×0.1s＝5s 时动作。当驱动线圈 X0 断开或发生断电时，计数器 T0 复位，输出触点也复位，不管定时到否。

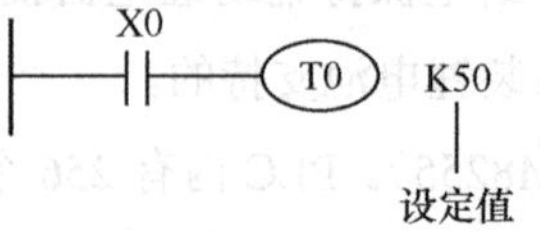

图6-15　定时器的工作原理

（2）积算定时器 T246～T255。100ms 积算定时器 T250～T255 共 6 点，每个设定值范围为 0.1～3276.7s；1ms 积算定时器 T246～T249 共 4 点，每个设定值范围为 0.001～32.767s。图 6-16 是积算定时器 T250 的工作原理图。当驱动输入 X0 接通，地址编号为 T250 的当前值计数器开始积累 100ms 的时钟脉冲的个数，当该值与设定值 K100 相等时，定时器的输出触点就接通。当计数中间驱动输入 X0 断开或停电时，当前值可保持。输入 X0 再接通或复电时，计数继续进行，当累积时间为 0.1×100s＝10s 时，输出触点动作。当复位输入 X1 接通时，计数器就复位，输出触点也复位。

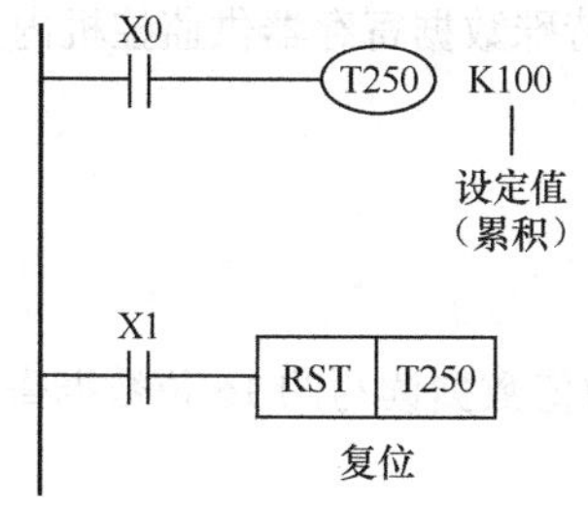

图6-16 积算定时器的工作原理

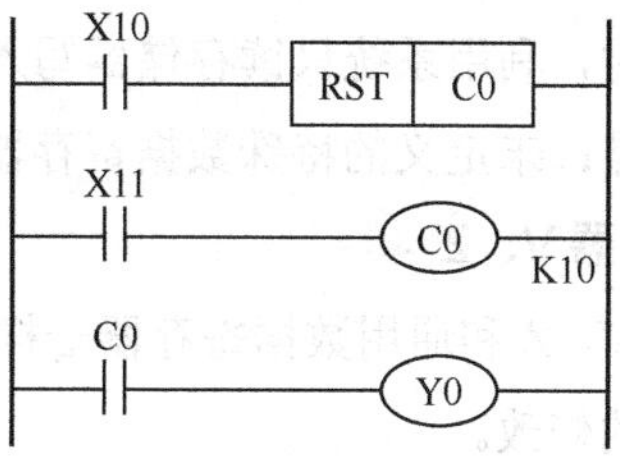

图6-17 递加计数器梯形图

5. 计数器 C

FX_{2N}系列 PLC 有内部计数器和高速计数器，内部计数器又分为 16 位递加和 32 位双向计数器。在此，我们只介绍 16 位递加内部信号计数器。

内部计数器是在执行扫描操作时对内部器件（如 X、Y、M、S、T）的信号进行计数的计数器。其接通时间和断开时间应比 PLC 的扫描周期长。16 位递加计数器，设定值为 1～32767。其中 C0～C99 共 100 点是通用型，C100～C199 共 100 点是断电保持型。如图 6-17 是 16 位递加计数器，X11 是计数输入，X11 每接通 1 次，计数器当前值加 1，当计数器当前值为 10，计数器 C0 输出触点接通。之后，即使输入 X11 再接通，计数器的当前值也保持不变。当复位输入 X10 接通时，执行 RST 指令，计数器当前值复位为 0，输出触点复位。计数器设定值可以用常数 K 和数据寄存器 D 来设定。

6. 状态器 S

状态器 S 是构成状态转移图的重要软器件，它与后述的步进顺控指令配合使用。常用的状态器有：

（1）初始状态器 S0～S9 共 10 点；

（2）回零状态器 S10～S19 共 10 点；

（3）通用状态器 S20～S499 共 480 点；

（4）保持状态器 S500～S899 共 400 点；

（5）报警状态器 S900～S999 共 100 点。这 100 个状态器还可用作外部故障诊断输出。

状态器的动合和动断触点在 PLC 内可以自由使用，且使用次数不限。不用步进顺控指令时，状态器 S 可以作为辅助继电器 M 在程序中使用。在步进顺控程序中的具体使用方法见项目八。

7. 数据寄存器 D

数据寄存器是用于存储数值数据的软器件，其数值可通过应用指令、数据存取单元（显示器）及编程装置读出与写入。这些寄存器都是 16 位（最高位为符号位，可处理数值范围为-32768～+32768），如将 2 个相邻数据寄存器组合，可存储 32 位（最高位为符号位，可处理数值范围为-2147483648～+2147483648）的数值数据。数据寄存器有以下几类。

（1）通用数据寄存器（D0～D199 共 200 点）。通用数据寄存器一旦写入数据，只要不再写入其他数据，其内容就不会变化。但是在 PLC 从运行到停止或停电时，所有数据被清除为 0（如果驱动特殊辅助继电器 M8033，则可以保持）。

（2）断电保持数据寄存器（D200～ D511 共 312 点）。只要不改写，无论 PLC 是从运行到停止，还是停电时，断电保持数据寄存器将保持原有数据而不丢失。

（3）特殊数据寄存器（DS000～D8255 共 256 点）。特殊数据寄存器供监控机内元件的运行方式用。在电源接通时，利用系统只读存储器写入初始值。

必须注意的是：未定义的特殊数据寄存器不要使用。

8. 变址寄存器 V、Z

变址寄存器 V、Z 和通用数据寄存器一样，是进行数值数据读写的 16 位数据寄存器。主要用于运算操作数地址的修改。

9. 指针（P／I）

指针用作跳转、中断等程序的入口地址，与跳转、子程序、中断程序等指令一起应用。地址号采用十进制数分配。按用途可分为指针 P 和指针 I 两类。

（1）指针 P。指针用于跳转指令，其地址号 P0～P127 共 128 点，P63 即相当于 END 指令。图 6-18 所示为条件跳转应用。在编程时，指针编号不能重复使用。

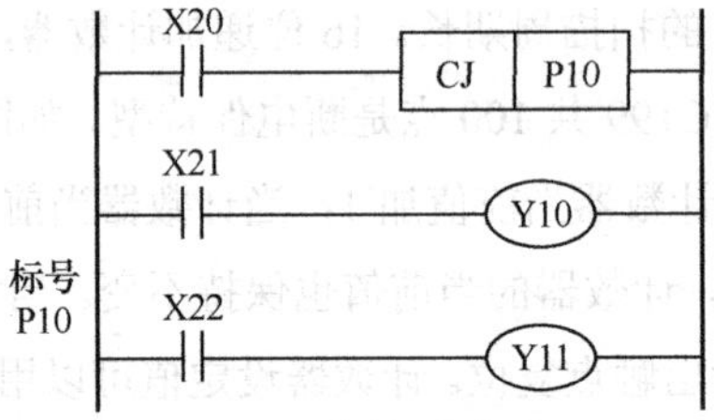

图6-18 指针P的使用

（2）指针 I。指针 I 根据用途又分为两种类型。

① 输入中断用 I00□～I50□，共 6 点。指针的格式表示如下：

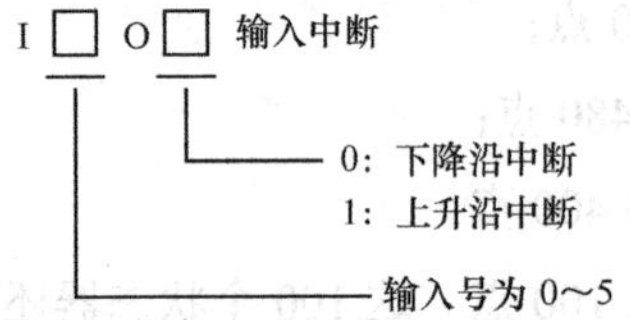

输入中断是外界信号引起的中断。外界信号的输入口为 X0～X5，输入号也就以此定义。上升沿或下降沿指对输入信号类别的选择。

例如，I001 为输入 X0 从 OFF→ON 变化时，执行由该指针作为标号后面的中断程序，并在执行 IRET 指令时返回。

② 定时器中断用 I6□□～I8□□，共 3 点。指针的格式表示如下：

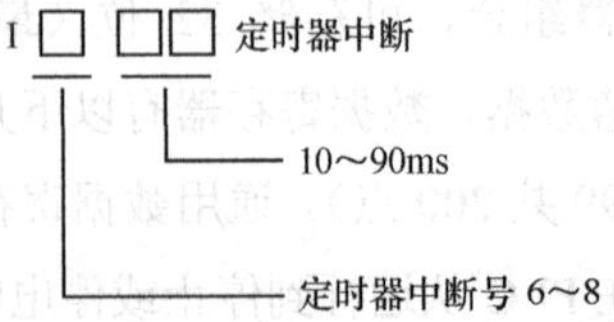

定时器中断为机内信号中断。由指定编号为 6～8 的专用定时器控制。设定时间在 10～99ms 间选取。每隔设定时间中断一次。例如 I610 为每隔 10ms 就执行标号为 I610 的中断程序一次，在 IRET 指令执行时返回。

(四)三菱 PLC 主要技术指标

1. 三菱 FX_{2N} 系列可编程控制器简介

日本三菱可编程控制器分为 F、F1、F2、FX0、FX2、FX0N、FX0S、FX_{2N} 、FX_{2NC} 等几个系列，其中 F 系列是早期的产品，现已停产。FX2 系列 PLC 是 1991 年推出的产品，是加强型的小型机，是整体式和模块式相结合的叠装式结构，有一个 16 位微处理器和一个专用逻辑处理器，其执行速度为 0.48μs/步，是目前运动速度最快的小型 PLC 之一。FX_{2N} 是三菱公司的近期产品，按叠装式配置，是日本高性能小型机中的代表作。三菱公司还生产 A 系列 PLC，这是一种中大型模块式机种。

(1) 型号命名方式。以下为可编程控制器型号命名的基本格式：

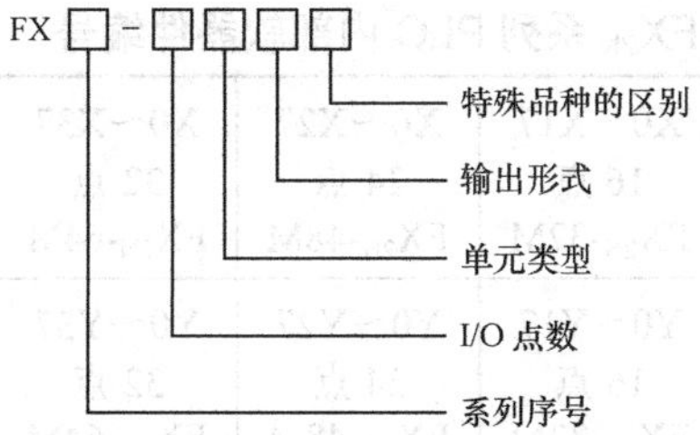

特殊品种类别：D—DC 电源；DC 输入；A1—AC 电源；AC 输入；2A/1 点。

输出方式：R—继电器输出；S—晶闸管输出；T—晶体管输出。

单元类型：M—基本单元；E—扩展单元。

I/O 总点数：14—256；序号：0、2、0N、2C、FX_{2N}，即 FX0、FX2、FX0N、FX2C、FX_{2N}。

例如，FX_{2N}-48MR 型号的含义为：FX_{2N} 系列；I/O 总点数为 48 点；基本单元；继电器输出型。

(2) FX_{2N} 系列 PLC 的基本构成。FX 系列 PLC 又分四个大类，即 FX0、FX2、FX2C、FX_{2N} 系列，PLC 是由基本单元、扩展单元及特殊功能单元构成的。基本单元包括 CPU、存储器、I/O 和电源是 PLC 的主要部分；扩展单元是扩展 I/O 点数的装置，内有电源；扩展模块用于增加 I/O 点数和改变 I/O 点数的比例，内部无电源，由基本单元和扩展单元供给。扩展单元和扩展模块内无 CPU，必须与基本单元一起使用。特殊功能单元是一些特殊用途的装置。

2. 可编程控制器的主要性能指标

PLC 的性能指标较多，现介绍与构建 PLC 控制系统关系较直接的几个。

(1) 输入/输出点数。PLC 输入输出点数是 PLC 组成控制系统时所能接入的输入输出信号的最大数量，表示 PLC 组成系统时可能的最大规模。这里有个问题要注意，在总的点数中，输入点与输出点总是按一定的比例设置的，往往是输入点数大于输出点数，且输入与输出点数不能相互替代。

(2) 应用程序的存储容量。应用程序的存储容量是存放用户程序的存储器的容量。通常用 K 字节（KB）或 K 位来表示，1K=1024。也有的 PLC 直接用所能存放的程序量表示。在一些文献中称 PLC 中存放程序的地址单位为“步”，每一步占用两个字，一条基本指令一般为一步。功能复杂的基本指令，特别是功能指令，往往有若干步。因而用“步”来表示程序容量，往往以最简单的基本指令为单位，称为多少 K 基本指令（步）。

如还是用字节表示，一般小型机内存 1K 到几 K，大型机几十 K 字节。甚至可达 1～2MB。

（3）扫描速度。一般以执行 1000 条基本指令所需的时间来衡量。单位为毫秒/千步，也有以执行一步指令时间计的，如微秒/步。一般逻辑指令与运算指令的平均执行时间有较大的差别，因而大多场合，扫描速度还往往需要标明是执行哪类程序。

以下是扫描速度的参考值：由目前 PLC 采用的 CPU 的主频考虑，扫描速度比较慢的为 2.2ms/K 逻辑运算程序，60ms/K 数字运算程序；较快的为 lms/K 逻辑运算程序，10ms/K 数字运算程序；更快的能达到 0.75ms/K 逻辑运算程序。

表 6-2 是 FX_{2N} 系列 PLC 内部软器件编号；表 6-3 是基本单元、扩展单元与扩展模块的 I/O 点数。

表 6-4 是 FX_{2N} 系列 PLC 的一般技术指标；表 6-5 是 FX_{2N} 系列 PLC 的输出技术指标。

表 6-2　　　　FX_{2N} 系列 PLC 内部软器件编号

输入继电器 X	X0～X7 8 点 FX_{2N}-16M	X0～X13 12 点 FX_{2N}-24M	X0～X17 16 点 FX_{2N}-32M	X0～X27 24 点 FX_{2N}-48M	X0～X37 32 点 FX_{2N}-64M	X0～X47 40 点 FX_{2N}-80M	X0～X267 184 点 带扩展板	输入输出合计 256 点
输出继电器 Y	Y0～Y7 8 点 FX_{2N}-16M	Y0～Y13 12 点 FX_{2N}-24M	Y0～Y17 16 点 FX_{2N}-32M	Y0～Y27 24 点 FX_{2N}-48M	Y0～Y37 32 点 FX_{2N}-64M	Y0～Y47 40 点 FX_{2N}-80M	Y0～Y267 184 带扩展板	
辅助继电器 M	M0～M499 500 点 通用		M500～M1023（B/U）524 点保持 M1024～M3071　2048 点 通信用：主站→从站 M800～M900 从站→主站 M900～M999				M8000～M8255 256 点 特殊用	
状态 S	S0～S499　500 点通用 初始：S0～S9 返回原点：S10～S19			S500～S899（B/U） 400 点 保持用		S900～S999（B/U） 100 点 故障诊断用		
定时器 T	T0～T199 200 点　100ms 子程序调用 T192～T199		T200～T245 46 点　10ms		T246～T249（B/U） 4 点 1ms 积算		T250～T255（B/U） 6 点 100ms 积算	
计数器 C	16bit 加计数		32bit 可逆计数		32bit 高速可逆计数最大 6 点			
	C0～C99 100 点	C100～C199 100 点 （B/U） 保持用	C200～C219 20 点	C220～C234 15 点 （B/U） 保持用	（B/U） C235～C245 1 相 1 输入	（B/U） C246～C250 1 相 2 输入	（B/U） C251～C255 2 相输入	
数据寄存器 D、V、Z	D0～D199　一般 （B/U） 200 点 通用		D200～D511　312 点保持用 D512～D7999　7488 点　保持用 通讯用：主站→从站 D490～D499 从站→主站 D500～D509		D1000～D2999 200 点（B/U） 文件寄存器	D8000～D8159 106 点特殊用	V0～V7、Z0～Z7 16 点 变址用	
嵌套指针	N0～N7 8 点 主控用		P0～P127 128 点　跳转、子程序用 分支指针		I0□□～I8□□ 9 点 输入中断指针		I6□□～I8□□ 6 点 时钟中断指针	
常数 K	16bit：-32，768～32，767				32bit：-2，147，483，648～2，147，483，647			
常数 H	16bit：0～FFFFH				32bit：0～FFFFFFFFH			

注：标有（B/U）标志的软元件是由锂电池保持的。

表 6-3　　基本单元、扩展单元与扩展模块的 I/O 点数

单元		型号	输入点数	输出点数
基本单元		FX_{2N}-16M	8	8
		FX_{2N}-24M	12	12
		FX_{2N}-32M	16	16
		FX_{2N}-48M	24	24
		FX_{2N}-64M	32	32
		FX_{2N}-80M	40	40
扩展单元		FX_{2N}-32E	16	16
		FX_{2N}-48E	24	24
扩展模块	混合	FX_{2N}-8ER	4	4
	输出	FX_{2N}-8EY	0	8
		FX_{2N}-16EY	0	16
	输入	FX_{2N}-8EX	8	0
		FX_{2N}-16EX	16	0
	特殊	FX_{2N}-24EI	16	8

表 6-4　　FX_{2N} 系列 PLC 的一般技术指标

电源	AC100～240V，+10%～-15%，50/60HZ 单相电源，可瞬时失效 10ms
环境温度	0～55C°
环境湿度	45%～85%RH（无霜）
防震性能	JIS C 0911 标准，10～55Hz，0.5mm（最大 2G，3 轴向各 2 次）
防冲击性能	JIS C 0912 标准（10G，3 轴向各 3 次）
抗噪声能力	1000V 峰—峰值，1μs，30～100Hz（噪声模拟器）
绝缘耐压	AC1500V，1min（接地端与其他端子间）
绝缘电阻	5 MΩ，DC500V（接地端与其他端子之间）
使用环境	无腐蚀性气体，无导电粉末、微粒

表 6-5　　FX_{2N} 系列 PLC 的输出技术指标

项目		继电器输出	双向晶闸管输出	晶体管输出
外部电源		AC250V，DC30V 以下	AC85～240V	DC5～30V
电阻负载		2A/1 点；8A/4 点共享 8A/8 点共享	0.3A/1 点 0.8A/4 点	0.5A/1 点，0.8A/4 点
最大负载	感性负载	80VA	15VA/AC100V 30VA/AC240V	12W/DC24V
	灯负载	100W	30W	1.5W/DC24V

续表

项目		继电器输出	双向晶闸管输出	晶体管输出
开路漏电流			1mA/AC100V，2mA/AC200V	1.5W/DC24V
最小负载			0.4VA/AC100V，2.3VA/AC240V	
响应时间	OFF→ON	约 10ms	1ms 以下	0.2ms 以下
	ON→OFF	约 10ms	最大 10ms	0.2ms 以下
隔离方式		继电器隔离	光电晶闸管隔离	光电耦合器隔离

（五）三菱 FX_{2N} 系列 PLC 的基本指令

三菱 FX2N 系列 PLC 有基本指令 27 条，步进指令 2 条，功能指令 298 条。在此，首先介绍本课题中使用的 21 条基本指令。

1. 取指令及线圈驱动指令 LD、LDI、OUT

LD：（load）取指令，用于动合触点与输入母线连接，即动合触点逻辑运算的起始。

LDI：（load　inverse）取反指令，用于动断触点与输入母线连接。即动断触点逻辑运算的起始。

OUT：线圈驱动指令，也叫输出指令。

图 6-19 所示为使用上述三条基本指令的梯形图。

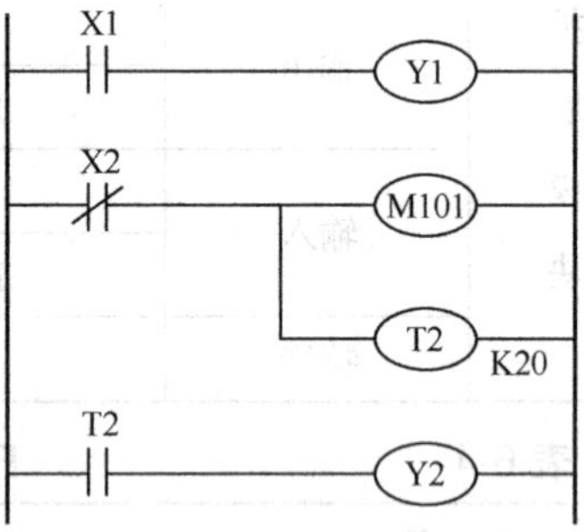

图6-19　LD、LDI、OUT 指令使用说明梯形图

程序如下：

0	LD	X1	与母线相连
1	OUT	Y1	驱动指令
2	LDI	X2	与母线相连
3	OUT	M101	驱动指令
4	OUT	T2	驱动指令
	SP	K20	设定常数，SP 为空格键，自动设置程序步
7	LD	T2	与母线相连
8	OUT	Y2	驱动指令
9	END		

LD、LDI 两条指令的目标元件是 X、Y、M、S、T、C，它不仅可用与公共母线相连的触点，也可用于与 ANB、ORB 指令配合，用于分支回路的起点。

OUT 指令是线圈驱动指令，OUT 指令不能用于驱动输入继电器线圈，它的目标元件是 Y、M、S、T、C。OUT 指令可连续使用若干次，相当于线圈并联。

LD、LDI 指令是一个程序步指令，这里的一个程序步即是一个字。OUT 指令是多个程序步指令，要视目标元件而定。

OUT 指令的目标元件是定时器 T 和计数器 C 时，必须设置常数 K。

2. 脉冲取指令 LDP、LDF

LDP：取脉冲上升沿，逻辑运算开始，与左母线连接的上升沿检测。

LDF：取脉冲下降沿，逻辑运算开始，与左母线连接的下降沿检测。

上升沿触点指令的功能是：指令元件置 1 的时刻有能流通过一个扫描周期。下降沿触点指令的功能是：指令元件置 0 的时刻有能流通过一个扫描周期。

3. 触点串联指令 AND、ANI

AND：与指令，用于单个动合触点的串联。

ANI：与非指令，用于单个动断触点的串联。

AND 与 ANI 都是一个程序步指令，AND、ANI 指令可多次重复使用，即串联触点个数不限；这两条指令的目标元件为 X、Y、M、T、C、S。OUT 指令后，通过触点对其他线圈使用 OUT 指令称为纵接输出（连续），这种输出如果顺序不错，可以多次重复。

4. 串联连接脉冲沿指令 ANDP、ANDF

ANDP:与脉冲上升沿，串联连接上升沿检测。

ANDF:与脉冲下降沿，串联连接下降沿检测。

串联上升沿触点指令的功能是：串联指令元件置 1 的时刻有能流通过一个扫描周期。串联下降沿触点指令的功能是：串联指令元件置 0 的时刻有能流通过一个扫描周期。

5. 触点并联指令 OR、ORI

OR：或指令，用于单个动合触点的并联。

ORI：或非指令，用于单个动断触点的并联。

OR 与 ORI 都是一个程序步指令，它们的目标元件是 X、Y、M、T、C、S；OR、ORI 指令是将一个触点从当前步开始，直接并联到控制母线上，且并联次数不限。

6. 并联连接脉冲沿指令 ORP、ORF

ORP:或脉冲上升沿，并联连接上升沿检测。

ORF:或脉冲下降沿，并联连接下降沿检测。

并联连接脉冲沿指令 ORP、ORF 指令的功能同串联连接脉冲沿指令 ANDP、ANDF 类似。图 6-20 给出了以上指令的指令表。

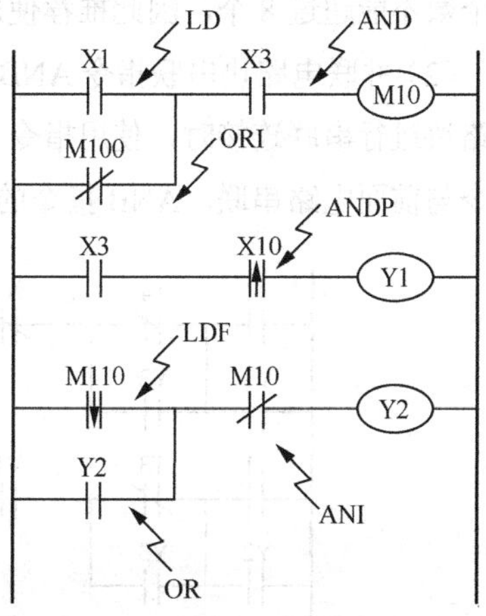

图6-20 LDF、ANDP、ORD等指令使用

程序如下：

0	LD	X1
1	ORI	M100
2	AND	X3
3	OUT	M10
4	LD	X3
5	ANDP	X10
7	OUT	Y1

8	LDF	M110
10	OR	Y2
11	ANI	M10
12	OUT	Y2
13	END	

7. 块操作指令ORB 、ANB

（1）串联电路块并联指令ORB。由2个及以上的接点进行串联的电路称为串联电路块，将串联电路块进行并联时，使用指令ORB。分支的开始用LD、LDI指令，分支结束用ORB指令。ORB指令与ANB指令均为无目标元件指令，步长为1步。ORB指令的使用说明如图6-21所示。

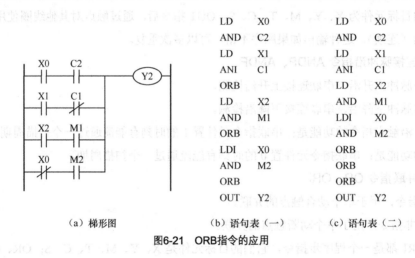

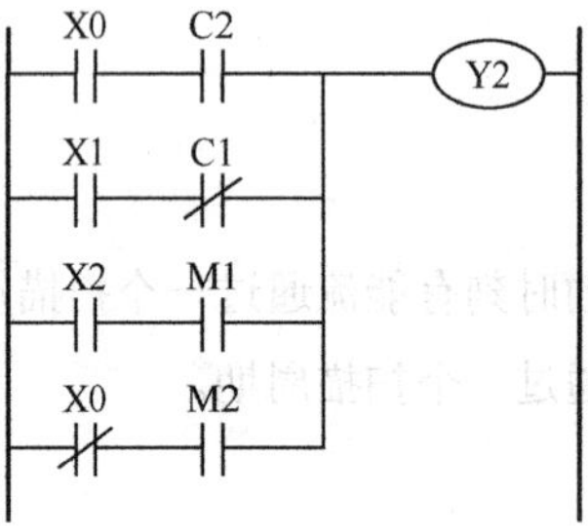

（a）梯形图

LD	X0
AND	C2
LD	X1
ANI	C1
ORB	
LD	X2
AND	M1
ORB	
LDI	X0
AND	M2
ORB	
OUT	Y2

（b）语句表（一）

LD	X0
AND	C2
LD	X1
ANI	C1
LD	X2
AND	M1
LDI	X0
AND	M2
ORB	
ORB	
ORB	
OUT	Y2

（c）语句表（二）

图6-21　ORB指令的应用

ORB指令的使用方法有两种：一种是在要并联的每个串联电路块后加ORB指令，这种用法的并联电路块的个数没有限制，如图6-21（b）所示。一种是集中使用ORB，这种用法的电路块并联的个数不能超过8个，因此推荐使用如图6-21（b）所示形式。

（2）并联电路块串联指令ANB。由2个及以上的接点进行并联的电路称为并联电路块，将并联电路块进行串联连接时，使用指令ANB。分支的起点用LD、LDI指令，分支结束后，使用ANB指令与前面电路串联。ANB指令的使用说明如图6-22所示。

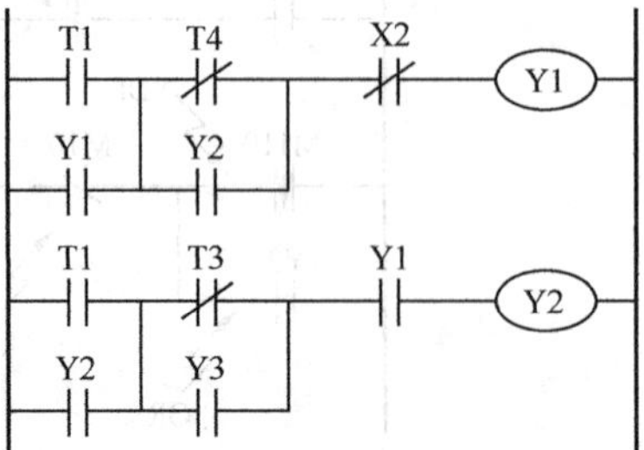

（a）梯形图

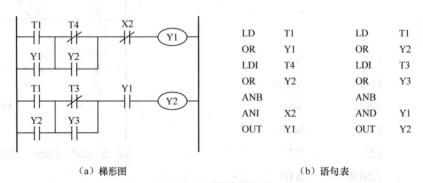

LD	T1	LD	T1
OR	Y1	OR	Y2
LDI	T4	LDI	T3
OR	Y2	OR	Y3
ANB		ANB	
ANI	X2	AND	Y1
OUT	Y1	OUT	Y2

（b）语句表

图6-22　ANB指令的应用

8. 栈指令 MPS、MRD、MPP

MPS：进栈指令。

MRD：读栈指令。

MPP：出栈指令。

这三条指令是无操作器件指令，都为一个程序步长。用于多重输出电路。可将触点先存储，用于连接后面的电路。

FX_{2N} 系列 PLC 中 11 个存储中间运算结果的存储区域被称为栈存储器。使用进栈指令 MPS，当时的运算结果压入栈的第一层，栈中原来的数据依次向下一层推移；使用出栈指 MPP 时，各层的数据依次向上移动一次。MRD 是最上层所存数据的读出专用指令。读出时，栈内数据不发生移动。MPS 和 MPP 指令必须成对使用，而且连续使用应少于 11 次。MPS、MRD、MPP 指令的使用说明如图 6-23、图 6-24 所示。

图 6-23 是简单电路，即一层栈电路。

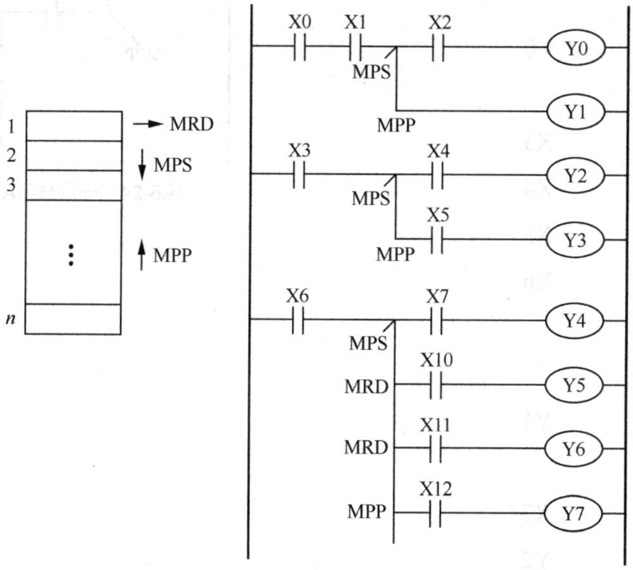

图6-23　栈存储器与多重输出指令的使用说明

程序：

0	LD	X0	8	MPS	
1	AND	X1	9	AND	X4
2	MPS		10	OUT	Y2
3	AND	X2	11	MPP	
4	OUT	Y0	12	AND	X5
5	MPP		13	OUT	Y3
6	OUT	Y1	14	LD	X6
7	LD	X3	15	MPS	

16	AND	X7	22	AND	X11
17	OUT	Y4	23	OUT	Y6
18	MRD		24	MPP	
19	AND	X10	25	AND	X12
20	OUT	Y5	26	OUT	Y7
21	MRD		27	END	

图 6-24 是一层栈与 ANB、ORB 指令配合。

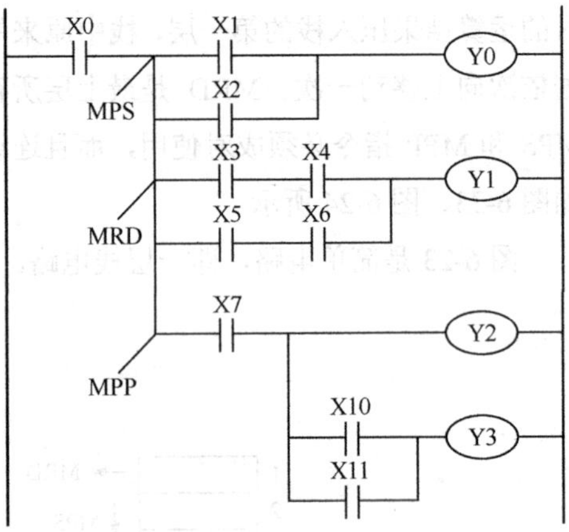

图6-24　一层栈与ANB、ORB指令配合

程序：

0	LD	X0
1	MPS	
2	LD	X1
3	OR	X2
4	ANB	
5	OUT	Y0
6	MRD	
7	LD	X3
8	AND	X4
9	LD	X5
10	AND	X6
11	ORB	
12	ANB	
13	OUT	Y1
14	MPP	
15	AND	X7
16	OUT	Y2
17	LD	X10
18	OR	X11
19	ANB	
20	OUT	Y3

9. 主控指令 MC、MCR

在编程时，经常遇到多个线圈同时受一个或一组接点控制，如果在每个线圈的控制电路中都串入同样的接点，将多占用存储单元，应用主控指令可以解决这一问题。

主控指令 MC 用于公共串联接点的连接，主控复位指令 MCR 是主控 MC 的复位指令。MC 指令是 3 程序步，MCR 是 2 程序步，它们的目标元件是 Y、M，不能操作特殊辅助继电器 M。图 6-25 是 MC、MRC 指令的使用说明。

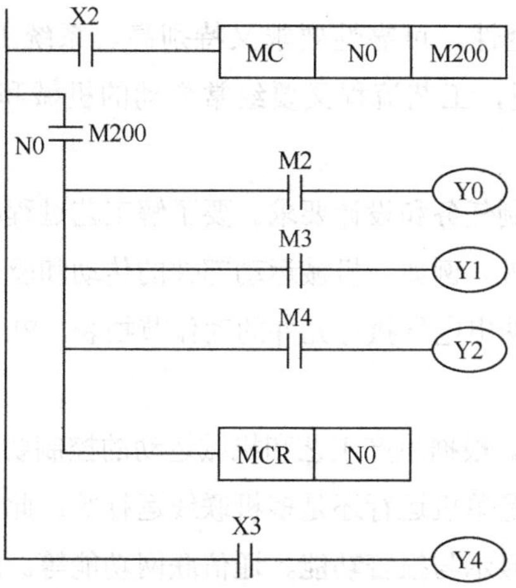

（a）梯形图

LD	X2
MC	N0
SP	M200
LD	M2
OUT	Y0
LD	M3
OUT	Y1
LD	M4
OUT	Y2
MCR	N0
LD	X3
OUT	Y4

（b）语句表

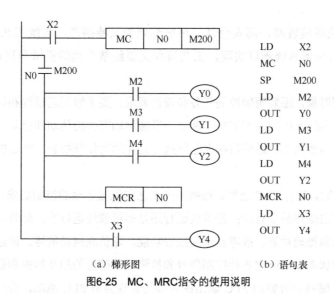

图6-25　MC、MRC指令的使用说明

当 X2 接通时，执行 MC 与 MCR 之间的指令，当 X2 断开时，不执行 MC 与 MCR 之间的指令。在 MC 与 MCR 之间的非积算定时器用 OUT 指令驱动，计数器、积算定时器用 SET/RST 指令驱动。使用 MC 指令后，母线移到主控接点的后面，使用 MCR 后，母线返回到原来位置。在 MC 指令内再使用 MC 指令时称嵌套，嵌套级 N 由 0～7 顺次增大，返回时从大到小用 MCR 指令逐级返回。与主控接点相连的接点应使用 LD、LDI 指令。

10. 空操作指令 NOP

NOP：空操作或空处理指令，用于程序的修改。

NOP 指令为无动作，无目标元件的空处理指令，占一程序步，在使用时可用 NOP 指令替代已写入指令，可以用于程序的修改。

11. 程序结束指令 END

END：程序扫描到此结束，表示程序的结束。

END 指令是一条为无目标元件编号独立指令，1 程序步，END 指令用于程序的终了。PLC 在循环扫描的工作过程中，PLC 对 END 指令以后的程序步不再执行，直接进入输出处理阶段。因此，在调试程序过程中，可分段插入 END 指令，再逐段调试，在该段程序调试好后，删除 END 指令，然后进行下一段程序的调试，直到程序调试完为止。

（六）可编程控制器系统程序设计

1. PLC 程序设计的步骤

当我们学习了 PLC 的基本原理和指令系统以后，就可以结合实际问题进行 PLC 控制系统的设计，并将 PLC 应用于实际。PLC 的应用就是以 PLC 为程控中心，组成电气控制系统，实现对生产过程的控制。PLC 的程序设计是 PLC 应用最关键的问题，也是整个电气控制系统设计的核心。以下是 PLC 设计步骤和方法。

（1）熟悉控制对象确定控制范围。首先要全面详细地了解被控制对象的特点和生产工艺过程，归纳出工作循环图或状态流程图，与继电控制系统和工业控制计算机进行比较后加以选择。

如果控制对象是工业环境较差，而安全性、可靠性要求又特别高、系统工艺又复杂、输入输出点数多，则用常规继电器系统难以实现，工艺流程又要经常变动的机械和现场，用PLC进行控制是合适的。

对确定了的控制对象，还要明确控制任务和设计要求。要了解工艺过程和机械运动与电气执行元件之间的关系和对电控系统的控制要求。例如，机械运动部件的传动和驱动，液压气动的控制，仪表及传感器的连接与驱动等。最后归纳出电气执行元件的动作节拍表。PLC的根本任务就是正确实现这个节拍表。

（2）制定控制方案，进行PLC选型。根据生产工艺和机械运动的控制要求，确定电控系统的工作方式。是手动、半自动还是全自动；是单机运行还是多机联线运行等。此外，还要确定电控系统的其他功能，例如紧急处理功能、故障显示与报警功能、通信联网功能等。通过研究工艺过程和机械运动的各个步骤和状态，来确定各种控制信号和检测反馈信号的相互转换和联系。并且确立哪些信号需要输入PLC，哪些信号要由PLC输出或者哪些负载要由PLC驱动，分门别类统计出各输入输出量的性质及参数，根据所得结果，选择合适的PLC型号并确定各种硬件配置。

（3）硬件和软件设计。PLC选型和I/O配置是硬件设计的重要内容。设计出合理的PLC外部接线图非常重要。

对PLC的输入、输出进行合理的地址编号，会给PLC系统的硬件设计、软件设计和系统调整带来很多方便。输入输出地址编号确定后，硬件设计和软件设计工作可平行进行。

用户程序的编写即为软件设计，画出梯形图，写出语表句。

（4）模拟调试。将设计好的程序键入PLC后应仔细检查与验证，改正程序设计语法错误。之后在实验室里进行用户程序的模拟运行和程序调试，观察各输入量、输出量之间的变化关系及逻辑状态是否符合设计要求，发现问题及时修改，直到满足工艺流程和状态流程图的要求。

在程序设计和模拟调试时，可平行地进行电控系统的其他部分的设计，例如PLC外部电路和电气控制柜、控制台的设计、装配、安装和接线等工作。

（5）现场运行调试。模拟调试好的程序传送到现场使用的PLC存储器中，接入PLC的实际输入接线和负载。进行现场调试的前提是PLC的外部接线一定要准确无误。反复现场调试，发现问题现场解决。如果系统调试达不到指标要求，则可对硬件和软件作调整，通常只需修改用户程序即可达到调整目的。现场调试后，一般将程序固化在有长久记忆功能的可擦可编程只读存存储器（EPROM）卡盒中长期保持。

2. 可编程控制器的选型

PLC是一种通用工业控制装置，功能的设置总是面向大多数用户的。众多的PLC产品既给用户提供了广阔的选择余地，也给用户带来了一定困难。

PLC的选用与继电器接触器控制系统的元件的选用不同，继电器接触器系统元件的选用，必须要在设计结束之后才能定出各种元件的型号、规格和数量以及确定控制台、控制柜的大小等。而PLC的选用则在应用设计的开始即可根据工艺提供的资料及控制要求等预先进行。 在选择PLC的型号时一般从以下几个方面来考虑。

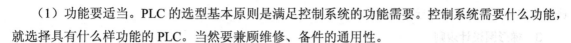

（1）功能要适当。PLC 的选型基本原则是满足控制系统的功能需要。控制系统需要什么功能，就选择具有什么样功能的 PLC。当然要兼顾维修、备件的通用性。

对于小型单机仅需要开关量控制的设备，一般的小型 PLC 都可以满足要求。

到了 20 世纪 90 年代，小型、中型和大型 PLC 已普遍进行 PLC 与 PLC、PLC 与上位机通信与联网，具有数据处理、模拟量控制等功能，如三菱的 FX2 与 PX2c 系列小型 PLC。因此在功能的选择方面，要着重注意的是特殊功能的需要。这就是要选择具有所需功能的 PLC 主机，要根据需要选择相应的模块，例如开关量的输入输出模块、模拟量的输入输出模块、高速计数模块、通信模块和人机界面单元等。

（2）I / O 点数是基础。准确地统计出被控设备对输入输出点数的总需要量是 PLC 选型的基础。把各输入设备和被控设备详细列出，然后在实际统计出 I/O 点数的基础上加 15%～20%的备用量，以便今后调整和扩充。

多数小型 PLC 为整体式，除按点数分成许多档次外，还有扩展单元。例如 FX2 系列 PLC 主机分为 16、24、32、64、80、128 点六档，还有多种扩展模块和单元。

模块式结构的 PLC 采用主机模块与输入输出模块、功能模块组合使用方法，I/O 模块按点数分为 8、16、32、64 点不等。根据需要，选择和灵活组合使用主机与 I/O 模块。

（3）充分考虑输入输出信号的性质。除决定好 I/O 点数外，还要注意输入输出信号的性质、参数等。例如，输入信号电压的类型、等级和变化率；信号源是电压输出型还是电流输出型；是 NPN 输出型还是 PNP 输出型等，还要注意输出端的负载特点，以此选择配置相应机型和模块。

（4）估算系统对 PLC 响应时间的要求。对于大多数应用场合来说，PLC 的响应时间不是主要的问题。响应时间包括输入滤波时间、输出滤波时间和扫描周期。PLC 的顺序扫描工作方式使它不能可靠地接收持久时间小于扫描周期的输入信号。为此，需要选取扫描速度高的 PLC，像 FX2 型 PLC 能处理速度达到 0.48μs/步的顺控指令。

（5）根据程序存储器容量选型。PLC 的程序存储器容量通常以字或步为单位。例如叫 1K 字、4K 步等叫法。PLC 的程序步是由一个字构成的，即每个程序步占一个存储器单元。

用户程序所需存储器容量可以预先估算。对于开关量控制系统，用户程序所需存储器的字数等于 I/O 信号总数乘以 8。对于有模拟量输入输出的系统，每一路模拟量信号大约需 100 字的存储器容量。

大多数 PLC 的存储器采用模块式的存储器卡盒，同一型号的 PLC 可以选配不同容量的存储器卡盒，实现可选择的多种用户存储器的容量，如 FX2 型 PLC 可以有 2K 步、8K 步等。

此外，还应根据用户程序的使用特点来选择存储器的类型。当程序要频繁修改时，应选用 CMOS-RAM。当程序长期不变和长期保存时应选用 EEPROM 或 EPROM。

关于 PLC 的选型问题，当然还应考虑到 PLC 的联网通信功能、价格因素。系统可靠性也是考虑的重要因素。

（6）编程器与外围设备的选择。小型 PLC 控制系统通常都选用价格便宜的简易编程器。如果系统大，用 PLC 多，选一台功能强、编程方便的图形编程器也不错，如果有现成的个人计算机，也可选用能在个人计算机上运行的编程软件包。

3. 梯形图设计规则

（1）梯形图所使用的元件编号，应在所选用的 PLC 机规定范围内，不能随意选用。

（2）使用输入继电器触点的编号，应与控制信号的输入端号一致，使用输出继电器时，应与外接负载的输出端号一致。

（3）触点画在水平线上，只有使用 MC 指令的触点画在垂直分支线上。

（4）触点画在线圈的左边，线圈右边不能有触点。

（5）多上串左，如图 6-26 所示。

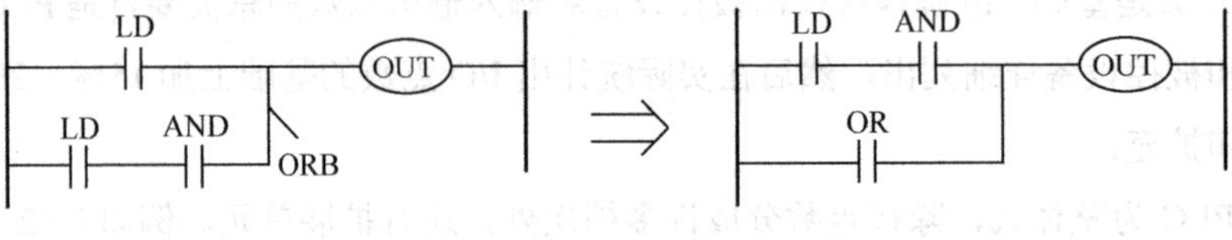

（a）串联多的电路尽量放上部

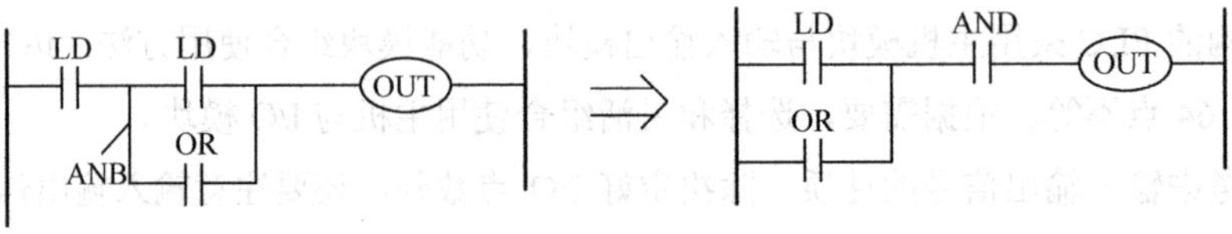

（b）并联多的电路尽量靠近母线

图6-26 梯形图画法之一

有串联线路相并联时，应将触点最多的那个串联回路放在梯形图最上部。有并联线路相串联时，应将触点最多的那个并联回路放在梯形图最左边。这种安排程序简捷，语句少。

（6）对不可编程或不便于编程的线路，必须将线路进行等效变换，以便于编程。如图 6-27 所示线路不能直接编程，必须按逻辑功能进行等效变换才能编程。

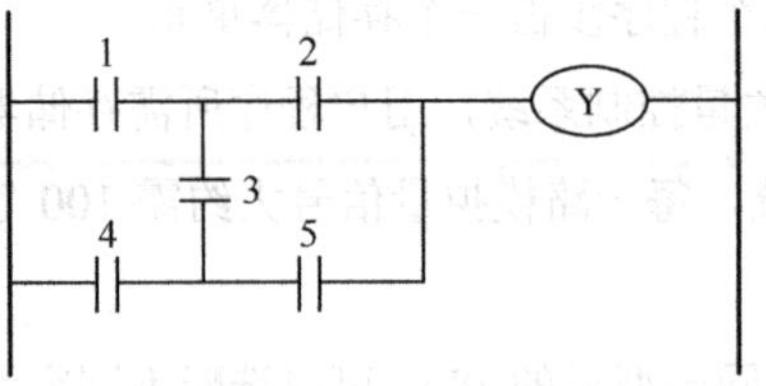

（a）桥式电路

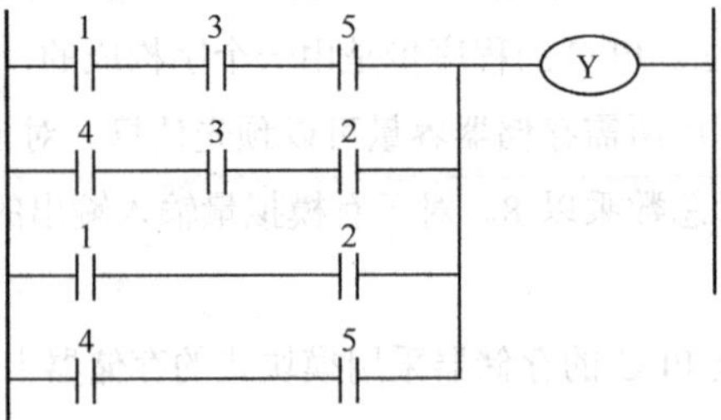

（b）等效变换电路

图6-27 梯形图画法之二

（七）三菱 PLC 编程模拟仿真软件

1. 三菱 PLC 编程模拟软件及仿真软件 GX Developer 的安装

GX Developer 是三菱 PLC 的编程模拟仿真软件。可在 Windows 95、Windows 98、Windows 2000 及其以上操作系统下运行，运行 GX Developer 软件，可通过梯形图符号、指令语句及 SFC 符号创建及编辑程序，还可以在程序中加入中文、英文注释，它还能够监控 PLC 运行时各编程元件的状态及数据变化，具有程序调试和监控功能，同时还具有异地读写 PLC 程序功能。

（1）安装准备。

① 打开 PLC 编程软件 GX Developer 7.08 的文档，打开 EnvMEL 文件夹，双击选择 SETUP.EXE 图标，开始 GX Developer 7.08 和 GX Simulator 6C 软件安装环境初始化。

② 在选择提示栏内点选“同意/接受”，电脑自动安装运行完成。

（2）安装三菱 PLC 编程软件 GX Developer 7.08 版。

① 打开 PLC 编程软件 GX Developer 7.08 的文档。

② 双击选择 SETUP.EXE 图标，开始 GX Developer 7.08 软件安装，如图 6-28 所示。

图6-28 GX Developer 7.08编程软件安装

③ 在“安装”提示栏中单击“确定”按钮。

④ 在“欢迎”提示栏中单击“下一个”按钮。

⑤ 在“用户信息”提示栏内输入电脑用户自定姓名和公司，单击“下一个”按钮。

⑥ 在“注册确认”提示栏内确认信息无误，单击“是”按钮。

⑦ 在“输入产品序列号”提示栏内输入产品序列号，单击“下一个”按钮，如图 6-29 所示。

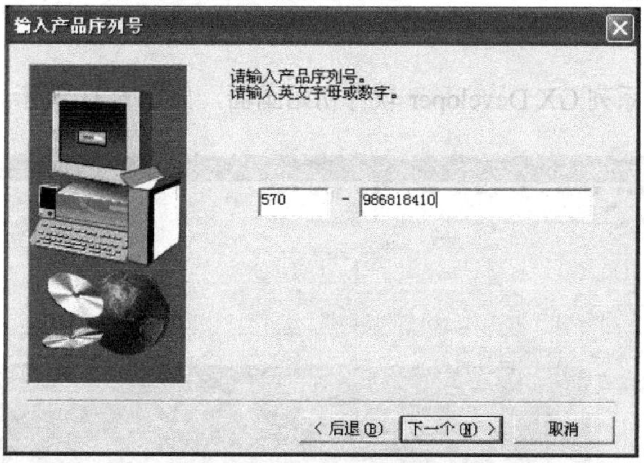

图6-29 产品序列号的输入

⑧ 在“选择部件”提示栏，为确保编程工作，不要选择“监视专用 GX Developer”选项，直接单击“下一个”按钮。

⑨“选择部件”提示栏如无关三菱DOS系统编程软件MEDOC的使用，则不要选择“MEDOC打印文件的读出/MEDOC文件的读出”选项，直接单击“下一个”按钮。

⑩ “选择目标位置”提示栏显示默认安装目标文件夹为“C:\MELSEC”，如接受此安装目录，则单击“下一个”按钮，如需自定安装目录，则单击“浏览...”按钮，继续按提示单击“下一个”按钮。直到单击“确定”按钮结束。

（3）安装三菱PLC GX Simulator6-C仿真软件。

① 打开PLC仿真软件GX Simulator6-C的文档，双击选择SETUP.EXE图标，开始GX Simulator 6C软件安装。

② 后续提示及操作与编程软件的安装类似，仿真软件产品序列号为961-500940269。

③ 安装完毕，退出安装软件的所在文档。

2. 三菱PLC编程仿真软件GX Developer程序的编制及下载运行

（1）编程仿真软件MELSOFT系列GX Developer的打开。

① 单击“开始”菜单栏，顺序单击“所有程序”→“MELSOFT应用程序”→“GX Developer”选项，单击打开，如图6-30所示。

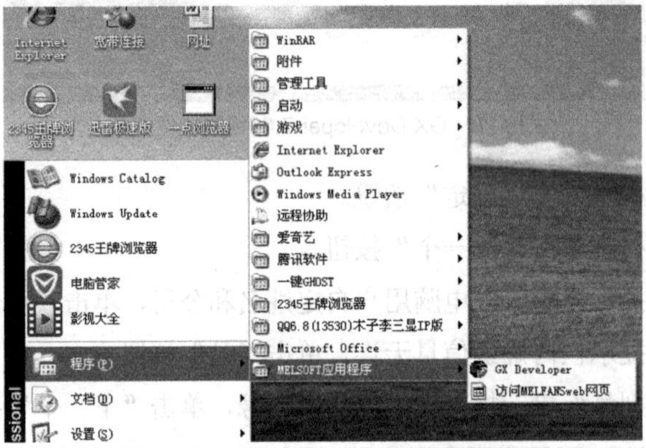

图6-30 打开GX Developer编程仿真软件

② 进入MELSOFT系列GX Developer软件初始画面，如图6-31所示。

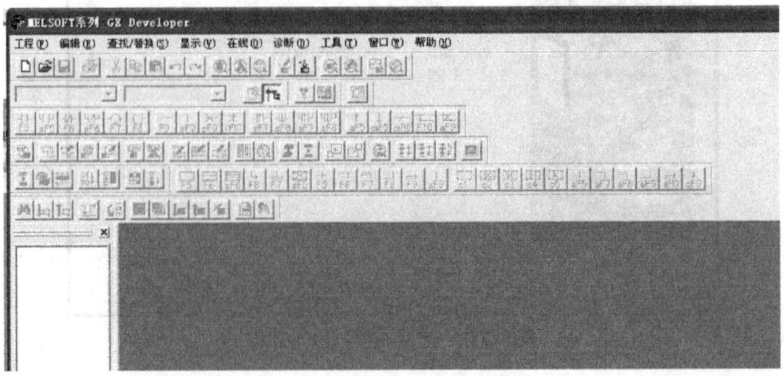

图6-31 编程软件初始界面

③ 新建一个PLC程序，顺序单击主菜单栏中“工程”→“创建新工程”选项。

④ 选择 PLC 类型："创建新工程"提示栏内单击"PLC 系列"选项，在下拉菜单内选择所用 PLC 系列，此文以 FX2N 型 PLC 为例说明，单击"FXCPU"选项进行确认，如图 6-32 所示。

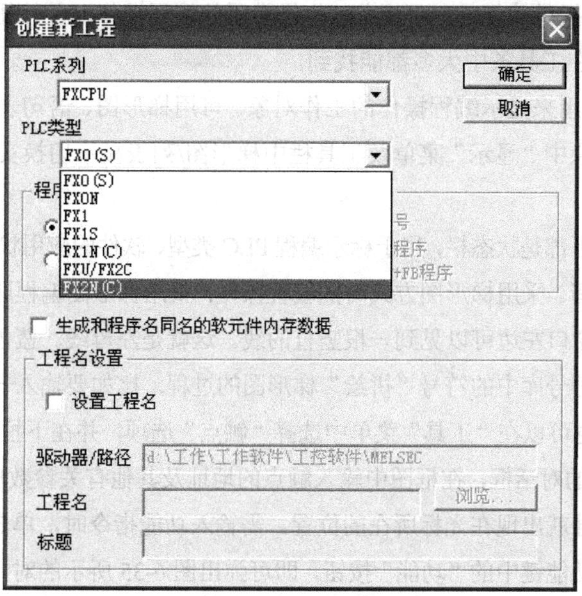

图6-32　选择PLC类型

（2）编程仿真软件 MELSOFT 系列 GX Developer 界面介绍。GX Developer 编程仿真软件主界面包含以下几个主要分区：菜单栏、工具栏（快捷操作窗口）、用户编辑区、状态栏，它们的使用方法与 Microsoft Word 的使用方法相同，其主界面外观如图 6-33 所示。

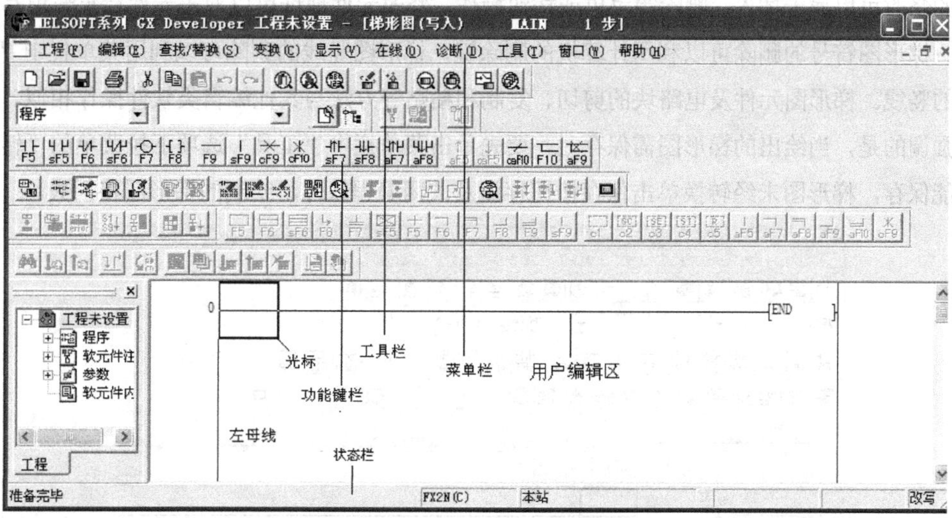

图6-33　GX Developer 软件主界面

① 菜单栏。菜单栏是以菜单形式操作的入口，菜单包含工程、编辑、查找/替换、变换、显示、在线等选项，用鼠标单击某项菜单，可弹出该菜单的细目，如文件项目的新建、打开、保存、另存为、打印、页面设置等选项，编辑菜单中包含剪切、复制、粘贴、删除等选项，可知这些菜单的主

要功能为程序文件的管理及编辑。菜单条中的其他项目涉及编程方式的变换、程序的下载传送、程序的调试及监控等操作。

② 工具栏。工具条提供简便的鼠标操作，将最常用的编程操作以及按钮形式设定到工具条，菜单条中涉及的各种功能在工具条中大多都能找到。

③ 编辑区。编辑区用来显示编程操作的工作对象。可用梯形图、语句表等方式进行程序的编辑工作。也可以便用菜单栏中“显示”菜单及工具栏中梯形图/列表显示切换实现梯形图程序与语句表程序的转换。

④ 状态栏。编辑区下部是状态栏，用于标示编程 PLC 类型、软件的应用状态及所处的程序步数等。

（3）PLC 程序的编写。采用梯形图方式时的编程操作：采用梯形图编程即是在编辑区中绘出梯形图。打开新建文件时主窗口左边可以见到一根竖直的线。这就是左母线。蓝色的方框为光标，梯形图的绘制过程是取用图形符号库中的符号“拼绘”梯形图的过程。比如要输入一个动合触点，可单击功能图栏中的动合触点，也可以在“工具”菜单中选择“触点”选项，并在下拉菜单中单击“动合触点”选项，这时出现图 6-34 的对话框，在框图中输入触点的地址及其他有关参数后单击“确认”按钮，要输入的动合触点及其地址就出现在光标所在的位置。需输入功能指令时，单击工具菜单中的“功能”菜单或单击功能图栏及功能键中的“功能”按钮，即可弹出图 6-35 所示的对话框，然后在对话框中填入功能指令的助记符及操作数并单击“确认”即可，这里要注意是功能指令的输入格式一定要符合要求，如助记符与操作数间要空格，指令的脉冲执行方式中要加“P”与指令间不空格，32 位指令需在指令助记符前加“D”且也不空格等，梯形图符号间的连线可通过工具菜单的“连线”菜单选择水平线与竖线完成。另外还需记住，不论绘制什么图形，先要将光标移到需要绘制这些符号的地方。梯形图程序的修改可以属于插入、删除等菜单或按钮操作，修改元件地址可以双击元件后重新填写弹出的对话框。梯形图符号的删除可以利用计算机的删除键，梯形图竖线的删除可以利用菜单栏中“工具”菜单中的竖线。梯形图元件及电路块的剪切、复制和粘贴等方法与其他编辑类软件操作相似。还有一点需要强调的是，当绘出的梯形图需保存时，要先单击菜单栏中“工具”选项下拉菜单的“转换”选项后才能保存，梯形图未经转换单击保存按钮存盘及关闭编程软件，绘制的梯形图将丢失。

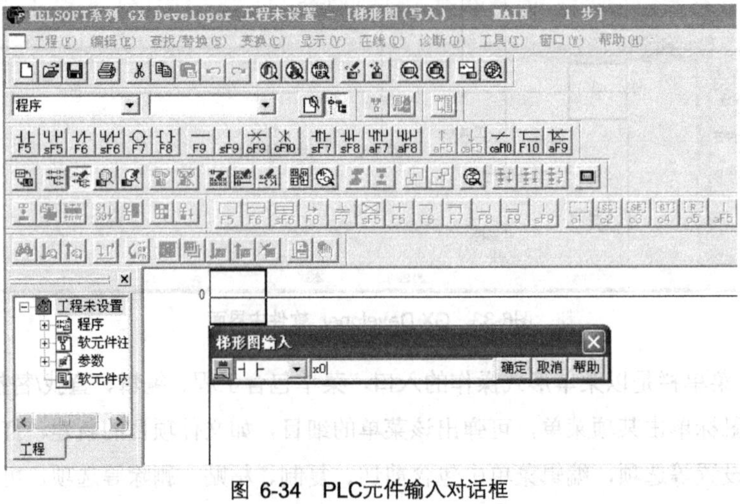

图 6-34 PLC元件输入对话框

采用指令表方式时的编辑操作：采用指令表编辑时可以在编辑区光标位置直接输入指令表，一条指令输入完毕后，按回车键光标移至下一条指令位置，则可输入下一条指令。指令表编辑方式中指令的修改也十分方便，将光标移到需修改的指令上，重新输入新的指令即可。

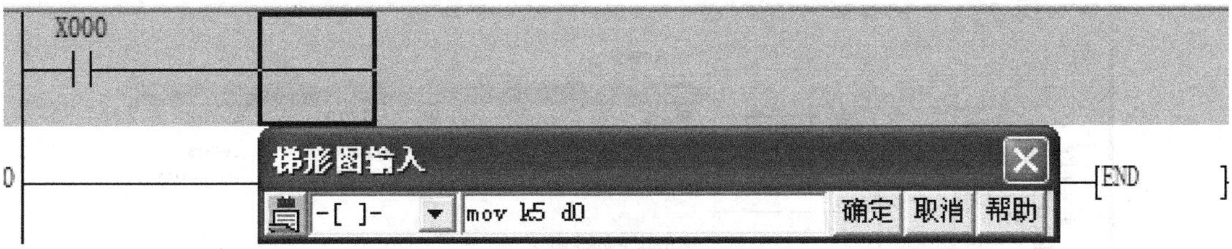

图 6-35　PLC“功能”指令的输入

程序编制完成后可以利用菜单栏中“选项”菜单项下“程序检查”功能对程序做语法及双线圈的检查，如有问题，软件会提示程序存在的错误。

例如图 6-36 所示是用 GX Develope 软件画出的电动机正反转梯形图。

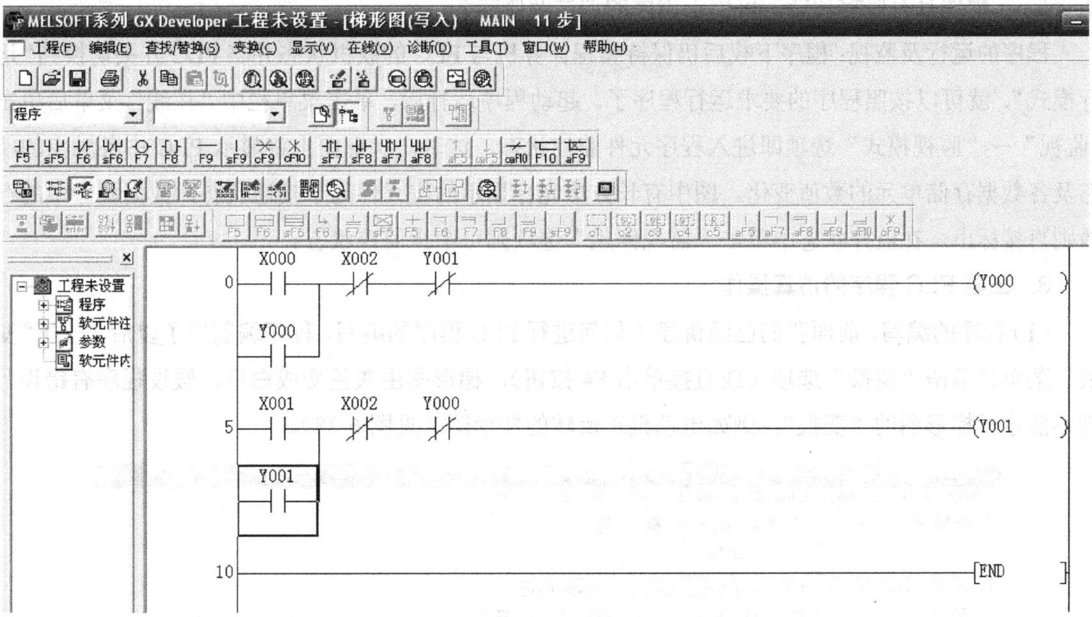

图6-36　电动机正反转梯形图

（4）PLC 程序的下载。程序编辑完成后需下载到 PLC 中运行．这时需选单击菜单栏中“在线”莱单，在下拉菜单中再选“PLC 写入”选项即可将编辑完成的程序下载到 PLC 中，在线莱单中的“PLC 读取”命令则用于将 PLC 中的程序读入到计算机中检查修改。PLC 中一次只能存入一个程序，下载新程序后，旧有的程序即行删除，如图 6-37 所示。

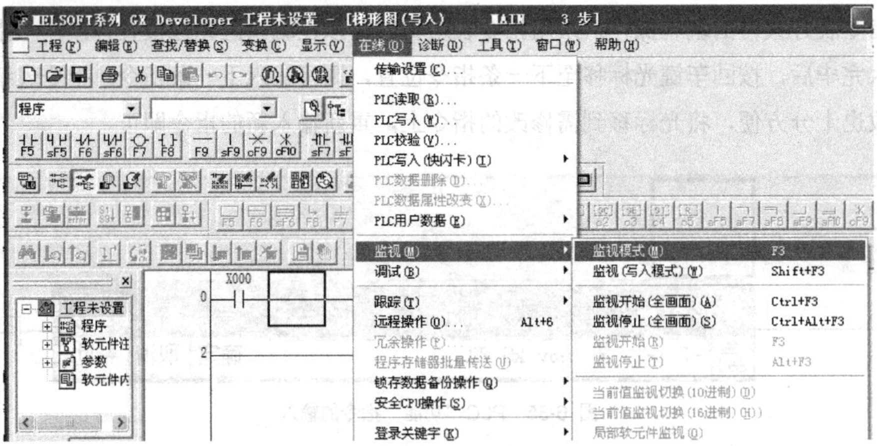

图 6-37　GX Developer软件　程序下载

（5）程序的调试及运行监控。程序的调试及运行监控是程序开发的重要环节，很少有程序一经编制就是完善的，只有经过试运行甚至现场运行才能发现程序中不合理的地方并且进行修改。GX Developer 软件具有监控功能，可用于程序的调试及监控。

程序的运行及监视：程序下载后仍保持编程计算机与 PLC 的联机状态并将 PLC 开关切换到“运行模式”，就可以按照程序的要求运行程序了。起动程序运行后，单击菜单栏中“在线”菜单后单击“监视”→“监视模式”选项即进入程序元件监控状态，这时，梯形图上将显示 PLC 中各触点的状态及各数据存储单元的数值变化。图中有长方形光标显示的位元件处于接通状态，数据元件中的存数则直接标出。在监控状态中单击“监视停止”选项则可中止监控状态。

3. 三菱 PLC 程序的仿真操作

（1）程序的编写。前面我们已经讲述了如何进行 PLC 程序的编写，程序编制好了以后，打开“变换”菜单栏单击“变换”选项（或直接单击 F4 按钮），梯形图由灰色变成白色，假设程序有错误，则不能进行梯形图的“变换”。例如电动机正反转的梯形图（见图 6-38）。

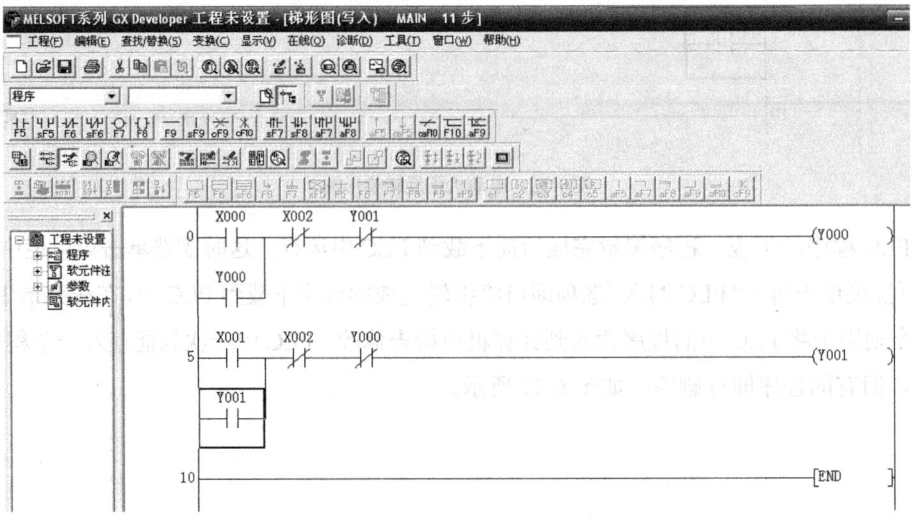

图 6-38　电动机正反转梯形图

（2）程序的仿真操作。单击“梯形图逻辑测试起动/结束”按钮，如图 6-39 所示。

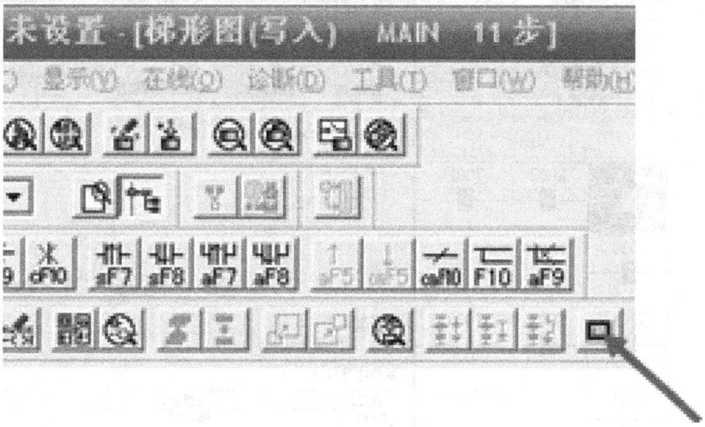

图 6-39　逻辑测试起动/结束按钮

PLC 软件进入运行状态，RUN 变成黄色（颜色可以更改），如图 6-40 所示，单击右键，进行软元件测试，将 X000 强制设置为 ON 即模拟电动机正转起动，我们发现 Y000 立刻变成蓝色，说明 Y000 动作了，模拟电动机起动。当设置 X002 为 ON 时，Y000 就失电，说明电动机停止。这样软件就进行了 PLC 控制电动机正转起停的仿真，如图 6-41 所示。电动机反转起动和停止的仿真也是如此。

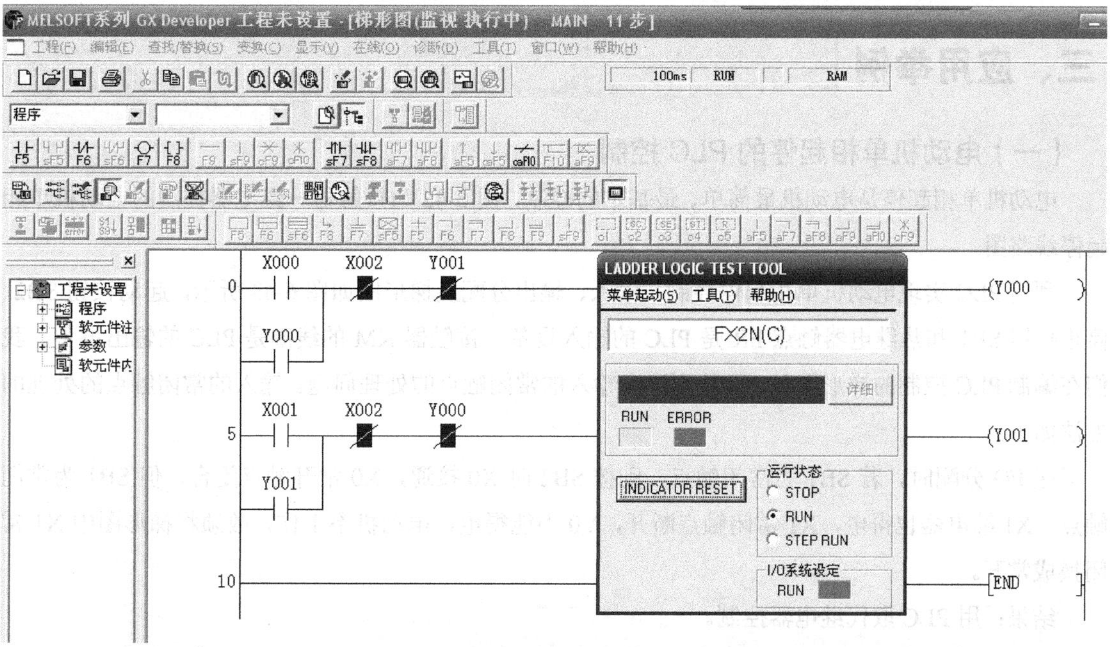

图6-40　GX Developer仿真软件为“RUN”状态

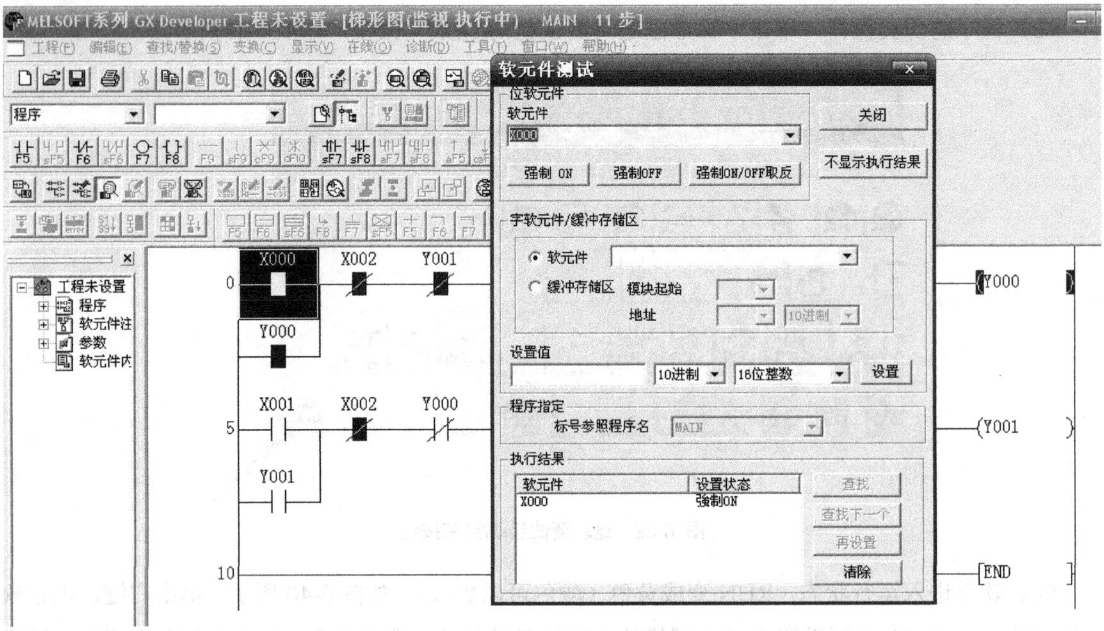

图6-41 GX Developer仿真电动机正反转

仿真结束，再单击“梯形图逻辑测试起动/结束”按钮结束GX软件的仿真，又可以进行梯形图程序的编写、修改和保存等操作。

三、应用举例

（一）电动机单相起停的PLC控制

电动机单相起停是电动机最简单、最基本的控制，图6-42为接触器—继电器控制的电动机单相起停线路图。

利用PLC实现电动机单相起停控制。输入、输出分配及梯形图如图6-43所示，起动按钮SB2、停止按钮SB1和热继电器触点FR是PLC的输入设备，接触器KM的线圈是PLC的输出设备。我们在编制PLC控制的梯形图时，要特别注意输入的常闭触点的处理问题。输入的常闭触点的处理的方法如下。

在I/O分配时，若SB1为常闭触点，则按SB2时X0接通，X0常开触点闭合，但SB1为常闭触点，X1继电器也得电，X1常闭触点断开，Y0不能得电，电动机不工作，故须将梯形图中X1常闭换成常开。

结果：用PLC取代继电器控制。

若输入的常闭触点在I/O分配中为常开，则梯形图与原继电器原理图一致，用常闭触点。

若输入的常闭触点在I/O分配中为常闭，则梯形图与原继电器原理图相反，用常开触点。

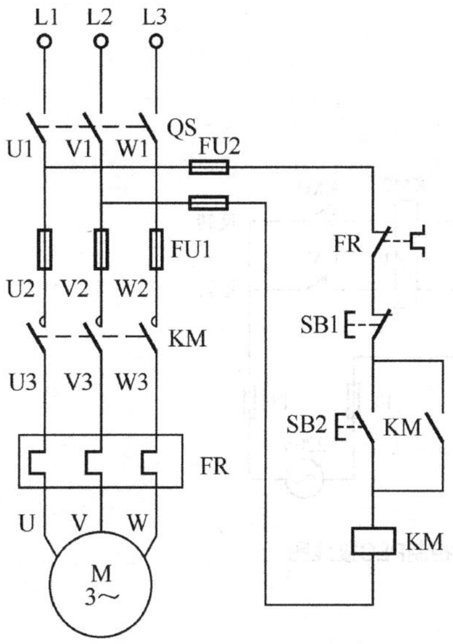

图6-42　异步电动机单相起停电气控制线路图

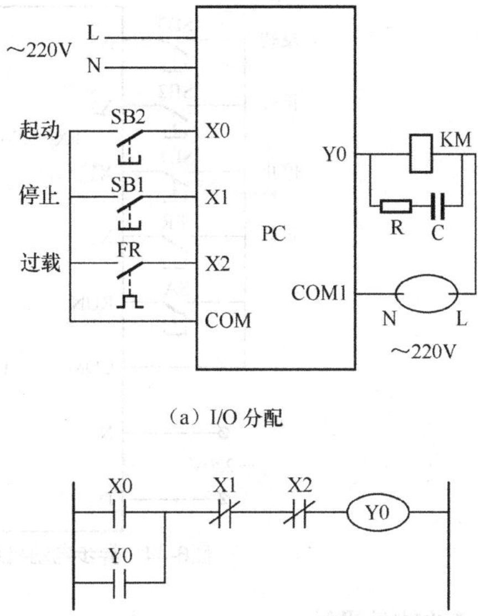

（a）I/O 分配

（b）梯形图

图6-43　输入、输出分配及梯形图

（二）电动机正反转 PLC 控制系统

电动机正反转的电气控制线路如图 6-2 所示，利用 PLC 实现电动机正反转控制，要求完成 PLC 的硬件和软件设计，按下正转按钮 SB2，KM1 线圈得电，KM1 主触头闭合，电动机 M 正转起动，按下停车按钮 SB1，KM1 线圈失电，电动机 M 停车；按下反转按钮 SB3，KM2 线圈得电，KM2 主触头闭合，电动机 M 反转起动，按下停车按钮 SB1，KM2 线圈失电，电动机 M 停车。

1．系统的硬件设计

PLC 控制系统的硬件包括设计主电路，仍然为如图 6-2 所示的主电路，PLC 输入输出信号与 PLC 地址编号对照表见表 6-6，系统的 I/O 硬件接线图如图 6-44 所示，为了正反转接触器同时得电，在 PLC 的 I/O 分配图输出端 KM1 和 KM2 采用了硬件互锁控制。

表 6-6　　输入输出信号与 PLC 地址编号对照表

输入信号			输出信号		
名称	功能	编号	名称	功能	编号
SB2	正转	X2	KM1	正转	Y0
SB3	反转	X3	KM2	反转	Y1
SB1	停止	X1			
FR	过载	X0			

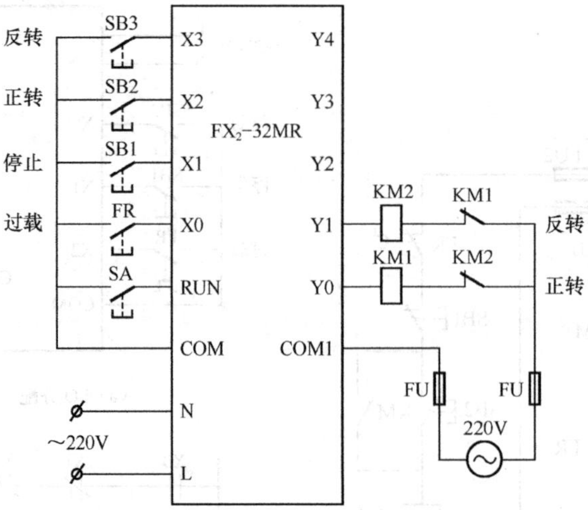

图6-44 异步电动机正反转控制PLC接线图

2. 系统的软件设计

PLC软件设计要设计梯形图和编写程序，梯形图和程序如图6-45所示。

在梯形图中，正反转线路一定要有联锁，否则按SB2、SB3则KM1、KM2会同时输出，引起电源短路。

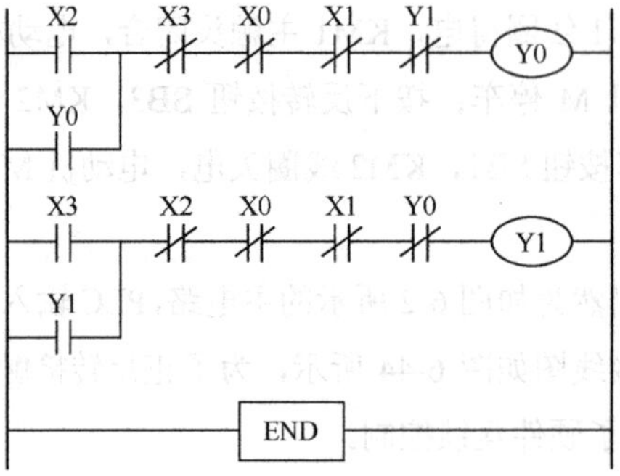

（a）梯形图

0	LD	X2	11	ANI	X1
1	OR	Y0	12	ANI	Y0
2	ANI	X3	13	OUT	Y1
3	ANI	X0	14	END	
4	ANI	X1			
5	ANI	Y1			
6	OUT	Y0			
7	LD	X3			
8	OR	Y1			
9	ANI	X2			
10	ANI	X0			

（b）指令表

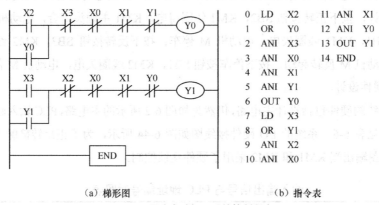

图6-45 异步电动机正反转控制程序

（三）工作台自动往返PLC控制系统

工作台自动往返在生产中被经常使用，如刨床工作台的自动往返、磨床工作台的自动往返。图6-46是某工作台自动往返工作示意图。工作台由异步电动机拖动，电动机正转时工作台前进；前进到A点碰到位置开关SQ1，电动机反转工作台后退，后退到B处压SQ2，电动机正转工作台又前进，到A点又后退，如此自动循环，实现工作台在A、B两处自动往返。

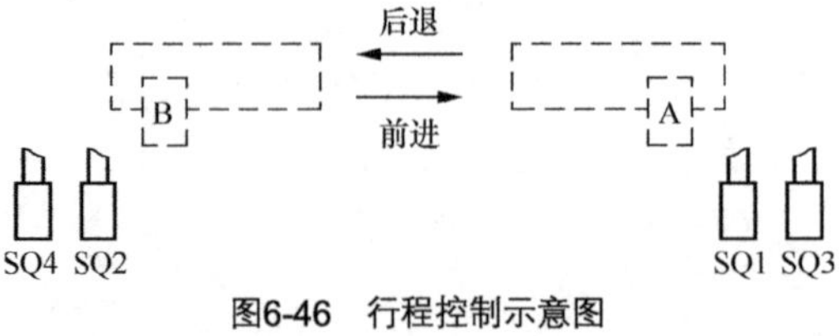

图6-46 行程控制示意图

1. 系统的硬件设计

图 6-47 所示为工作台自动往返的 PLC 控制的硬件设计。电动机带动工作台自动往返，要求电动机来回运动实现正反转，故 PLC 控制自动往返的主电路就是电动机正反转主电路。如图 6-47（a）所示为主电路。PLC 的硬件接口设计为输入、输出接线图设计，根据电动机工作台自动往返控制要求，按钮、开关和位置开关都是输入，要求有 8 个输入点，2 个输出点，系统的 I/O 接线图如图 6-47（b）所示，为了防止正反转接触器同时得电，在 PLC 的 I/O 分配图输出端 KM1 和 KM2 采用了硬件互锁控制。

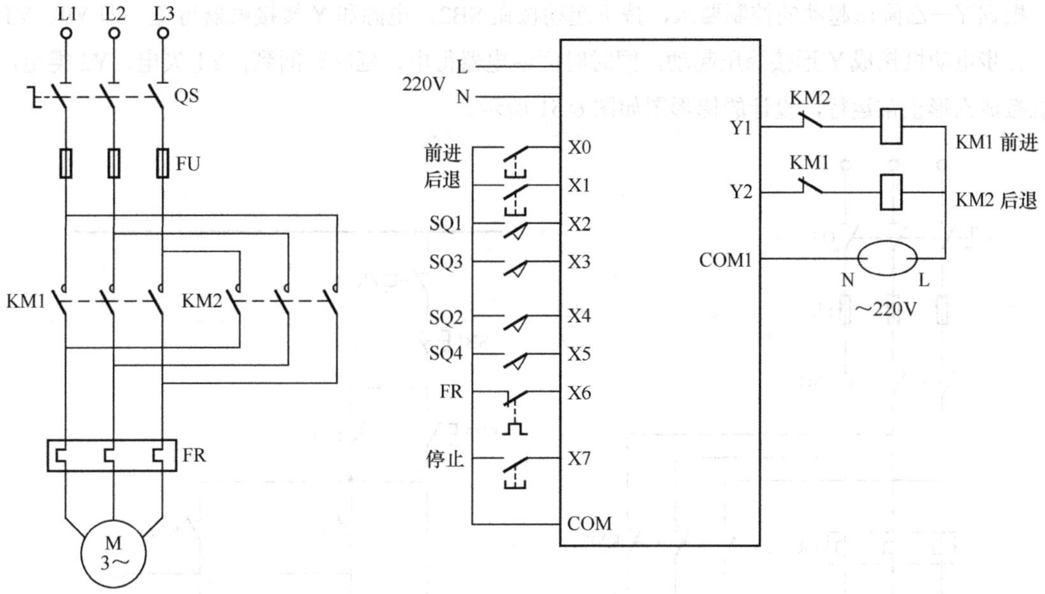

（a）主电路　　（b）I/O 分配图

图6-47　自动往返PLC硬件接线图

2. 系统的软件设计

图 6-48 就是工作台自动往返的 PLC 控制的梯形图。在梯形图中，Y1、Y2 常闭实现正反转软件互锁，X7、X6 实现停车和过载保护，X3 和 X5 实现工作台两边的限位保护。

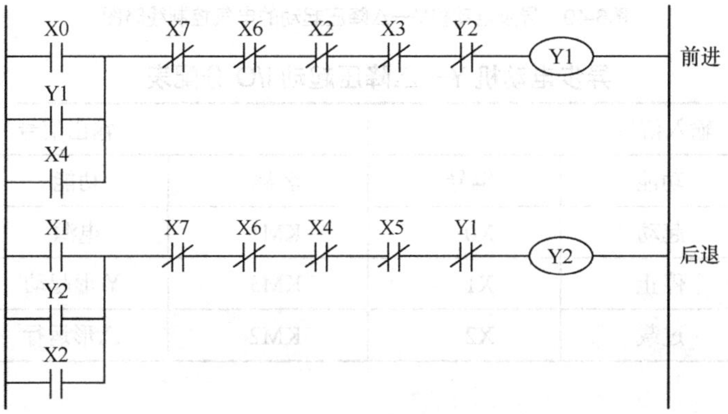

图6-48　工作台自动往返PLC控制程序

（四）三相异步电动机的Y—△降压起动PLC控制系统

异步电动机Y—△降压起动是应用最广泛的起动方式，图6-49所示为异步电动机Y—△降压起动的电气控制线路图，现在我们要用PLC控制来实现。

1. 硬件设计

（1）设计主电路。主电路仍然是电气控制的主电路，如图6-49（a）所示。

（2）设计输入输出分配，编写元件I/O分配表见表6-7，PLC接线图如图6-50所示。

2. 软件设计

根据Y—△降压起动的控制要求，按下起动按钮SB2，电源和Y接接触器得电，即Y0、Y1得电，异步电动机接成Y形接降压起动，同时时间继电器得电，延时时间到，Y1失电、Y2得电，电动机接成△形正常运行，设计的梯形图如图6-51所示。

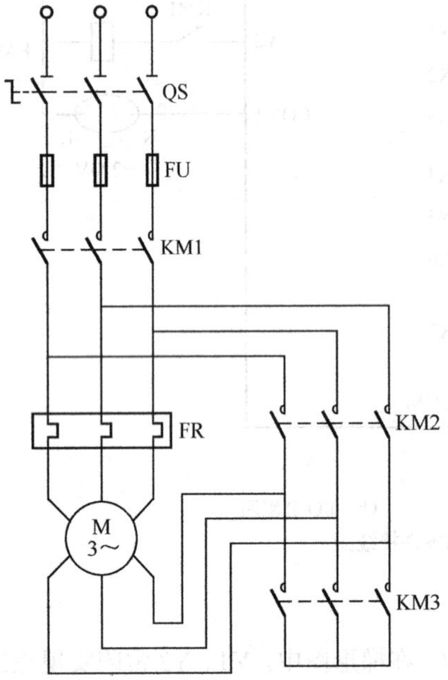

（a）主电路

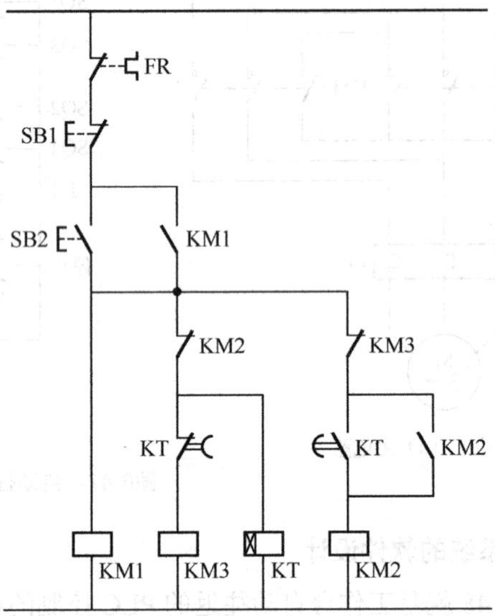

（b）控制电路

图6-49 异步电动机Y—△降压起动的电气控制线路图

表6-7 异步电动机Y—△降压起动I/O分配表

输入信号			输出信号		
名称	功能	编号	名称	功能	编号
SB2	起动	X0	KM1	电源	Y1
SB1	停止	X1	KM3	Y形起动	Y2
FR	过载	X2	KM2	△形运行	Y3

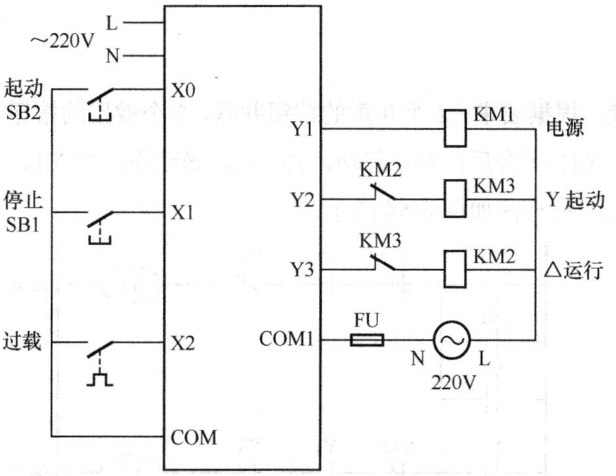

图6-50　异步电动机Y—△降压起动PLC接线图

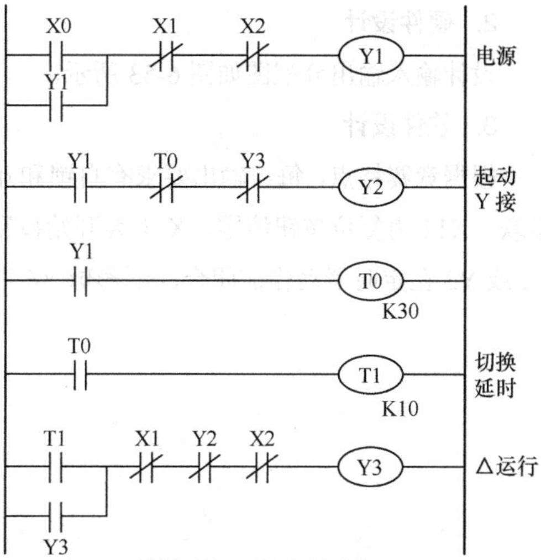

图6-51　异步电动机Y—△降压起动梯形图

（五）抢答器 PLC 控制系统

1. 控制要求

图 6-52 所示为三组抢答器示意图，参加人员有儿童、学生和教授，抢答要求如下。

（1）竞赛者若要回答主持人所提问题时，需抢先按下桌上的按钮。

（2）指示灯亮后，需等到主持人按下复位键 PB4 后才熄灭．为了给参赛儿童一些优待，PB11 和 PB12 中任一个按下时，灯 L1 都亮。而为了对教授组做一定限制，L3 只有在 PB31 和 PB32 键都按下时才亮。

（3）如果竞赛者在主持人打开 SW 开关的 10s 内压下按钮，电磁线圈将使彩球摇动，以示竞赛者得到一次幸运的机会。

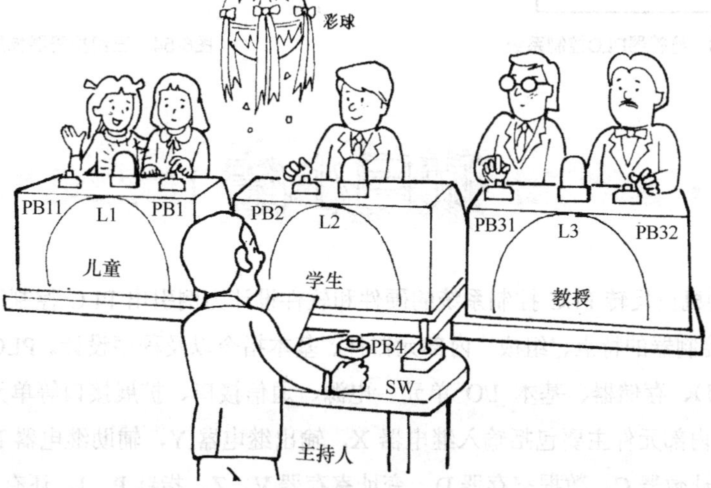

图6-52　三组抢答器示意图

2. 硬件设计

设计输入输出分配图如图 6-53 所示。

3. 软件设计

根据竞赛特点，每组输出要求有自锁和互锁，根据要求，2 个儿童的按钮并联，2 个教授的按钮串联。X12 为复位按钮清零，X11 为开始按钮。X11 闭合后，T10 起动，10s 定时器动作，如 Y1、Y2 或 Y3 在定时器动作前闭合，则彩球 Y4 摇动，梯形图如图 6-54 所示。

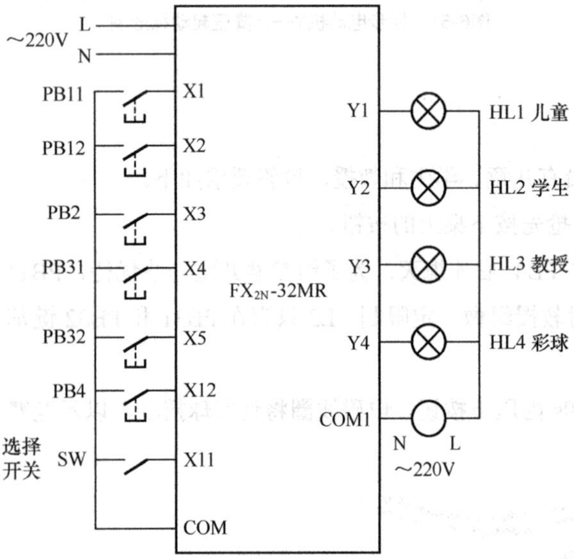

图6-53 抢答器PLC控制系统

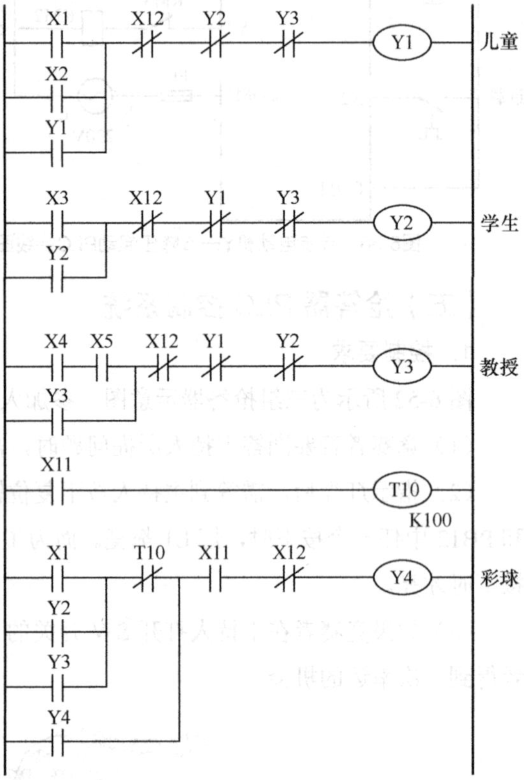

图6-54 三组抢答器梯形图

项目小结

本项目以电动机正反转 PLC 控制系统的硬件和软件设计为例引出 PLC 控制系统，讲述了三菱 FX_{2N} 系列可编程控制器的特点、组成、内部元器件、基本指令以及程序设计。PLC 内部组成主要由中央处理器（CPU）、存储器、基本 I/O 单元、电源、通信接口、扩展接口等单元部件组成。三菱 FX_{2N} 系列 PLC 的内部元件主要包括输入继电器 X，输出继电器 Y，辅助继电器 M，顺序控制继电器 S，定时器 T，计数器 C，数据寄存器 D，变址寄存器 V、Z，指针 P、I，还有常数 K、H 等。

本项目讲述了完成这项任务所需的三菱 FX_{2N} 系列 PLC 基本指令：取指令及线圈驱动指令 LD、

LDI、OUT；脉冲取指令 LDP、LDP；或脉冲 ORP、FORF；与脉冲 ANDP、ANDF；触点串联指令 AND、ANI；触点并联指令 OR、ORI；块指令 ANB、ORB；栈指令 MPS、MRD、MPP 以及结束指令 END。还介绍了三菱编程软件和三菱仿真软件及使用操作方法，用户可以利用它完成梯形图的编辑、程序的上载、下载、程序的运行和仿真，还可以监视系统的工作状态。

PLC 程序设计主要是系统的硬件设计、软件设计和系统调试，硬件设计包括设计主电路和输入输出分配，软件设计包括设计梯形图和编写程序，系统调试分为实验室调试和现场调试。

讲述了 PLC 的基本知识，本项目重点讲述了用三菱 FX_{2N} 系列 PLC 完成电动机正反转、工作台自动往返、异步电动机的 Y—△降压起动、抢答器的 PLC 控制系统的硬件、软件设计以及系统调试运行。

习题及思考

1. PLC 的特点？PLC 主要应用在哪些领域。
2. PLC 有哪几种输出类型，哪种输出形式的负载能力最强？输出继电器为什么分组？
3. PLC 的工作原理是什么？
4. 三菱 FX_{2N} PLC 内部主要由哪几部分组成？
5. 梯形图与继电—接触器控制原理图有哪些相同和不同？
6. 写出用三菱编程软件将梯形图下载到电脑的步骤。
7. 编程时，如何进行读、写、插、删、修改等操作？
8. 程序编写完毕，如何进行程序的模拟调试？
9. 三菱 FX_{2N} PLC 有哪几种定时器？对它们执行复位指令后，它们的当前值和位的状态是什么？
10. 三菱 FX_{2N} PLC 有哪几种计数器？对它们执行复位指令后，它们的当前值和位的状态是什么？
11. 根据下列指令表程序，写出梯形图程序。

0	LD	X1
1	AND	X2
2	OR	X3
3	ANI	X4
4	OR	M1
5	LD	X5
6	AND	X6
7	OR	X10
8	ANB	
9	ORI	M3
10	OUT	Y2
11	END	

12. 写出如图 6-55 梯形图的程序。

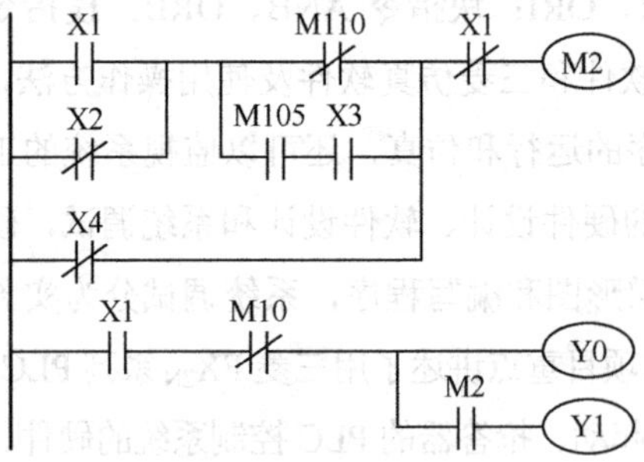

图6-55 题12梯形图

13. 分析图 6-56 中对应的 T0、M0、Y0 的时序图。

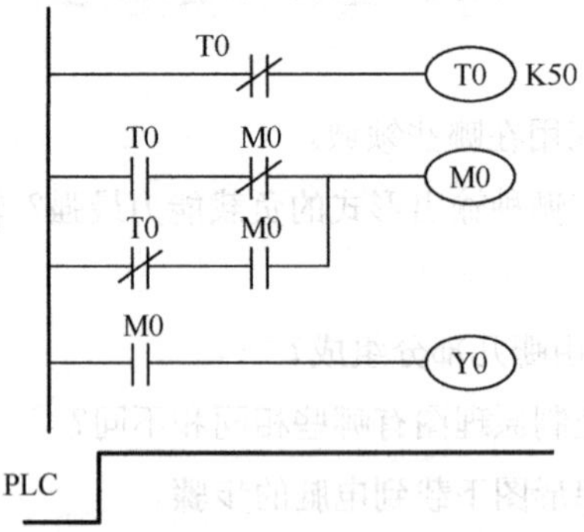

图6-56 题13梯形图

14. 试设计电动机点动—长车的 PLC 控制程序。

15. 试设计工作台自动往返在两边延时 5s 的 PLC 控制程序。

Chapter 7

项目七

自动门PLC控制系统

【学习目标】

1. 掌握置位与复位指令 SET、RST；脉冲信号指令 PLS、PLF 等基本指令的使用及编程方法。
2. 能熟练使用基本指令进行自动门 PLC 控制系统的硬件、软件设计和系统调试。
3. 能熟练进行电动机顺序起停、送料小车三点自动往返、通风机运转监视系统等的 PLC 的硬件、软件设计和系统调试。

一、项目导入

自动门在工厂、企业、军队系统、医院、银行、超市、酒店等行业应用非常广泛。图 7-1 所示为自动门控制示意图，它利用两套不同的传感器系统来完成控制要求。超声开关发射声波，当有人进入超声开关的作用范围时，超声开关便检测出物体反射的回波。光电开关由两个元件组成：内光源和接收器。光源连续地发射光束，由接收器加以接收。如果人或其他物体遮断了光束，光电开关便检测到这个人或物体。作为对这两个开关的输入信号的响应，PLC 产生输出控制信号去驱动门电动机，从而实现升门和降门。除此之外，PLC 还接收来自门顶和门底两个限位开关的信号输入，用以控制升门动作和降门动作的完成。要完成可编程控制器对自动门的控制设计，首先要学习以下相关知识。

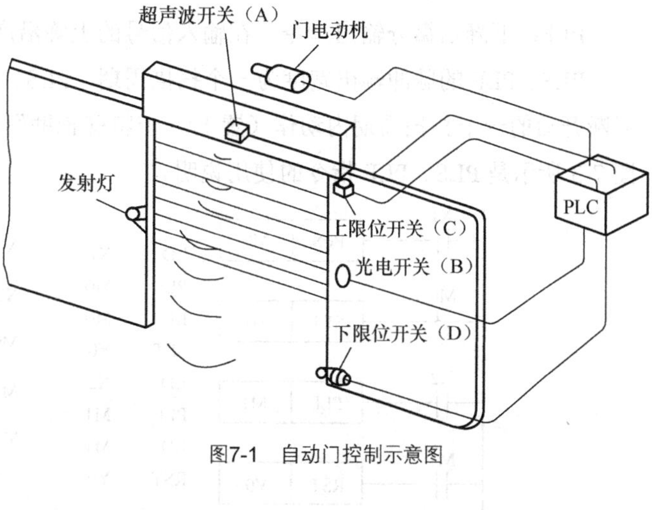

图7-1 自动门控制示意图

二、相关知识

（一）基本指令

1. 置位与复位指令SET、RST

SET：置位指令，驱动线圈、寄存器置“1”输出并保持。

RST：复位指令，使线圈、寄存器置“0”复位。

在前面学习了驱动线圈的输出OUT指令，是在输出条件满足时驱动输出，条件不满足时输出复位，而置位指令SET与复位指令RST则不同。通过图7-2所示比较使用线圈输出指令与置位、复位指令的不同之处。

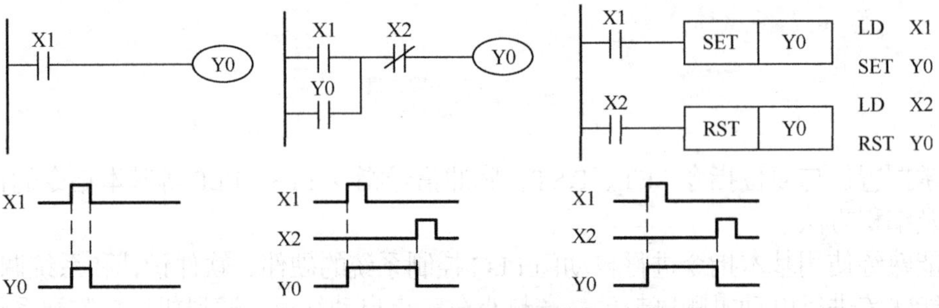

图7-2 SET与OUT指令使线圈Y0置位与保持的比较

从图7-2可知，X1接通后，SET指令使Y0置位并保持，即使X1断开Y0仍保持置位状态，直到使用RST指令才能使Y0复位；而使用OUT指令时，X1接通Y0输出，X1断开Y0复位，若要保持必须靠Y0的常开点来实现自锁。

SET、RST指令可以驱动Y、M、S、T、C元件，RST指令还可以使寄存器D、V、Z的内容清零。

2. 脉冲信号指令PLS、PLF

PLS：上升沿微分输出指令。在输入信号的上升沿产生一个扫描周期的脉冲输出。

PLF：下降沿微分输出指令。在输入信号的上降沿产生一个扫描周期的脉冲输出。

PLS、PLF的脉冲输出宽度为一个扫描周期，PLS、PLF可操作的元件Y、M，均在输入接通或断开后的一个扫描周期内动作（置1），但特殊辅助继电器M不能作为PLS、PLF的操作元件。图7-3所示是PLS、PLF指令的使用说明。

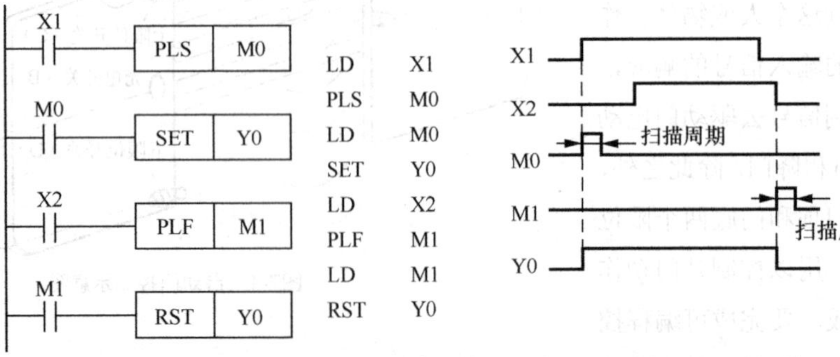

（a）梯形图　　（b）时序图

图7-3 PLS与PLF指令的使用说明

（二）定时/计数扩展程序

用定时器和计数器配合实现定时 5h（即 5×3600s）。

T0 为 100ms 定时器，定时范围为 0.1～3276.7s。

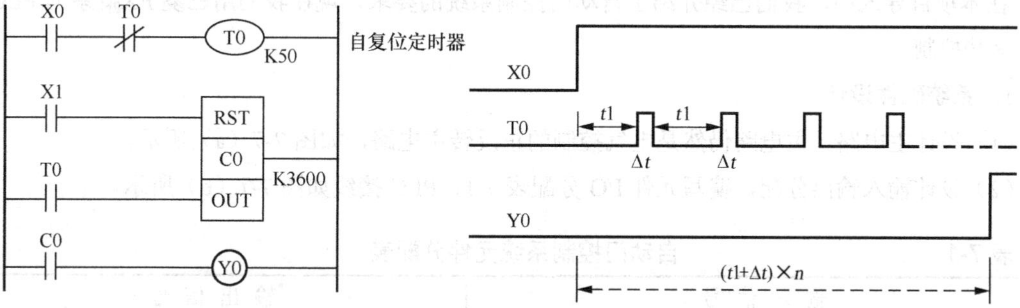

图7-4　梯形图

图 7-4 所示为用定时器和计数器配合来扩展定时和计数。T0 触点每 5s 接通一次，每次接通为一个扫描周期，C0 对这个脉冲进行计数，计到 3600 次，Y0（C0）接通。当 X0 闭合，一直到 Y0 输出延时时间为 5h 即（5×3600s），工作时序如图 7-4 所示。

（三）多谐震荡电路

图 7-5 为可调脉宽的多谐震荡梯形图。当输入 X0 接通后，T10 延时 5s 导通一个扫描周期Δ*t*，M10 在 X0 闭合后，产生导通 5s+Δ*t*，断开 5s+Δ*t*（近似导通 5s，断开 5s）的震荡电路。时间 5s 可以根据要求修改。

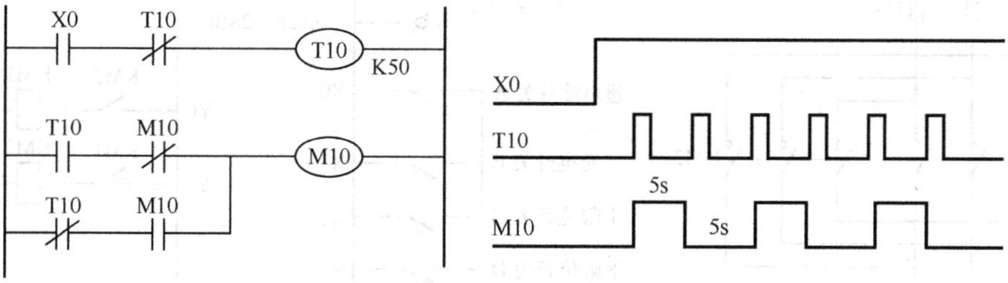

图7-5　可调脉宽的多谐震荡电路

图 7-6 所示为不同占空比的多谐震荡电路：当输入 X0 接通后，Y0 出现一个导通时间为 t_2+t，间断时间为 t_1 的脉冲，这个脉冲的宽度可通过改变这两个定时器的设定值加以改变。

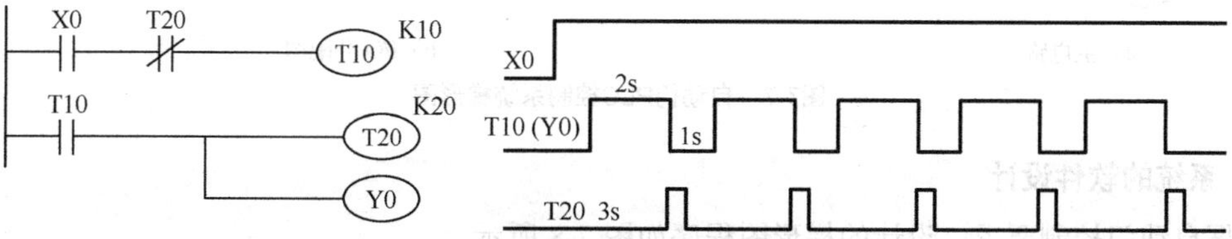

图7-6　不同占空比的多谐震荡电路

三、应用举例

（一）自动门 PLC 控制系统

在本项目导入中，我们已经介绍了自动门控制系统的要求，现在我们用三菱 FX_{2N} 系列 PLC 来实现这些控制。

1．系统硬件设计

（1）设计主电路。主电路仍然是电气控制的正反转主电路，如图 7-7（a）所示。

（2）设计输入输出分配，编写元件 I/O 分配表 7-1，PLC 接线如图 7-7（b）所示。

表 7-1　　自动门控制系统元件分配表

输入信号			输出信号		
名称	功能	编号	名称	功能	编号
A	超声波开关	X0	KM1	升门	Y0
B	光电开关	X1	KM2	关门	Y1
C	上限位开关	X2			
D	下限位开关	X3			

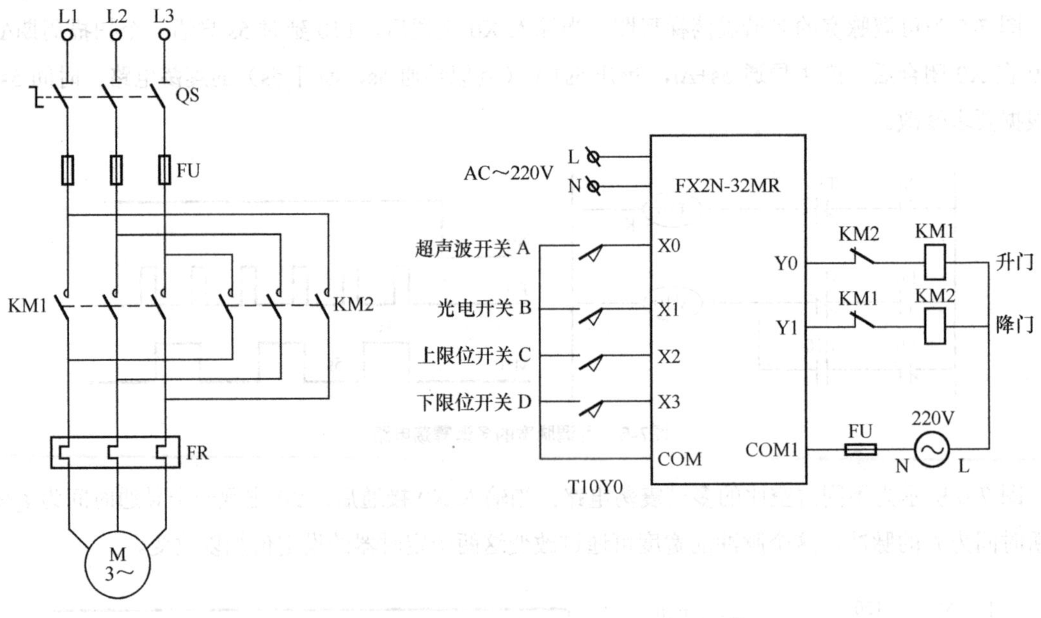

（a）主电路　　（b）I/O 分配图

图7-7　自动门PLC控制系统梯形图

2．系统的软件设计

根据自动门控制要求，设计的梯形图程序如图 7-8 所示。

当超声开关检测到门前有人时，X0 动合触点闭合，升门信号 Y0 被置位，升门动作开始。当升门到位时，门顶限位开关动作，X2 动合触点闭合，升门信号 Y0 被复位，升门动作完成。当人进入到大门遮断光电开关的光束时，光电开关 X1 动作，其动合触点闭合。人继续进入大门后，接收器重新接收到光束，X1 触点由闭合状态变化为断开状态，此时 ED 指令在其后沿使 M0 产生一脉冲信号，降门信号 Y1 被置位，降门动作开始。当降门到位时，门底限位开关动作，X3 动合触点闭合，降门信号 Y1 被复位，降门动作完成。当再次检测到门前有人时，又重复开始动作。

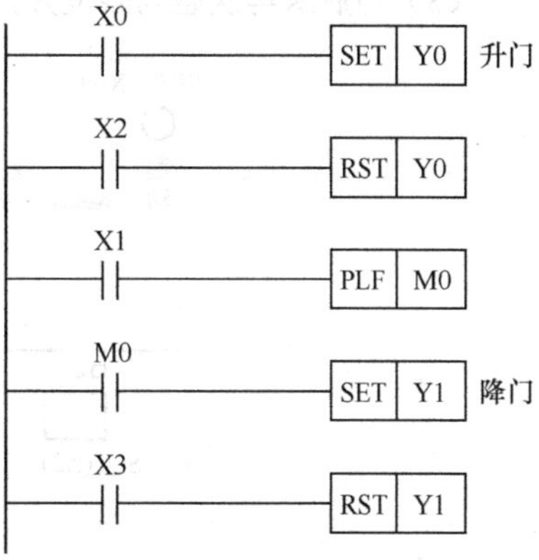

图7-8 自动门控制梯形图

（二） 两台电动机顺序起停 PLC 控制

1. 两台电动机顺序起停控制要求

2 台电动机相互协调运转，其动作要求时序图如图 7-9 所示。M1 运转 10s，停止 5s，M2 与 M1 相反，M1 运行，M2 停，M2 运行，M1 停，如此反复动作 3 次，M1、M2 均停止。

2. 硬件设计

按要求设计的梯形图如图 7-10 所示。

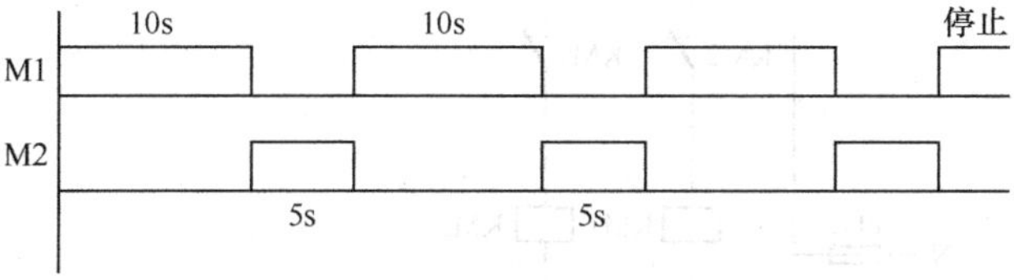

图7-9 两台电动机顺序控制时序图

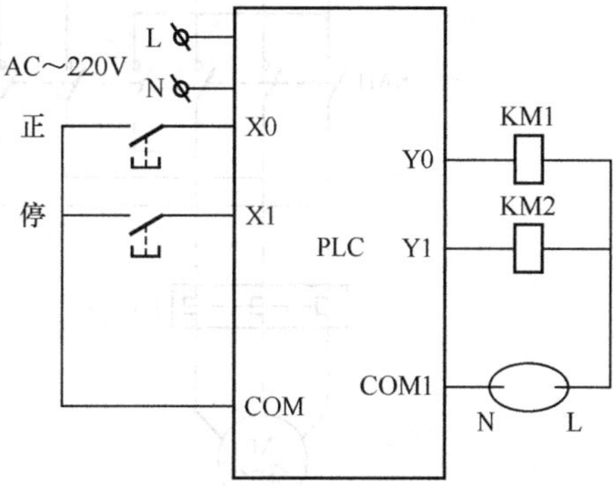

图7-10 两台电动机顺序I/O分配

3. 软件设计及调试

按照要求设计的梯形图如图 7-11 所示。按下 X0，M0 通，T2、T2 组成多谐振荡器，使 Y0 得到通断间隔的输出，其通时间为 10s，断时间为 5s，即使 M1 运转 10s，停止 5s，Y0 的常闭触点使 Y1 状态正好与 Y0 相反，Y0 的常开触点为计数器的输入，使 M1、M2 反复动作 3 次后停车。

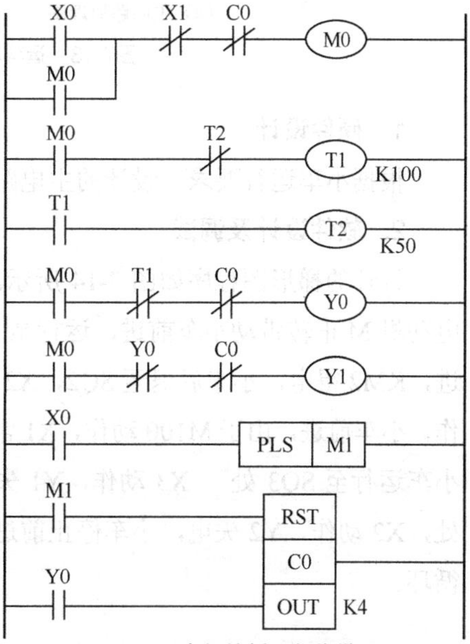

图7-11 三电机的循环起停梯形图

（三）送料小车三点自动往返 PLC 控制

图 7-12 为某运料小车三点自动往返控制示意图，其一个工作周期的控制工艺要求如下。

（1）按下起动按钮 SB，台车电机 M 正转，台车前进，碰到限位开关 SQ1 后，台车电机反转，台车后退。

（2）台车后退碰到限位开关 SQ2 后，台车电机 M 停转，停 5s，第二次前进，碰到限位开关 SQ3，再次后退。

（3）当后退再次碰到限位开关SQ2时，台车停止。延时5s后重复上述动作。

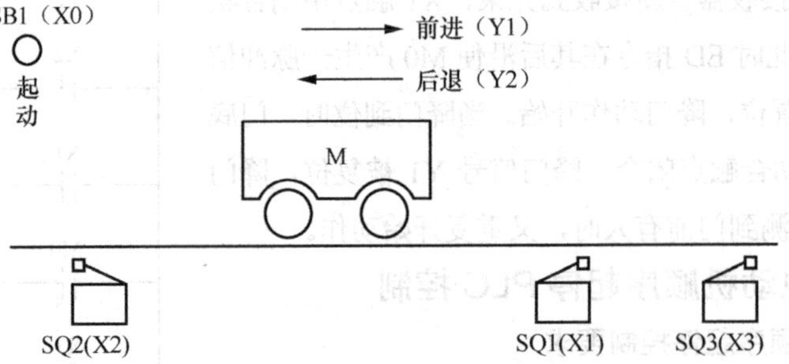

图7-12 运料小车往返运行示意图

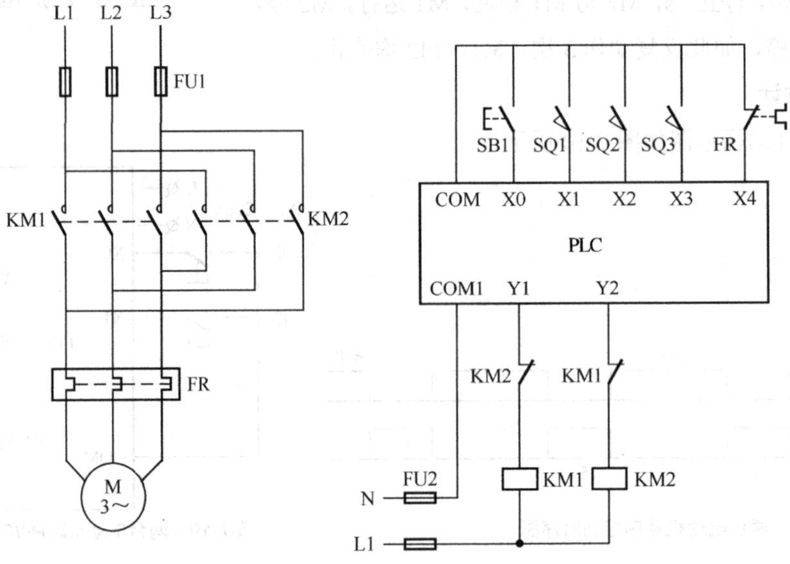

（a）主回路原理图　　（b）系统接线图

图7-13 运料小车往返运行PLC控制主电路和I/O分配图

1. 硬件设计

根据小车运行要求，设计的主电路和I/O分配如图7-13所示。

2. 软件设计及调试

设计的梯形图程序如图7-14所示。按下起动按钮SB1，X0闭合，Y1得电自锁，KM1得电，电动机M正转带动小车前进，运行至SQ1处，X1动作，Y1失电，M100和Y2得电，小车停止前进，KM2得电，小车后退至SQ2，X2动作，Y2失电，KM2失电，定时器T0延时5s动作，Y1动作，小车前进，由于M100动作，X1常闭点被短接，小车运行至SQ1处，Y1不失电，小车不停止，小车运行至SQ3处， X3动作，Y1失电Y2得电，M停止前进，接通后退回路，小车后退至SQ2处，X2动作，Y2失电，小车停止前进，接通T0延时5s动作，小车又开始前进，重复前面动作，循环。

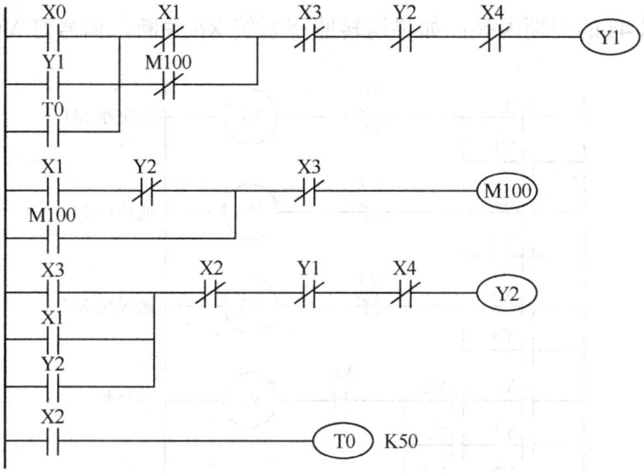

图7-14　运料小车往返运行PLC控制梯形图

（四）通风机运转监视系统的 PLC 控制

某通风机运转监视系统，如果 3 台通风机中有 2 台在工作，信号灯就持续发亮，如果只有 1 台风机工作，信号灯就以 2s 的周期闪亮，如果 3 台风机都不工作，信号灯就以 4s 的周期闪亮；如果运转监视系统关断，信号灯就停止运行，用 PLC 控制实现。

1. 硬件设计

根据系统要求，设计的 I/O 分配如图 7-15 所示。

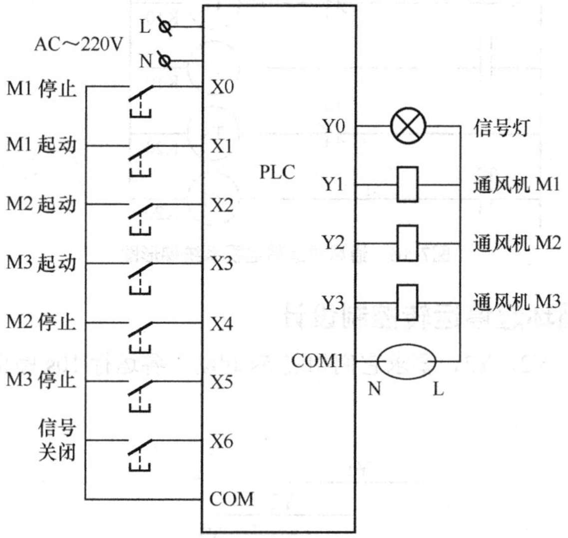

图7-15　通风机运转监视系统I/O分配图

2. 软件设计及调试

设计的梯形图程序如图 7-16 所示，X1、X0 控制通风机 M1 的起停；X2、X4 控制通风机 M2 的起停；X3、X5 控制通风机 M3 的起停，T1、T2 组成周期为 2s 的振荡电路，T3、T4 组成周期为 4s 的振荡电路。当 3 台通风机中有 2 台在工作，信号灯 Y0 就持续发亮；如果只有 1 台风机工作，则 M0 置 1，M0 与 T1 控制信号灯就以 2s 的周期闪亮；如果 3 台风机都不工作，则 M1 置 1，M1

与T3控制信号灯就以4s的周期闪亮；如果运转监视系统X6关断，信号灯Y0就停止运行。

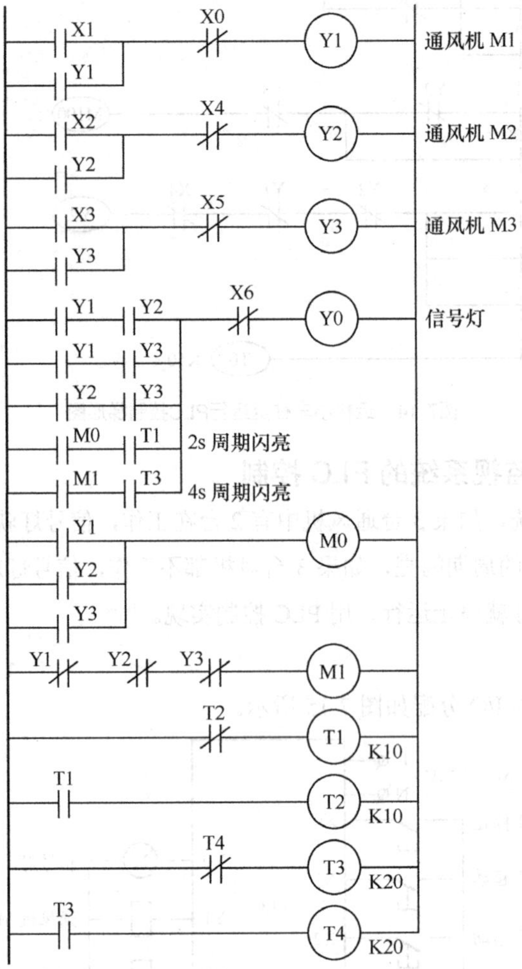

图7-16 通风机运转监视系统梯形图

（五）三电机的循环起停运转控制设计

3台电动机接于Y1、Y2、Y3，要求它们相隔5s起动，各运行10s停止并循环，工作时序如图7-17所示。

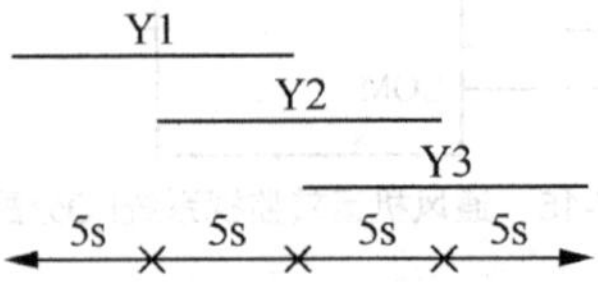

图7-17 3台电机控制时序图

分析时序图，我们发现电机Y1、Y2、Y3的控制逻辑和间隔5s一个的“时间点”有关，每个“时间点”都有电机起停。因而用程序建立这些“时间点”是程序设计的关键。由于本例时间间隔相等，“时间点”的建立可借助震荡电路及计数器。设X0为电机运行开始的时刻，让定时器T0实现震荡，再用计数器 C0、C1、C2、C3 作为一个循环过程中的时间点。循环功能是通过 C3 常开触点将全部计数器复位来实现的。时间点建立之后，用这些点来表示输出的状态就十分容易。按要求设计的梯形图如图 7-18 所示。

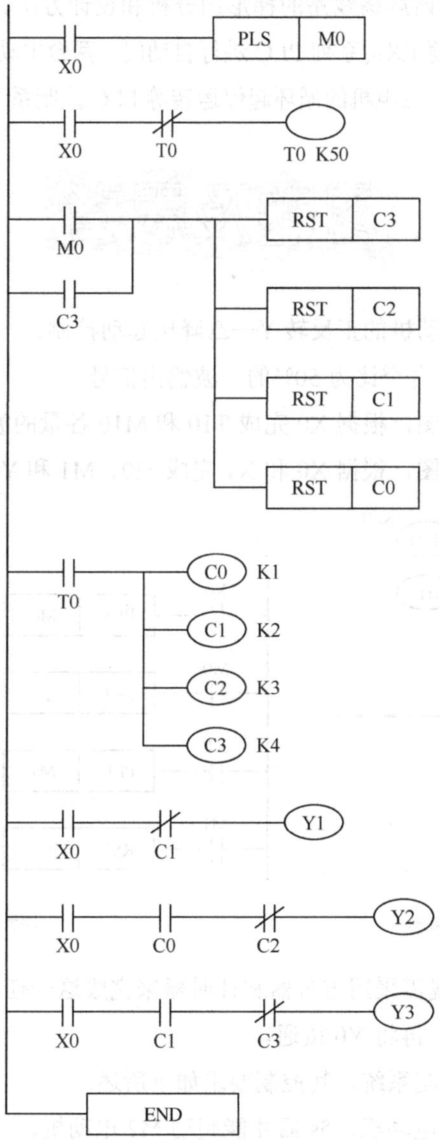

图7-18　三电机的循环起停梯形图

项目小结

本项目以自动门 PLC 控制系统的设计为例引出置位与复位指令 SET、RST，脉冲信号指令 PLS、PLF 等基本指令的格式、功能和使用方法。

SET 置位指令驱动线圈动作并保持；RST 复位指令使线圈、寄存器置“0”；PLS 上升沿微分输出指令，在输入信号的上升沿产生一个扫描周期的脉冲输出；PLF 下降沿微分输出指令，在输入信号的下降沿产生一个扫描周期的脉冲输出。不仅讲述了这些基本指令，还讲述了扩展定时/计数的梯形图方法、可调脉宽多谐震荡线路的梯形图分析和设计方法。

本项目还重点讲述了以三菱 FX_{2N} 系列 PLC 进行自动门、两台电动机顺序起停、送料小车三点自动往返、通风机运转监视系统、三电机的循环起停运转等 PLC 控制系统的软硬件设计和安装调试。

习题及思考

1．试用 PLC 实现异步电动机的正反转 Y—△降压起动控制。

2．设计一个周期为 10s，占空比为 50%的方波输出信号。

3．分析图 7-19 所示梯形图，根据 X0 完成 T10 和 M10 各量的波形图。

4．分析图 7-20 所示梯形图，根据 X0 和 X1 完成 M0、M1 和 Y0 的波形。

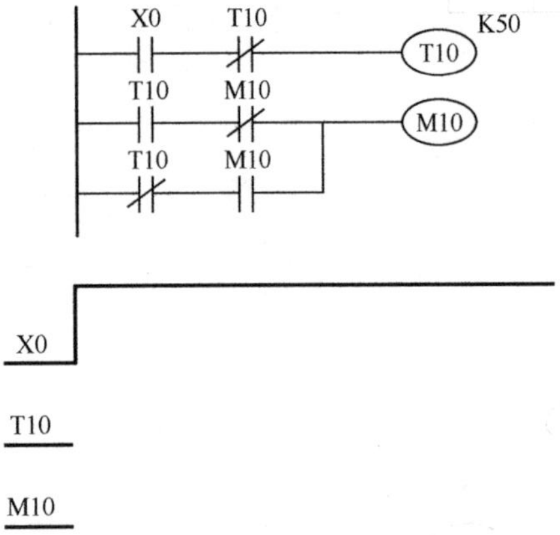

图7-19　题3梯形图

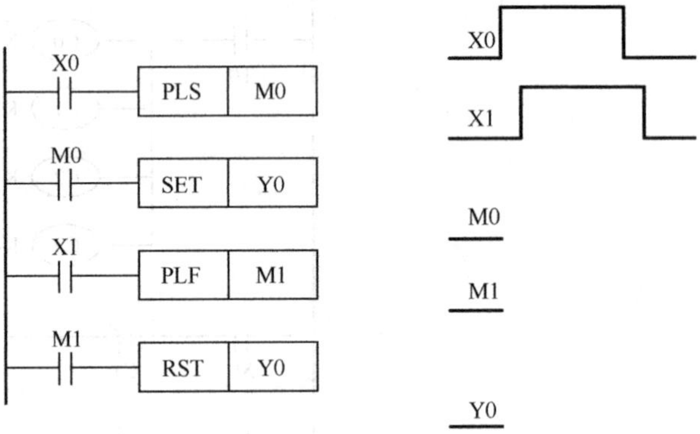

图7-20　题4梯形图

5．为了扩大延时范围。现需采用定时器和计时器来完成这一任务，试设计这一定时电路。要求在 X0 接通以后延时 1400s，再将 Y0 接通。

6．试用 PLC 设计一个控制系统，其控制要求如下所述。

（1）开机时，先起动 M1 电动机，5s 后才能起动 M2 电动机。

（2）停止时，先停止 M2 电动机，2s 后才能起动 M1 电动机。

Chapter

8

项目八

十字路口交通灯 PLC 控制系统

【学习目标】

1. 掌握状态转移图的编程思想及应用。
2. 掌握步进指令的使用及编程方法。
3. 掌握单流程、选择性分支和汇合、并行分支汇合顺序功能图的编程方法及应用。
4. 能根据顺序控制系统的要求编写状态转移图和步进梯形图。
5. 能熟练利用编程软件编制、下载及运行程序。
6. 能利用状态转移图完成送料小车、自动剪板机、大小球分拣、物料混合、交通灯、洗衣机等顺序控制系统的软硬件设计与运行调试。

一、项目导入

某十字路口南北和东西方向均设有红、黄、绿三色信号灯，如图 8-1 所示。交通灯按一定的顺序交替变化，图 8-2 是交通灯变化时序图。

交通灯控制要求如下。

（1）按下起动按钮 SB2 时，交通灯系统开始工作，红、绿、黄灯按一定时序轮流发亮。

（2）东西方向绿灯亮 20s 后闪 3s 灭，黄灯亮 2s 灭，红灯亮 25s 灭，绿灯亮 20s 灭，如此反复循环。

（3）东西绿灯、黄灯亮时，南北红灯亮 25s；东西红灯亮时，南北绿灯亮 20s 后闪 3s 灭，黄灯亮 2s 后灭，然后循环。

（4）按下停止按钮 SB1 时，所有交通灯熄灭。

交通灯的变化过程也可以转化成流程图，如图 8-3 所示。在每个阶段，系统都处于不同的状态，要用 PLC 完成对交通灯的控制设计，首先要学习 PLC 顺序控制指令等相关知识。

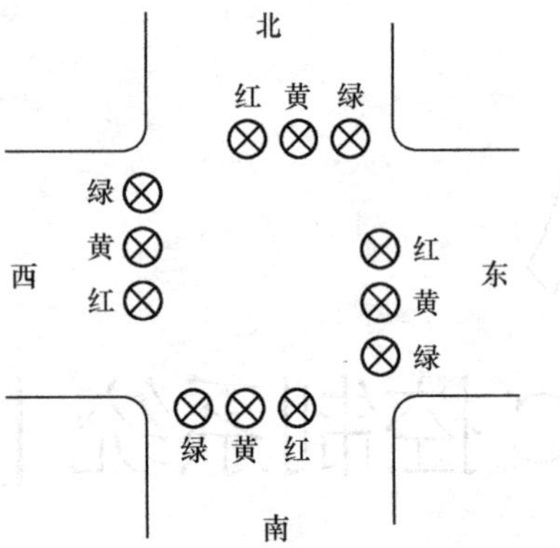

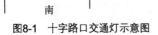

图8-1 十字路口交通灯示意图

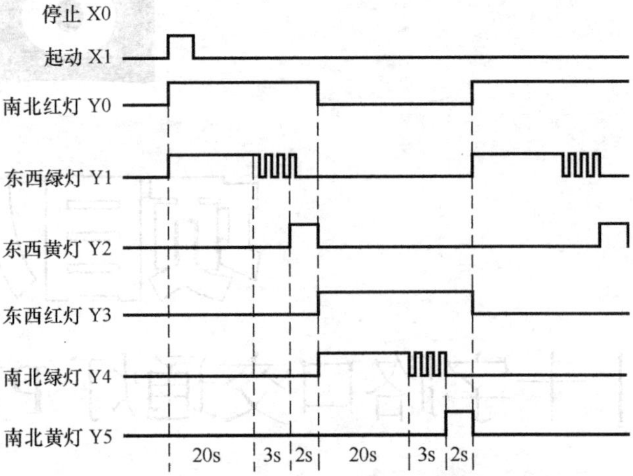

图8-2 十字路口交通灯时序图

二、相关知识

（一）状态转移图（SFC）

1. 状态转移图

状态转移图也称功能图。一个控制过程可以分为若干个阶段，这些阶段称为状态。状态与状态之间由转换分隔。相邻的状态具有不同的动作。当相邻两状态之间的转换条件得到满足时，就实现转换，即上面状态的动作结束而下一状态的动作开始，可用状态转移图描述控制系统的控制过程，状态转移图具有直观、简单的特点，是设计 PLC 顺序控制程序的一种有力工具。

状态器软元件是构成状态转移图的基本元件。FX_{2N} 系列 PLC 有状态器 1000 点（S0～S999）。FX_{2N} 系列 PLC 内部的状态继电器从 S0～S999 共 1000 点，都用十进制表示。

（1）初始状态器：S0～S9，10 点。

（2）通用状态器：S20～S499，480 点。

（3）保持状态器：S500～S899，400 点。

（4）诊断、报警用状态继电器：S900～S999，100 点。

图 8-4 是一个简单状态转移图实例。状态器用框图表示。框内是状态器元件号，状态器之间用有向线段连接。其中从上到下、从左到右的箭头可以省去不画，有向线段上的垂直短线和它旁边标注的文字符号或逻辑表达式表示状态转移条件。旁边的线圈等是输出信号。

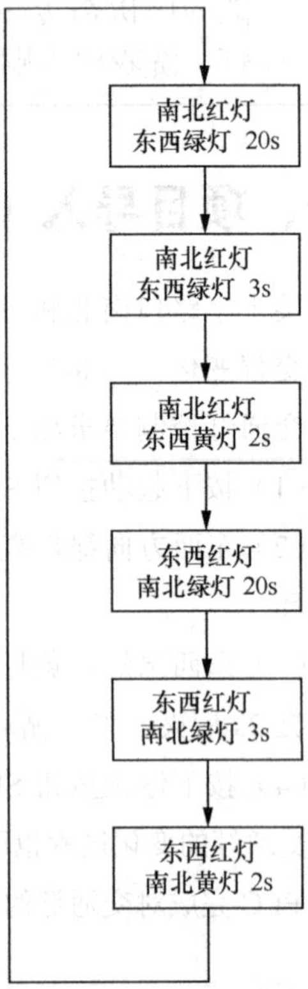

图8-3 十字路口交通灯工作流程图

在图 8-4 中，状态器 S20 有效时，输出 Y1、Y2 接通（在这里 Y1 是用 OUT 指令驱动，Y2 是用 SET 指令置位，未复位前 Y2 一直保持接通），程序等待转换条件 X1 动作。当 X1 一接通，状态就由 S20 转到 S21，这时 Y1 断开，Y3 接通，Y2 仍保持接通。

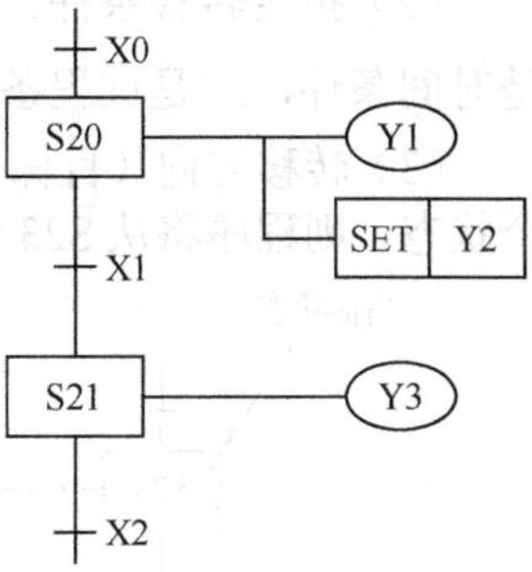

图8-4 状态转移图

以小车的自动往返控制系统为例，运料小车在 A、B 两点间自动往返控制的每一工序可用图 8-5（a）来描述，将图中的文字说明用 PLC 的状态元件来表示就得到了送料小车自动往返控制的状态转移图［图 8-5（b）］。从图可以看出，状态转移图设计的小车自动往返程序比用基本指令设计的梯形图更直观，易懂。

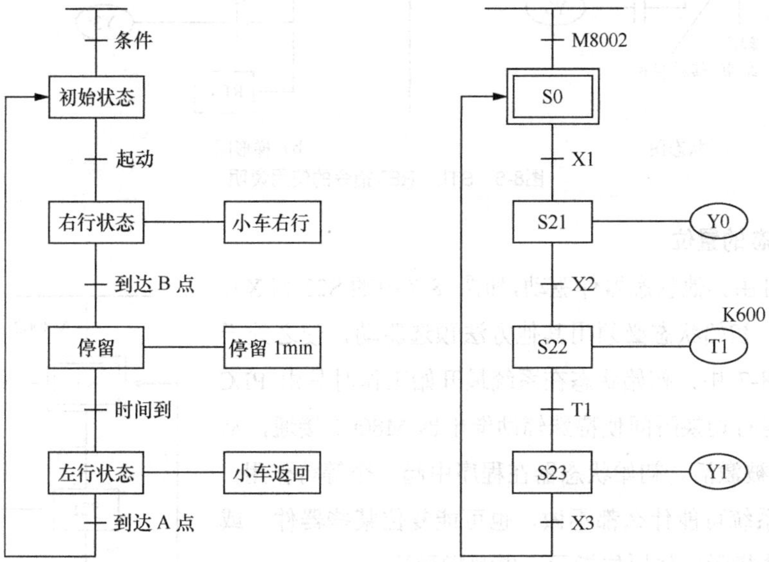

（a）送料小车工作工艺流程图　　（b）小车工作过程状态转移图

图8-5 状态转移图在顺序控制系统中的应用

2. 状态转移图的三要素

从前面可以看出，使用步进指令编制的状态梯形图和工艺流程图一样，每个状态的表述十分规范。从图 8-6 可以看出每个状态程序段由 3 个要素构成。

（1）驱动有关负载。即在本状态下做什么。如图 8-6 所示，在 S23 状态下，驱动 Y1，在 S24 状态下，驱动 Y2，当 X3 接通时，驱动 Y3。状态后的驱动可以使用 OUT 指令，也可使用 SET 指令。其区别是：使用 OUT 指令时驱动的负载在本状态关闭后自动关闭，而使用 SET 指令驱动的输出可以保持，直到在程序的其他位置使用了 RST 指令使其复位。在状态转移图中适当的使用 SET 指令，可以简化某些状态的输出。如在机械手程序中，在机械手的抓手抓住工件后，一直都必须保持电磁阀通电，直到把工件放下。因此在抓取工件的这个状态最好使用 SET 指令，而在放下工件时使用 RST 指令。

（2）指定转移条件。在状态转移图中相邻的两个状态之间实现转移必须满足一定的条件，一是时间条件，二是过程条件。如图8-6所示，当X2接通时，系统从S23转移到S24。

（3）转移方向（目标）。即制定下一个状态。如图8-6中，当X2接通时，如果原来处于S23这个状态，则程序将从S23转移到S24。在梯形图中指明转移对象要用SET指令。

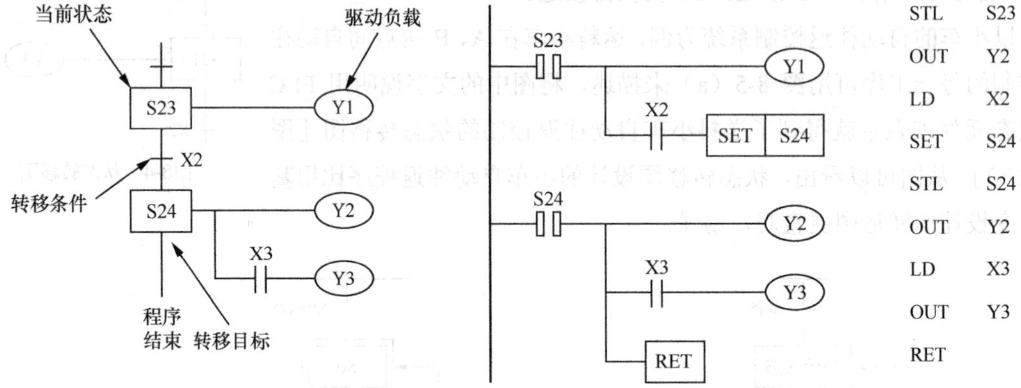

（a）状态图 （b）梯形图 （c）语句表

图8-6 STL、RET指令的使用说明

3. 初始状态的置位

初始状态可由其他状态器件驱动，如图8-7中的S23和X3，最开始运行时，初始状态必须用其他方法预选驱动，使之处于工作状态，图8-7中，初始状态在系统最开始工作时是由PLC从停止→起动运行切换瞬间使特殊辅助继电器M8002接通，从而使状态器S0被激活。初始状态器在程序中起一个等待作用，在初始状态，系统可能什么都不做，也可能复位某些器件，或提供系统的某些指示，如原位指示、电源指示等。

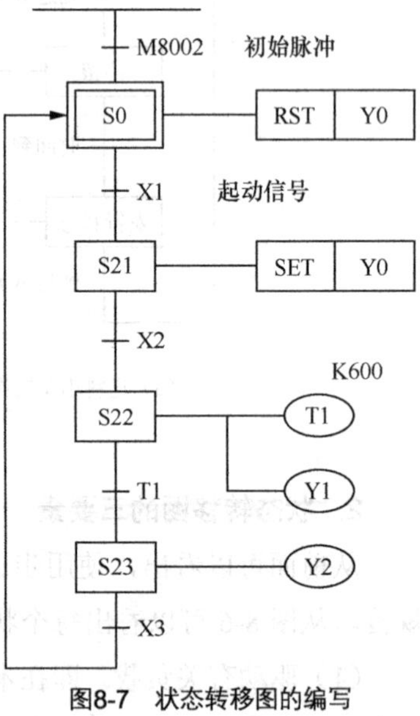

图8-7 状态转移图的编写

（二）步进指令（STL、RET）

三菱PLC步进指令有两条：步进开始指令STL和步进结束指令RET，程序步长均为1步。

图8-6是步进指令使用说明。图8-6（a）所示为状态转移图，图8-6（b）所示为对应的梯形图，图8-6（c）所示为语句表。从图中可以看出，状态转移图的一个状态在梯形图中用一条步进接点指令表示。STL指令的意义为“激活”某个状态，在梯形图上步进开始指令常用—||||—表示，也有用—| |—表示的。该触点类似于主控接点的功能，该接点后的所有操作均受这个常开接点的控制。“激活”的第二个意思是采用STL指令编程的梯形图区间，只有被激活的程序段才被扫描执行，而且在状态转移图的一个单流程中，一次只有一个状态被激活，被激活的状态有自动关闭前一个状态的功能。

使用步进接点时，STL接点与母线连接。使用STL后，相当于母线移到步进接点的后面，即与STL相连的起始接点要使用LD和LDI。一直到出现下一条STL指令或步进结束指令RET出现。RET 的作用是使母线返回原来的位置。使用 STL 指令使新的状态置位，前一状态自动复位。

STL 指令和 RET 指令是一对步进指令。在一系列步进指令 STL 后，必须加上 RET 指令，表明步进梯形指令功能的结束。母线返回原来位置，如图 8-6（b）所示。

（三）分支状态转移图的处理

（1）单流程。程序只有一个流动路径而没有程序的分支称为单流程。图 8-8 所示为单流程的状态转移图。

状态转移图在编程时可以将其转换成梯形图用编程软件输入，或写出语句表利用编程软件或编程器输入。状态图、梯形图和语句表的对应关系如图 8-8 所示。

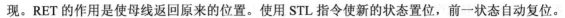

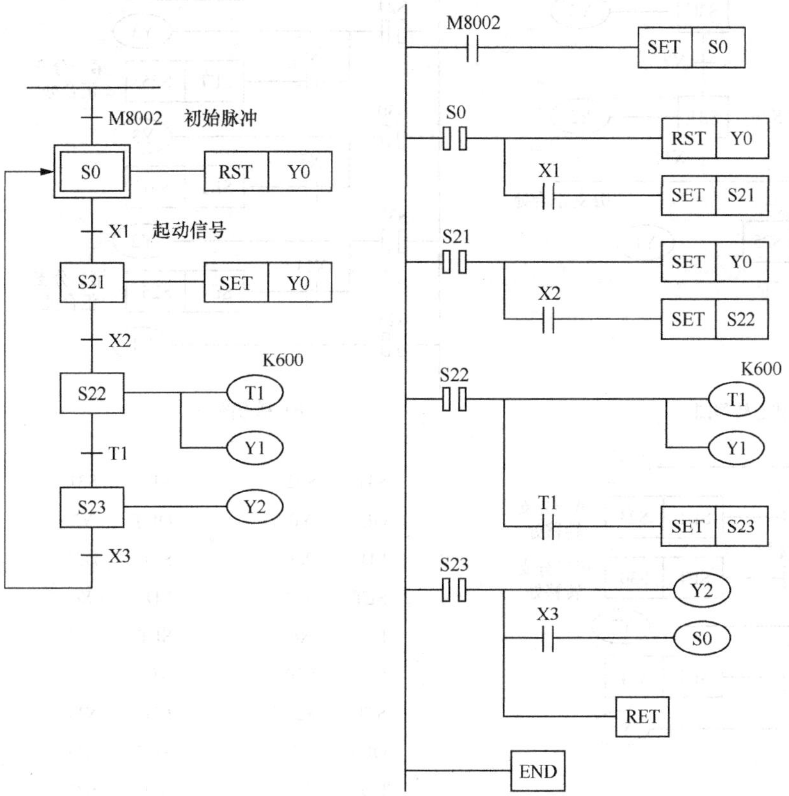


```
LD    M8002
SET   S0
STL   S0
RST   Y0
LD    X1
SET   S21
STL   S21
SET   Y0
LD    X2
SET   S22
STL   S22
OUT   T1
      K600
OUT   Y1
LD    T1
SET   S23
STL   S23
OUT   Y2
LD    X3
OUT   S0
RET
END
```

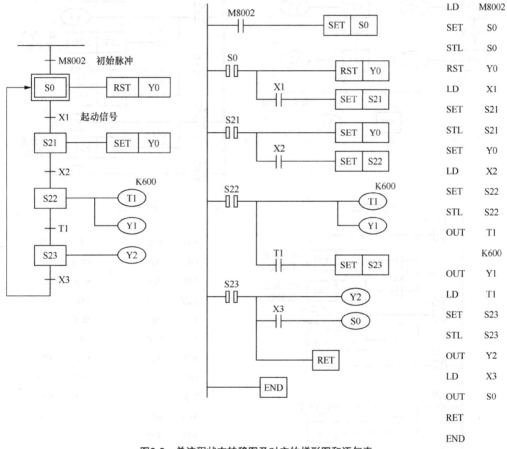

图8-8　单流程状态转移图及对应的梯形图和语句表

（2）选择性分支与汇合。在多个分支流程中根据条件选择一条分支流程运行，其他分支的条件不能同时满足。每次只满足一个分支转移条件，执行一条分支流程，称为选择性分支程序。如图 8-9 所示的具有两条选择性分支与汇合的状态转移图和对应的梯形图，从图中可以看出以下几点。

① S22 为分支前状态。根据条件不同（X3 还是 X4 接通，两者不能同时接通），选择执行其中的一个分支流程。当 X3 接通时，执行 S23、S24 分支流程；当 X4 接通时，执行 S30、S31 分支流程。

② S25 为汇合状态，可由 S24、S31 任意一个驱动。

③ 在对选择性分支编程时，可先集中处理分支状态，然后再集中处理汇合状态，如图 8-9（c）

所示。汇合也可按顺序在每条分支后即编写，如图 8-9（b）所示。在编写分支的梯形图时，一般从左到右，且每一条分支的编程方法和单流程的编程方法一样。

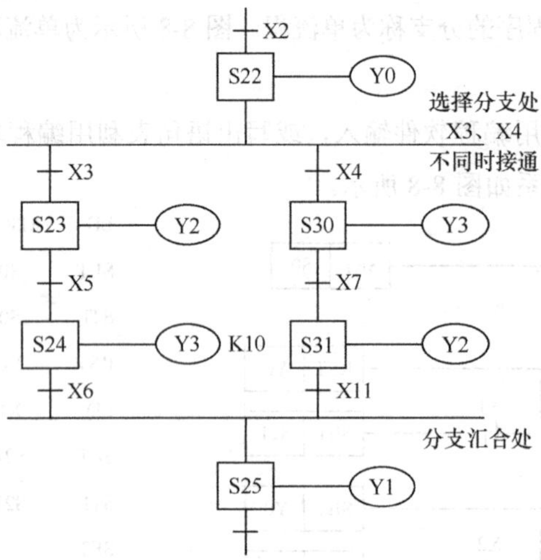

（a）状态转移图

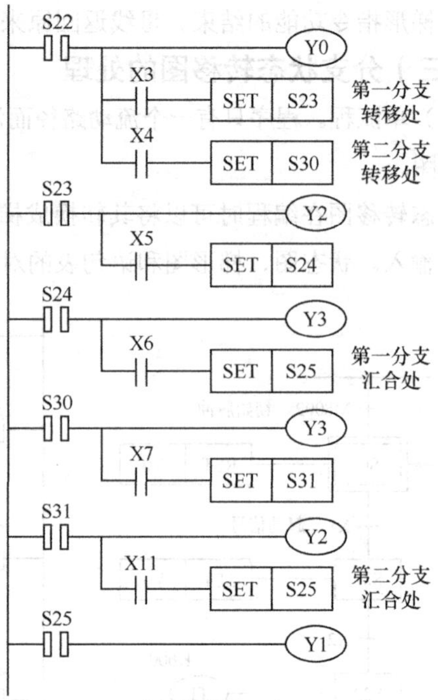

（b）梯形图一

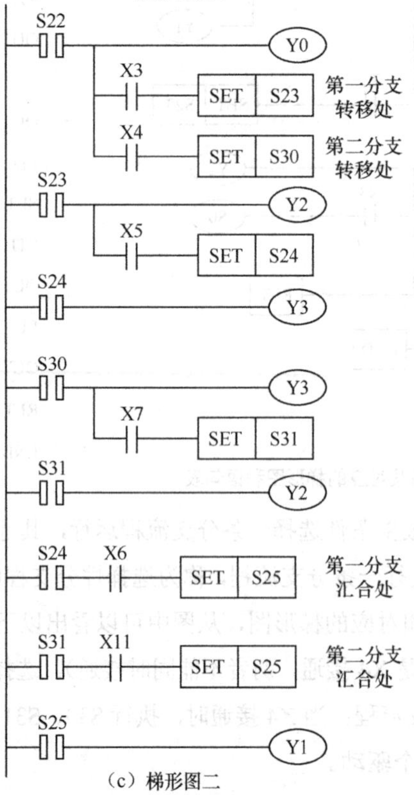

（c）梯形图二

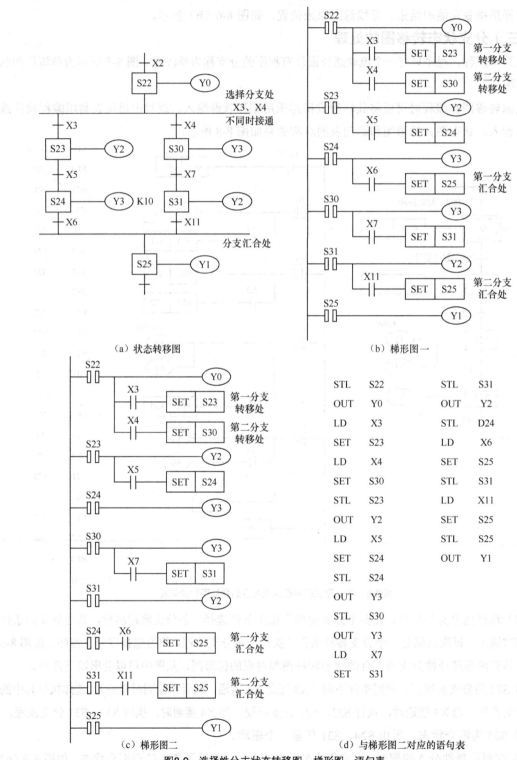

STL	S22	STL	S31
OUT	Y0	OUT	Y2
LD	X3	STL	D24
SET	S23	LD	X6
LD	X4	SET	S25
SET	S30	STL	S31
STL	S23	LD	X11
OUT	Y2	SET	S25
LD	X5	STL	S25
SET	S24	OUT	Y1
STL	S24		
OUT	Y3		
STL	S30		
OUT	Y3		
LD	X7		
SET	S31		

（d）与梯形图二对应的语句表

图8-9 选择性分支状态转移图、梯形图、语句表

（3）并行分支与汇合。当条件满足后，程序将同时转移到多个分支程序执行多个流程的情况，称为并行分支程序。

图 8-10 所示为并行分支与汇合的状态转移图与梯形图。图中当 X0 接通时，状态转移使 S21、S31 和 S41 同时置位，3 个分支同时运行，只有在 S22、S32 和 S42 3 个状态都运行结束后，若 X2 接通，才能使 S30 置位，并使 S22、S32 和 S42 同时复位。从图 8-10 可以看出：

① 并行分支与汇合的状态转移图为区别于选择性分支与汇合，在分支的开始和汇合处以双横线表示。

② 分支状态器后的条件对每条支路而言是相同的，应该画在公共支路中，分支汇合时每条支路有不同的条件，必须每个条件都满足时才能汇合，所以转移条件应以串联的形式画在公共支路中。

③ 并行分支状态转移图的编程原则是先集中进行并行分支处理，再集中进行汇合处理。即在公共支路的状态器中同时驱动分支的第一个状态器，再按从左到右编写每一条分支的梯形图，每一条分支的最后一个状态只表示出对应的负载。每个分支编程完毕后，集中进行汇合处理。此时 STL 指令连用，但 STL 最多连用 8 次，即并行分支的分支数最多只能是 8 个。

（4）跳转与循环。当满足某一转移条件时，程序跳过几个状态继续往下执行，是正向跳转；程序返回上面某个状态再往下继续执行，是逆向跳转，也称循环。跳转与循环的条件，可以由行程开关，也可由计数器、计时器、比较与判断的结果来实现。图 8-11 所示为几种不同方向的跳转。

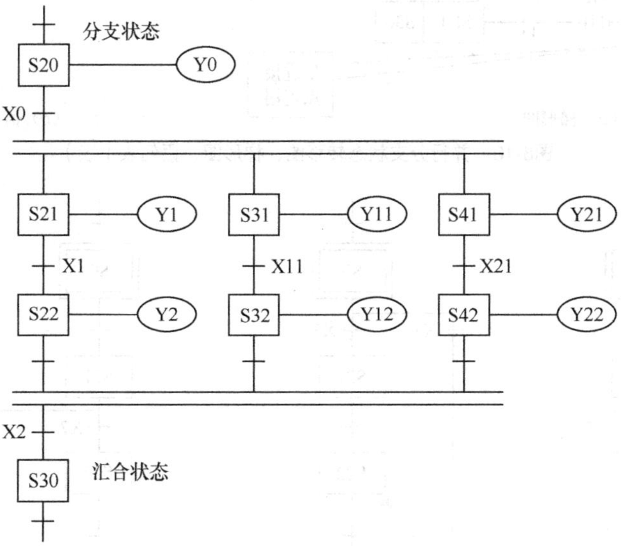

（a）状态转移图

图8-10　并行分支状态转移图、梯形图、语句表

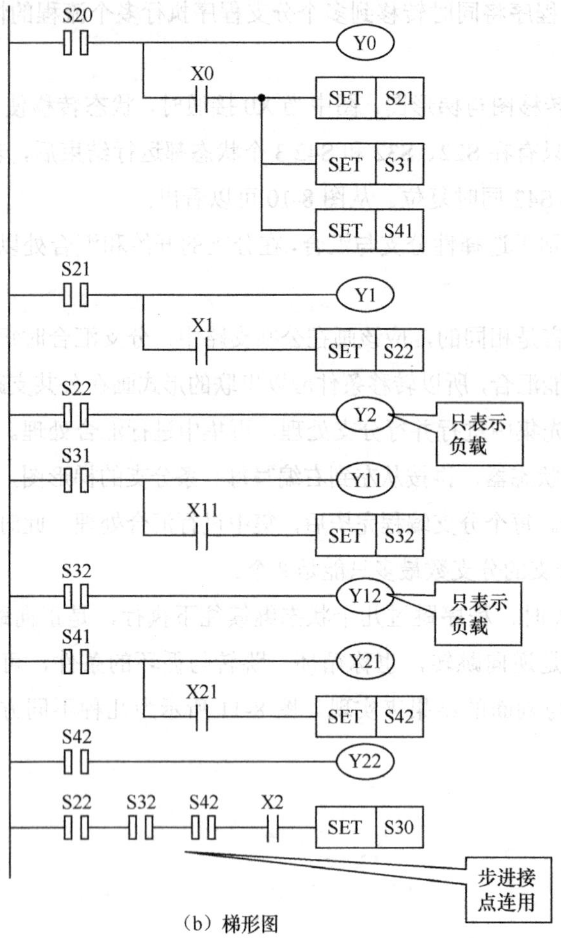

（b）梯形图

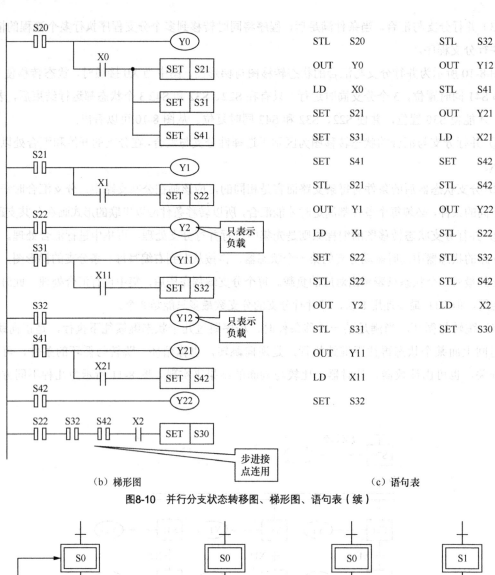

```
STL   S20
OUT   Y0
LD    X0
SET   S21
SET   S31
SET   S41
STL   S21
OUT   Y1
LD    X1
SET   S22
STL   S22
OUT   Y2
STL   S31
OUT   Y11
LD    X11
SET   S32
STL   S32
OUT   Y12
STL   S41
OUT   Y21
LD    X21
SET   S42
STL   S42
OUT   Y22
STL   S22
STL   S32
STL   S42
LD    X2
SET   S30
```

（c）语句表

图8-10　并行分支状态转移图、梯形图、语句表（续）

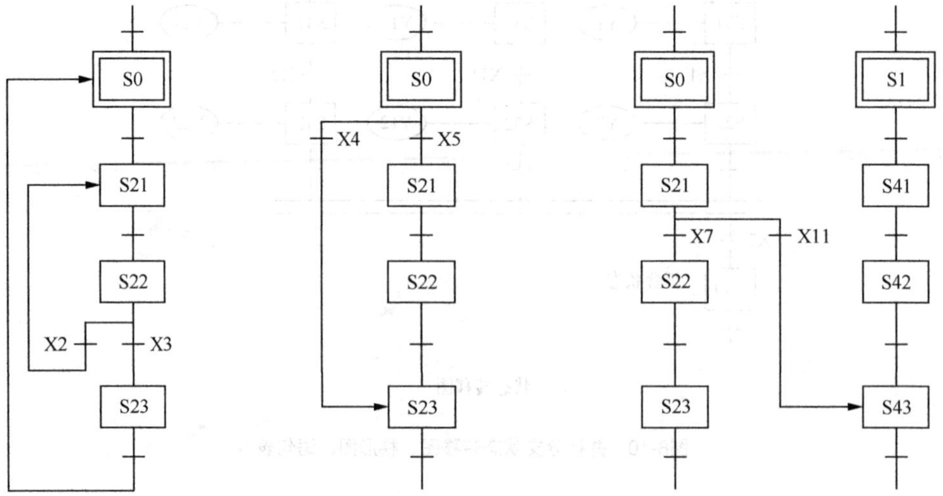

（a）逆向跳转　　（b）正向跳转　　（c）分支外跳转

图8-11　跳转与循环的不同形式

（5）使用步进 STL 指令编程的注意事项。

① PLC 的基本指令除主控指令 MC/MCR 以外，其他都可在步进顺控制中使用，但建议不要使用跳转指令，栈指令 MPS/MRD/MPP 不能直接与步进接点指令后的新母线直接连接，应通过其他接点与新母线连接，如图 8-12 所示。

② 当状态器后的负载出现如图 8-13（a）所示顺序时，不能在 A 点使用栈指令，建议换成图 8-13（b）所示。

③ 允许同一元件的线圈在不同的状态中多次输出，但在同一状态中不允许双线圈输出。

④ 定时器可以重复使用，但相邻的状态器不能使用同一个定时器。在并行分支中，也应避免两条支路同时出现同一个定时器工作的情况。

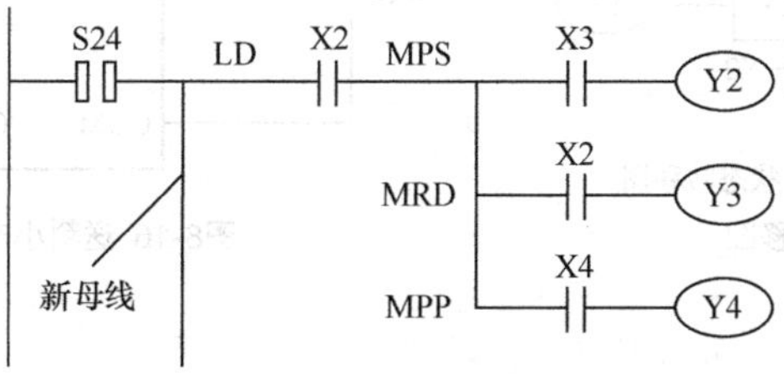

图8-12　步进控制中栈指令的使用方法

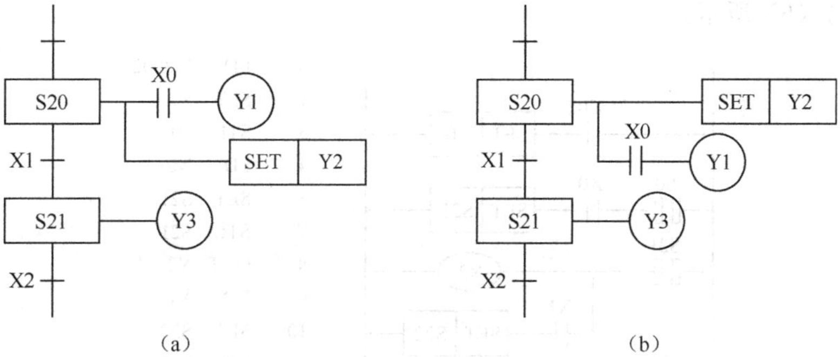

图8-13　改变输出顺序的编程方法

三、应用举例

（一）送料小车 PLC 顺序控制程序设计

工作过程：图 8-14 所示为某送料小车工作示意图，按下起动按钮，小车前进，到 B 点延时 10s，接着后退，A 点又前进，重复前面过程，其工艺流程如图 8-15（a）所示。

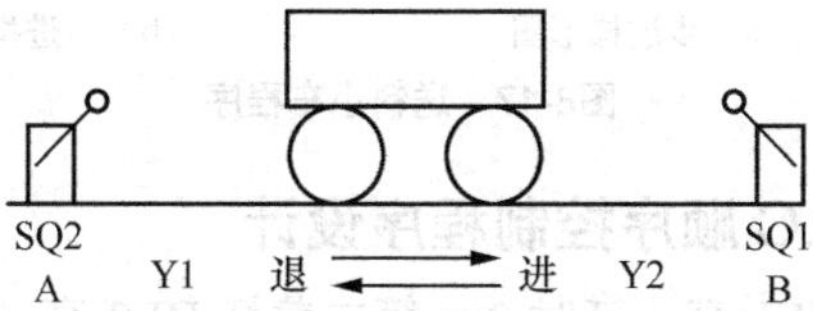

图8-14　送料小车工作示意图

1. 设计输入输出分配图

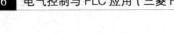

送料小车 I/O 分配如图 8-16 所示。

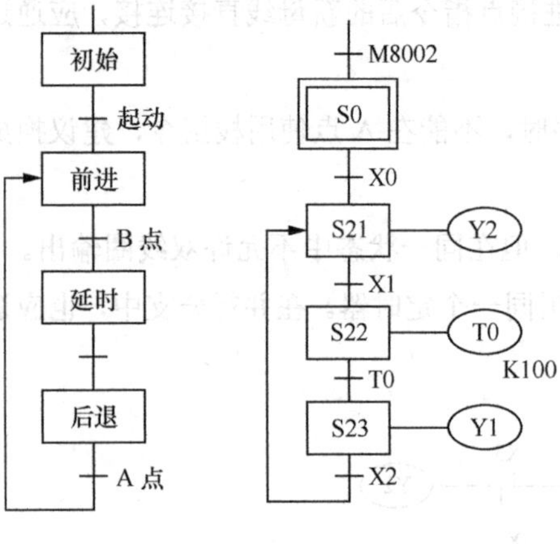

（a）工艺流程图　　（b）状态转移图

图8-15　送料小车状态转移图

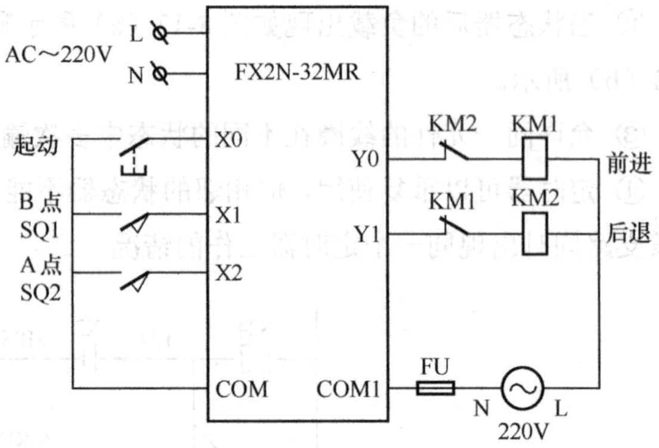

图8-16 送料小车I/O分配

2.设计状态转移图

根据要求设计的状态转移图如图 8-15（b）所示，步进梯形图如图 8-17（a）所示，编写的步进指令如图 8-17（b）所示。

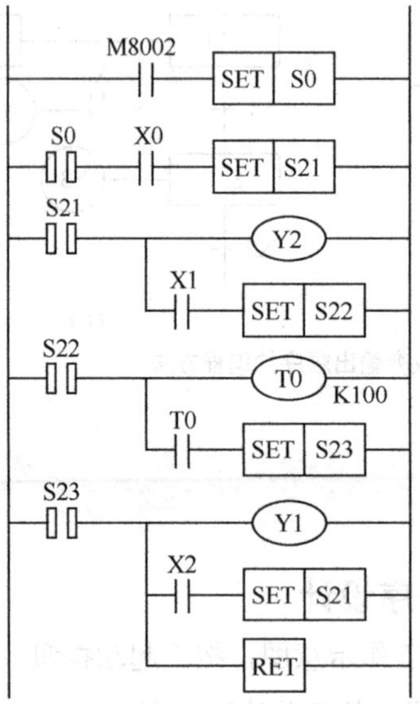

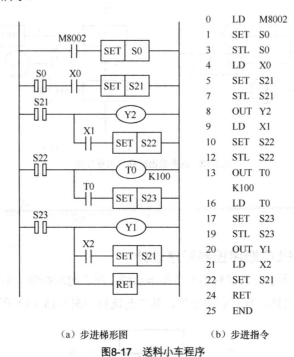

```
0   LD   M8002
1   SET  S0
3   STL  S0
4   LD   X0
5   SET  S21
7   STL  S21
8   OUT  Y2
9   LD   X1
10  SET  S22
12  STL  S22
13  OUT  T0
         K100
16  LD   T0
17  SET  S23
19  STL  S23
20  OUT  Y1
21  LD   X2
22  SET  S21
24  RET
25  END
```

（a）步进梯形图　　（b）步进指令

图8-17　送料小车程序

（二）彩灯依次点亮 PLC 顺序控制程序设计

开关 X0 闭合，第一盏灯 HL1 亮，延时 20s 第二盏灯 HL2 亮（HL1 灭），再延时 10s，第三盏灯 HL3 亮（HL2 灭），延时 5s，第三盏灯 HL3 熄灭，第一盏灯 HL1 亮。重复前面的过程。

1. 设计输入输出分配图

彩灯依次点亮 I/O 分配如图 8-18（a）所示。

2. 画出其状态转移图

彩灯依次点亮状态转移如图 8-18（b）所示。

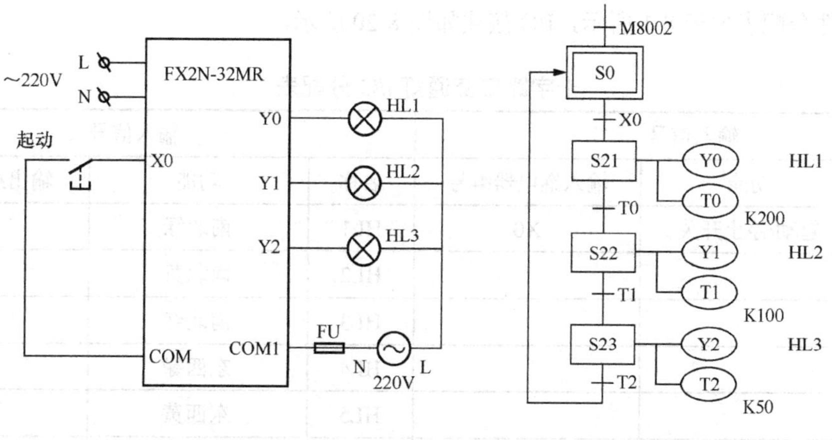

（a）I/O 分配　　（b）状态转移图

图8-18　彩灯依次点亮I/O分配及状态转移图

3. 画出步进梯形图

彩灯依次点亮步进梯形图如图 8-19 所示。

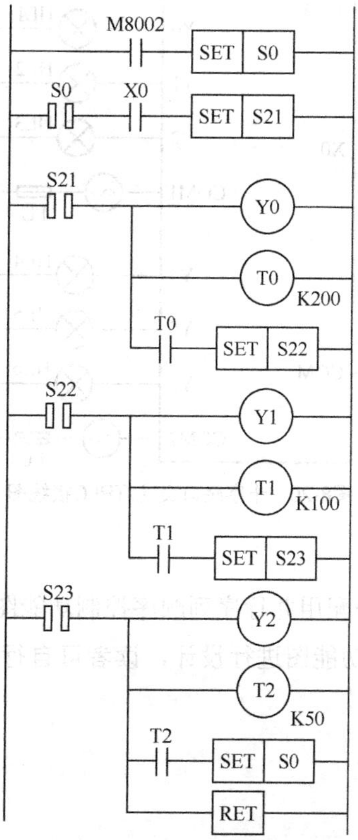

图8-19　彩灯依次点亮步进梯形图

（三）十字路口交通灯 PLC 控制系统

在本项目导入中，我们已经介绍了十字路口交通灯控制系统的要求和工作流程，现在我们用三菱 FX_{2N} 系列 PLC 来实现这些控制。

1. 系统元件分配

系统元件分配表如表 8-1 所示，I/O 接线如图 8-20 所示。

表 8-1　　十字路口交通灯 I/O 分配表

输入信号			输入信号		
名称	功能	输入继电器编号	名称	功能	输出继电器编号
QS	起动/停止开关	X0	HL1	南北绿	Y0
			HL2	南北黄	Y1
			HL3	南北红	Y2
			HL4	东西绿	Y4
			HL5	东西黄	Y5
			HL6	东西红	Y6

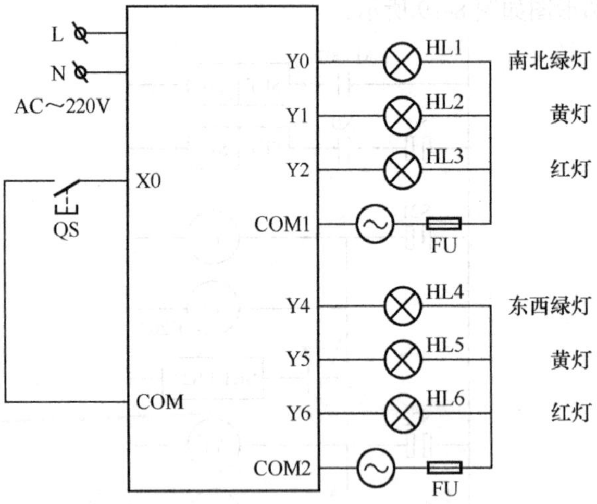

图8-20　十字路口交通灯PLC接线图

2. 程序设计

根据系统的动作要求及 I/O 分配用并行序列顺序控制功能图编写的程序，如图 8-21 所示。本系统也可采用单流程顺序功能图进行设计，读者可自行考虑。

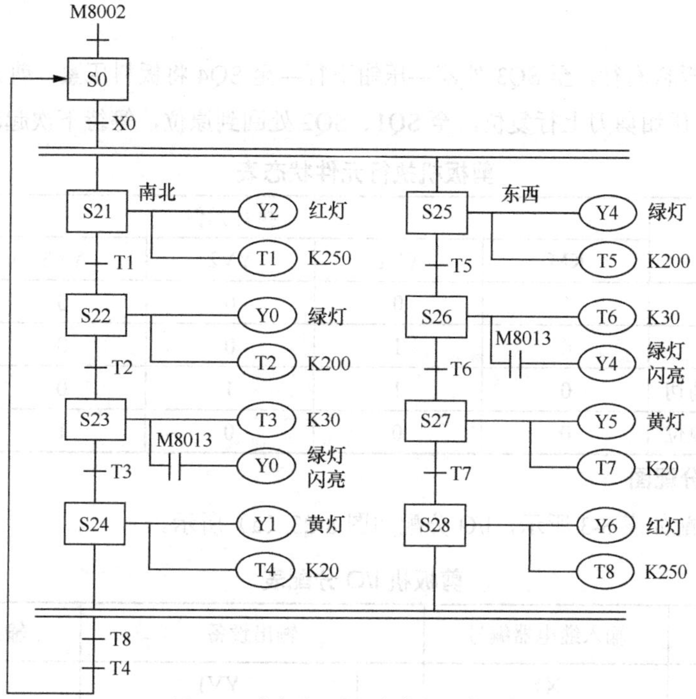

图8-21　十字路口交通灯控制系统程序

（四） 自动剪板机的 PLC 控制

某自动剪板机的动作示意图如图 8-22 所示。该剪板机的送料由电动机驱动，送料电动机由接触器 KM 控制，压钳的下行和复位由液压电磁阀 YV1 和 YV3 控制，剪刀的下行和复位由液压电磁阀 YV2 和 YV4 控制。SQ1~SQ5 为限位开关。剪板机的动作过程及相应的执行元件状态如表 8-2 所示，在执行元件状态表中，状态“1”表示相应的执行元件动作，状态“0”表示相应的执行元件不动作。

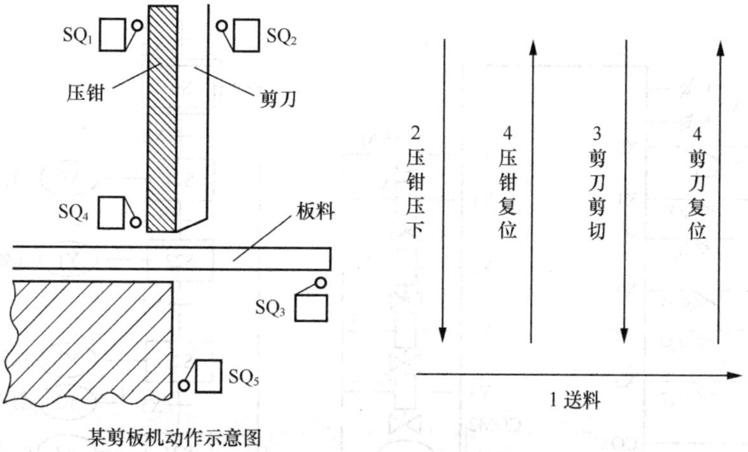

图8-22　剪板机工作示意图

1. 控制要求

当压钳和剪刀在原位（即压钳在上限位 SQ1 处，剪刀在上限位 SQ2 处）按下起动按钮后，自动按以下顺序动作。

电动机送料，板料右行，至 SQ3 处停—压钳下行—至 SQ4 将板料压紧，剪刀下行剪板—板料剪断落至 SQ5 处，压钳剪刀上行复位，至 SQ1、SQ2 处回到原位，等待下次起动。

表 8-2　　剪板机执行元件状态表

动作	执行元件				
	KM	YV1	YV2	YV3	YV4
送料	1	0	0	0	0
压钳下行	0	1	0	0	0
压钳压紧、剪刀剪切	0	1	1	0	0
压钳复位、剪刀复位	0	0	0	1	1

2. 输入/输出分配图

剪板机 I/O 分配如表 8-3 所示，I/O 分配如图 8-23（a）所示。

表 8-3　　剪板机 I/O 分配表

输入设备		输入继电器编号	输出设备		输出继电器编号
限位开关	SQ1	X1	电磁阀	YV1	Y1
	SQ2	X2		YV2	Y2
	SQ3	X3		YV3	Y3
	SQ4	X4		YV4	Y4
	SQ5	X5	电动机接触器 KM		Y0
	起动按钮	X0			

3. 状态转移图

自动剪板机 I/O 分配状态转移图如图 8-23（b）所示。

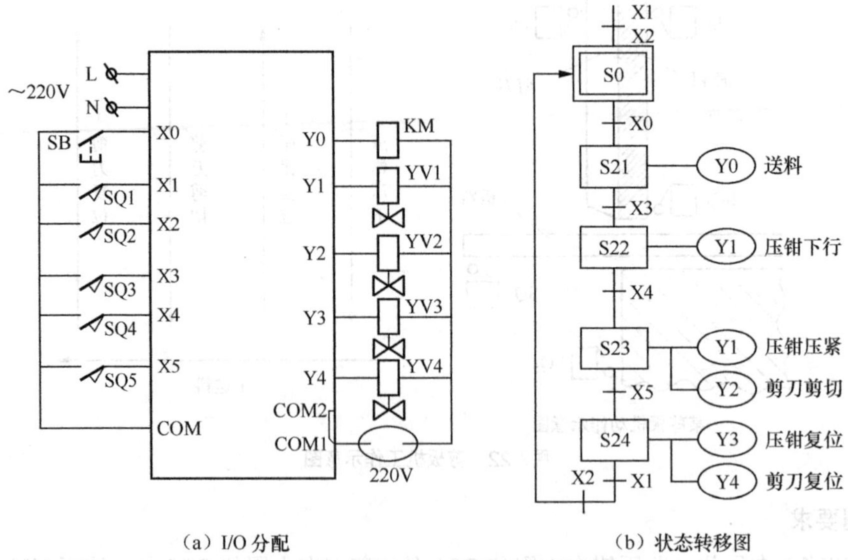

（a）I/O 分配　　（b）状态转移图

图8-23　自动剪板机I/O分配及状态转移图

4. **步进梯形图**

自动剪板机步进梯形图如图 8-24 所示。

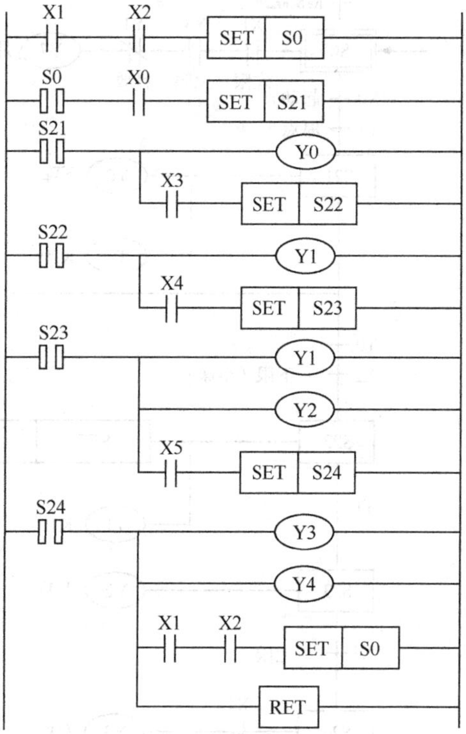

图8-24　自动剪板机步进梯形图

（五）大小球分拣传送 PLC 顺序控制程序设计

图 8-25 为使用传送带将大、小球分类选择传送装置的示意图。左上为原点，机械臂的动作顺序为下降、吸住、上升、右行、下降、释放、上升、左行。机械臂下降时，当电磁铁压着大球时，下限位开关 LS2（X2）断开；压着小球时，LS2 接通，以此可判断吸住的是大球还是小球。左、右移分别由 Y4、Y3 控制；上升、下降分别由 Y2、Y0 控制，吸球电磁铁由 Y1 控制。

根据工艺要求，该控制流程根据吸住的是大球还是小球有两个分支，且属于选择性分支。分支在机械臂下降之后根据下限开关 LS2 的通断，分别将球吸住、上升，右行到 LS4（小球位置 X4 动作）或 LS5（大球位置 X5 动作）处下降，然后再释放、上升、左移到原点。其状态转移图如图 8-26 所示。在图 8-26 中有两个分支，若吸住的是小球，则 X2 为 ON，执行左侧流程；若为大球，X2 为 OFF，执行右侧流程。

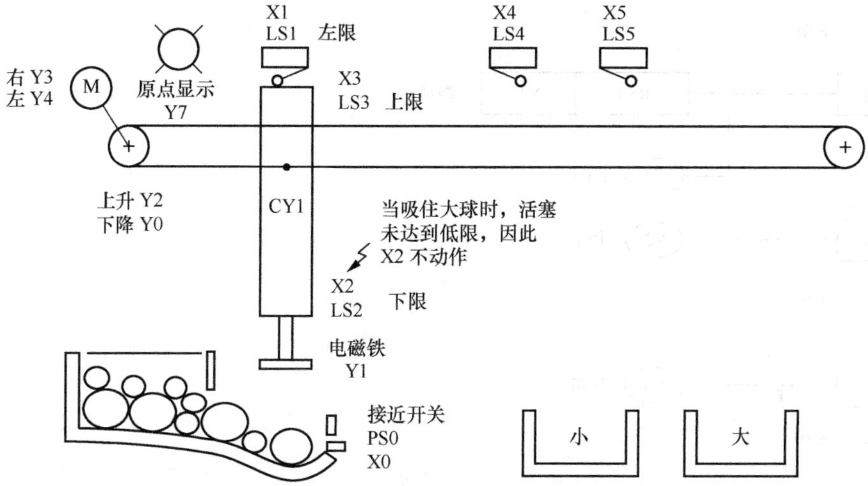

图8-25　大小球分类传送装置示意图

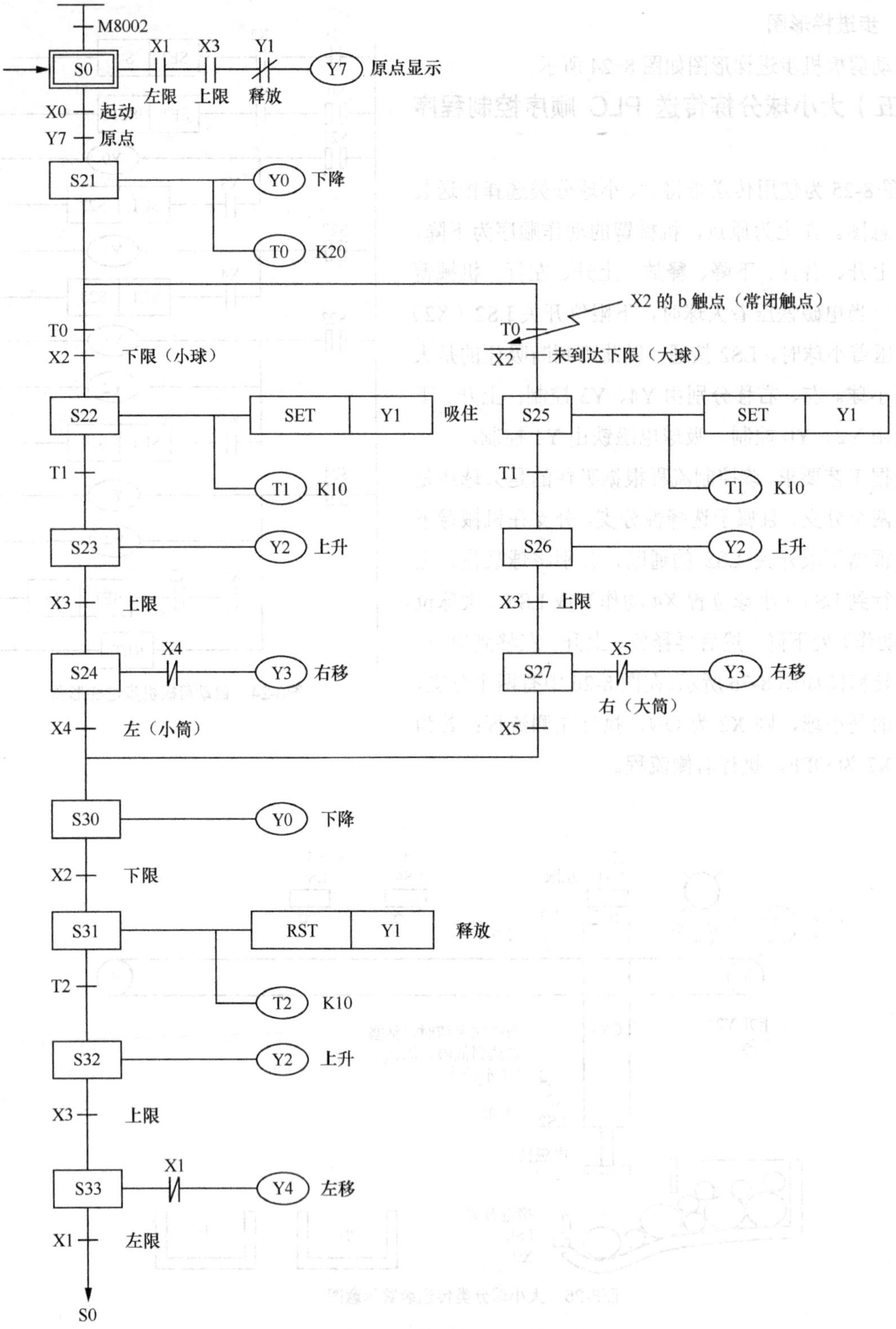

图8-26　大小球分类传送状态转移图

(六) 物料混合 PLC 顺序控制程序设计

在工业生产中，经常需要将不同的液体按一定比例进行混合，图 8-27 为液体混合装置示意图。上限位、下限位和中限位液位传感器被液体淹没时为 ON。阀 A、阀 B 和阀 C 为电磁阀，线圈通电时打开，线圈断电时关闭。开始时容器是空的，各阀门均关闭，各传感器均为 OFF。按下起动按钮（X3）后，打开阀 A，液体 A 流入容器，中限位开关变为 ON 时，关闭阀 A，打开阀 B，液体 B 流入容器。当液面到达上限位开关时，关闭阀 B，电机 M 开始运行，搅动液体，6s 后停止搅动，打开阀 C，放出混合液，当液面降至下限位开关之后再过 2s，容器放空，关闭阀 C，打开阀 A，又开始下一周期的操作。按下停止（X4）按钮，在当前工作周期的操作结束后，才停止操作（停在初始状态）。

该系统的顺序控制过程为初始状态→进液体 A→进液体 B→搅拌→放混合液，我们用 S0 表示初始状态，S20、S21、S22、S23 状态器分别表示进液体 A、进液体 B；搅拌、放混合液体 4 个状态。按控制要求，其状态转移图如图 8-28（a）所示，梯形图如图 8-28（b）所示。

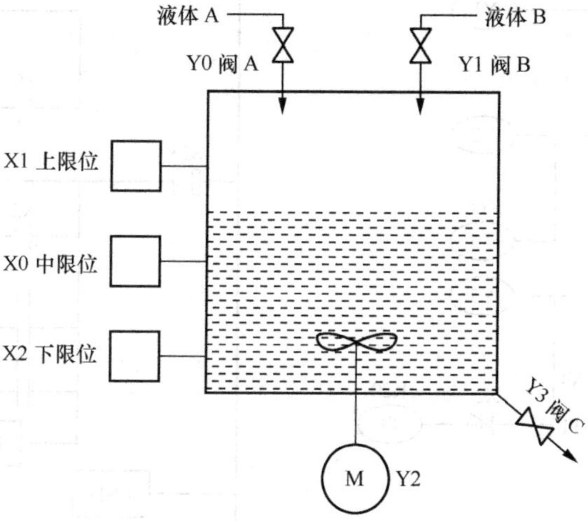

图8-27 液体混合装置示意图

(七) 全自动洗衣机 PLC 控制系统

全自动洗衣机外形如图 8-29 所示。洗衣桶和脱水桶以同一中心安装。外桶固定作盛水用。内桶的四周有很多小孔，使内、外桶的水流相通。洗衣机的进水和排水分别由进水电磁阀和排水电磁阀来实现。进水时，通过电控系统使进水电磁阀打开，将水注入外桶内。排水时，通过电控系统使排水阀打开，将水随排到机外。洗涤正向转动、反向转动由电动机驱动波轮正、反转实现。脱水时，通过电控系统将离合器合上，洗涤电动机带动内桶正转进行甩干。高、低水位由水位检测开关检测。按下起动按钮时，起动洗衣机工作。

全自动洗衣机的工作过程如下：接通电源后，按下起动按钮，洗衣机开始进水。当水位达到设定水位时，停止进水并开始正向洗涤。正向洗涤 5s 以后，停止 2s，然后开始反向洗涤，反向洗涤 5s 以后，停止 2s，如此反复进行。当正向洗涤和反向洗涤满 10 次时，开始排水，当水位降低到低水位时，开始脱水，并且继续排水。脱水 3s 后，就完成一次从进水到脱水的大循环过程。然后进入下一次大循环过程。当大循环的次数满3次时，洗完报警。报警2s，结束全部过程，洗衣机自动停机。

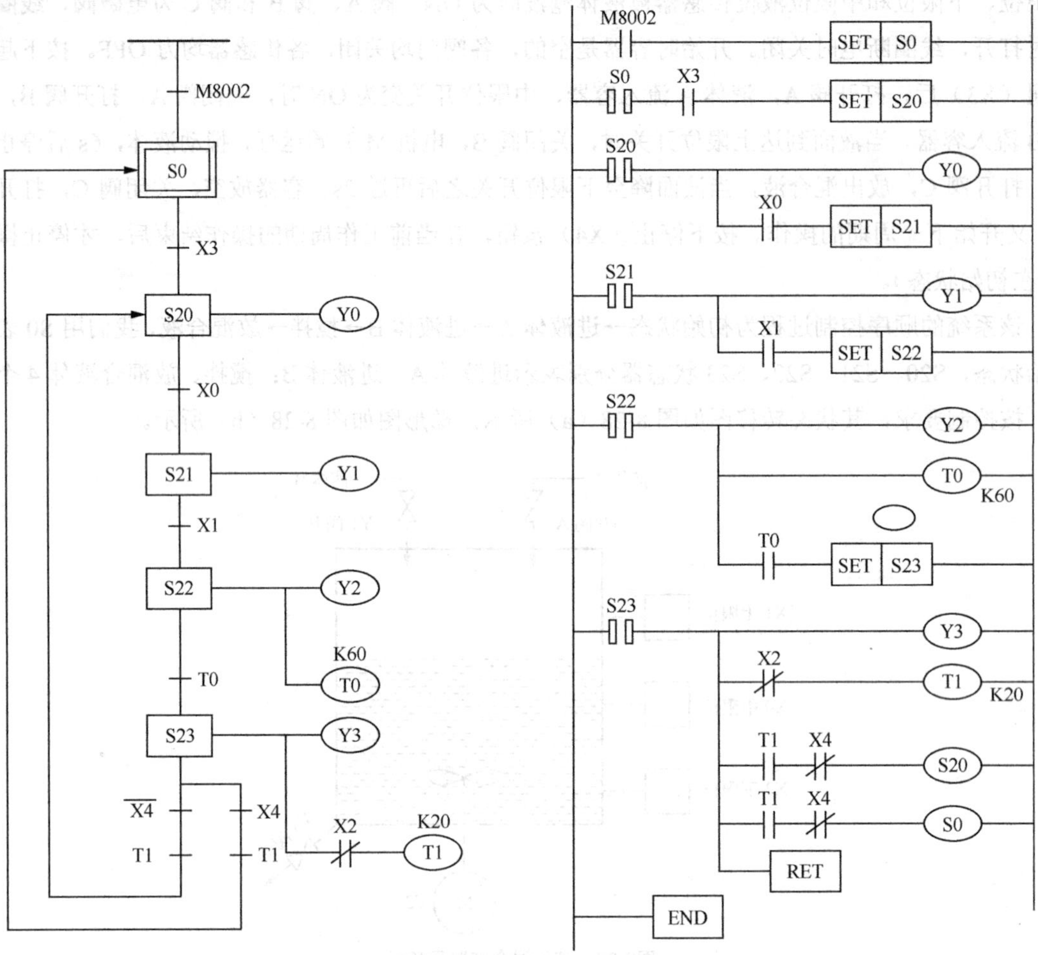

（a）状态转移图　　（b）梯形图

图8-28　液体混合控制的状态转移图和梯形图

1. I/O分配

输入分配：起动和暂停按钮X0，高水位信号X3，低水位信号X4。

输出分配：进水电磁阀Y0，电机正转控制Y1，电机反转控制Y2。

排水电磁阀Y3，脱水电磁离合器Y4，报警蜂鸣器Y5。

2. 状态转移图

根据系统的动作要求及I/O分配用功能图编写的程序如图8-30所示。

图8-29　洗衣机结构示意图

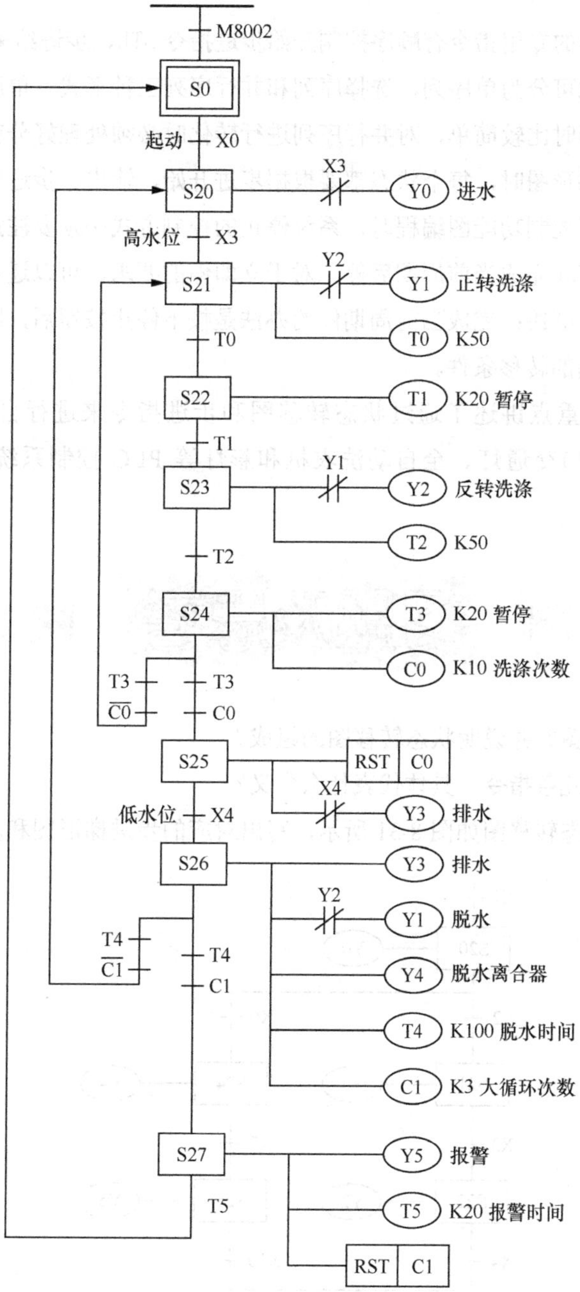

图8-30　全自动洗衣机状态转移图

项目小结

本项目以十字路口交通灯 PLC 控制的设计为例引出状态转移图、步进梯形图和步进指令等顺序控制。状态转移图是用于顺序控制系统编程的一种简单易学、直观易懂的编程方法。在顺序控制功能图中，用状态继电器 S 表示每个状态，每个状态有三个要素，即负载输出、转移条件和转移目标。

用于顺序控制功能图编程的专用指令有顺序控制开始步进指令 STL、步进结束 RET。

顺序控制按控制要求可分为单序列、选择序列和并行序列三种形式。单序列和选择序列的顺序控制功能图转化为梯形图时比较简单，对并行序列进行转化时必须处理好分支汇合处的编程。在将状态转移图转化成步进梯形图时，每个状态都要根据步进开始、输出、步进转移和步进结束这 4 个步骤来完成。在使用顺序控制功能图编程时，系统停止的控制方式必须要注意。一般情况下可能有两种停止要求，即立即停和完成当前周期后停。对于立即停的要求，可以通过使初始状态以外的其他所有状态器同时复位来解决；完成当前周期停的办法是按下停止按钮后，断开初始状态及和初始状态的转移目标状态之间的转移条件。

本项目的应用举例重点讲述了通过状态转移图和步进指令来进行自动剪板机、大小球分拣、物料混合、十字路口交通灯、全自动洗衣机和彩灯等 PLC 控制系统的软硬件设计和安装调试。

习题及思考

1．什么是状态转移图？并说明状态转移图的组成？

2．步进指令包含哪几条指令，具体代表什么含义？

3．有一选择序列状态转移图如图 8-31 所示，写出对应的步进梯形图和步进指令。

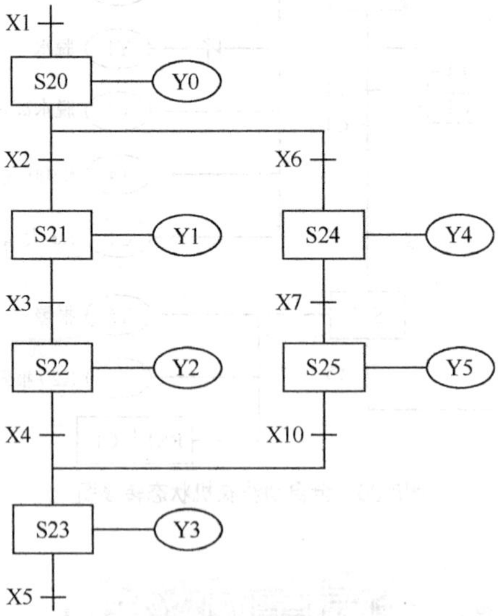

图8-31　题3图

4．有一并行序列状态转移图如图 8-32 所示，画出对应的步进梯形图和步进指令。

5．分析图 8-33 程序中 Y0 执行的结果。

6. 彩灯自动闪烁 PLC 程序设计：某店面名叫“彩云间”，这 3 个字的广告字牌要求实现闪烁，用 HL1～HL3 三个灯点亮“彩云间”3 个字。其闪烁要求如下：在打开闪烁开关以后，首先是“彩”亮 1s，接着是“云”亮 1s，然后“间”亮 1s，过 2s 后，“彩”亮又 1s，如此循环。试设计：输入输出分配和状态转移图。

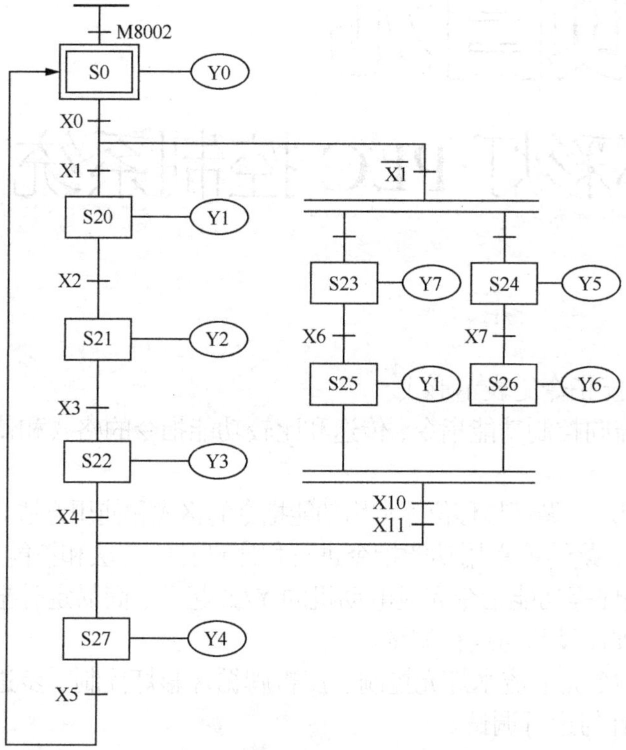

图8-32　题4图

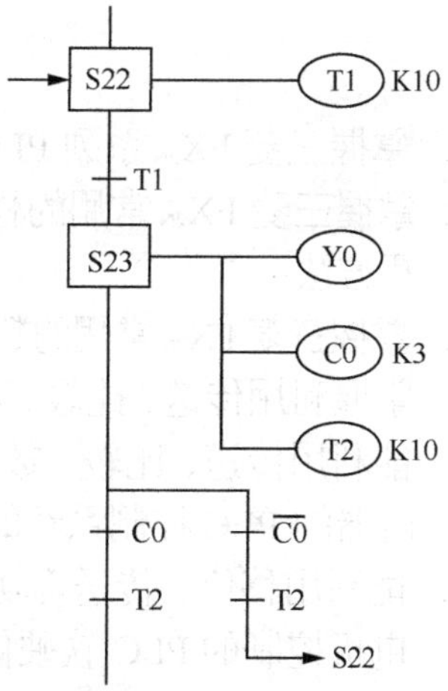

图8-33　题5图

7. 某注塑机用于热塑性塑料的成型加工。它借助于 8 个电磁阀 YV1~YV8 完成注塑各工序。若注塑模在原点 SQl 动作，按下起动按钮 SB，通过 YV1、YV3 将模子关闭，限位开关 SQ2 动作后表示模子关闭完成，此时由 YV2、YV8 控制射台前进，准备射入热塑料，限位开关 SQ3 动作后表示射台到位，YV3、YV7 动作开始注塑，延时 10s 后 YV7、YV8 动作进行保压，保压 5s 后，由 YV1、YV7 执行预塑，等加料限位开关 SQ4 动作后由 YV6 执行射台的后退，限位开关 SQ5 动作后停止后退，由 YV2、YV4 执行开模，限位开关 SQ6 动作后开模完成，YV3、YV5 动作使顶针前进，将塑料件顶出，顶针终止限位 SQ7 动作后，YV4、YV5 使顶针后退，顶针后退限位 SQ8 动作后，动作结束，完成一个工作循环，等待下一次起动。试编制 PLC 控制程序。

Chapter 9

项目九

广告牌循环彩灯 PLC 控制系统

【学习目标】

1. 掌握三菱 FX_{2N} 系列 PLC 功能指令的表示形式。
2. 掌握三菱 FX_{2N} 常用的程序流向控制功能指令、传送和比较功能指令的格式和使用方法。
3. 掌握三菱 FX_{2N} 常用的数据处理、循环与移位等常用功能指令的格式和使用方法。
4. 掌握利用传送、比较、移位、跳转等常用功能指令进行程序设计的方法和技能。
5. 能利用传送、比较、数据处理等功能指令完成电动机的 Y/△起动、简易定时报时器的 PLC 控制系统的软硬件设计与运行调试。
6. 能利用移位、传送等功能指令完成流水灯光控制、广告牌循环彩灯控制、步进电机控制的 PLC 软硬件设计与运行调试。

一、项目导入

各企业为宣传自己的企业形象和产品，均采用广告手法之一——霓虹灯广告屏。广告屏灯管的亮灭、闪烁时间及流动方向等均可通过 PLC 来达到控制要求。

某霓虹灯光广告屏控制系统共有 8 根灯管，如图 9-1 所示。合上开关，霓虹灯 HL1、HL2、HL3、HL4、HL5、HL6、HL7、HL8 依次点亮，间隔 1s，1s 后 8 盏霓虹灯全灭，2s 后又全亮，3s 后，HL8、HL7、HL6、HL5、HL4、HL3、HL2、HL1 8 盏霓虹灯依次熄灭，间隔 1s，延时 3s，完成一个周期，接着从头开始重复。要用 PLC 完成对霓虹灯广告屏的控制设计，首先要学习 PLC 功能指令等相关知识。

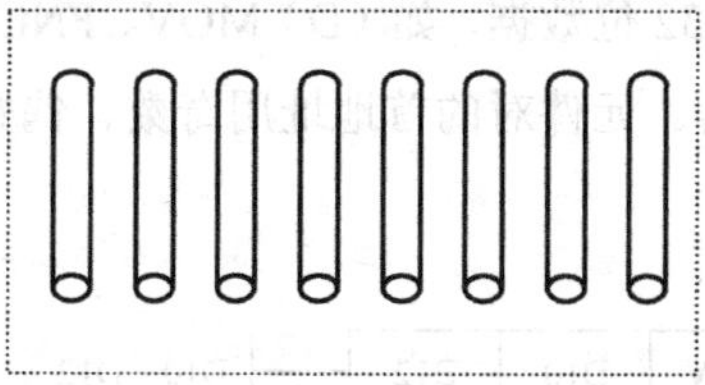

图9-1　霓虹灯光广告牌示意图

二、相关知识

（一）功能指令的基本格式

FX_{2N} 系列 PLC 除基本指令、步进指令外，还有许多功能指令，功能指令实际上就是许多功能不同的子程序。FX_{2N} 系列的功能指令可分为程序控制、传送与比较、算术与逻辑运算、移位与循环、数据处理、高速处理、外部输入输出处理、设备通信、接点比较等 246 条。

1．功能指令的表示形式

功能指令按功能号 FNC00~FNC246 编排。每条功能指令都有一个指令助记符。例如图 9-2 中的功能号为 45 的 FNC45 的功能指令的助记符为 MEAN，它是一条数据处理平均值功能指令，图中（P）是脉冲执行功能（16 表示 16 位操作）。这条平均值指令是 7 步指令。

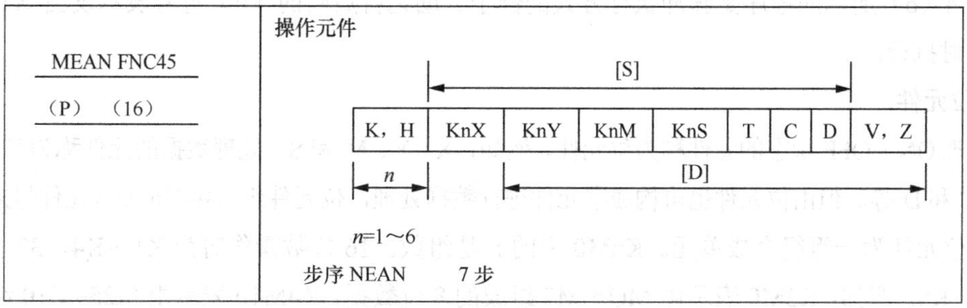

图9-2　功能指令的不是形式

有的功能指令只需指定功能编号即可，但更多的功能指令在指定功能编号的同时还需指定操作元件。操作元件由 1~4 个操作数组成，操作数说明如下。

[S]：源操作数。若使用变址功能时，表示为[S •]形式。有时源操作数不止一个，可用[S1 •] [S2 •]表示。

[D]：目标操作数。若使用变址功能时，表示为[D •]。目标不止一个时可用[D1 •] [D2 •]表示。

m 与 n 表示其他操作数。常用来表示常数或者作为源操作数和目标操作数的补充说明。表示常数时，十进制 K 和十六进制 H。需注释的项目较多时可采用 ml、m2 等方式。

功能指令的功能号和指令助记符占一个程序步。操作数占 2 个或 4 个程序步（16 位操作是 2 个程序步，32 位操作是 4 个程序步）。

2. 数据长度

功能指令可处理 16 位数据和 32 位数据，如（D）MOV、FNC（D）12 指令。处理 32 位数据时，用元件号相邻的两元件组成元件对。元件对的首地址用奇数、偶数均可。建议元件对首地址统一用偶数编号，如图 9-3 所示。

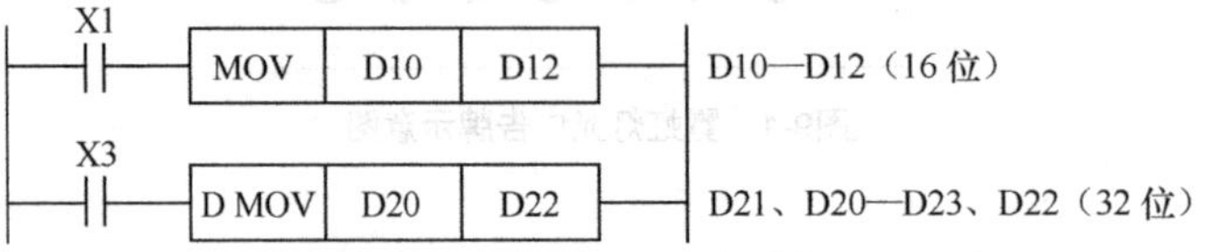

图9-3 数据长度和指令类型

3. 指令类型

FX_{2N} 系列 PLC 的功能指令有连续执行型和脉冲执行型两种形式。如图 9-4（a）所示的程序是连续执行方式的例子。当 X1 为 ON 时上述指令在每个扫描周期都被重复执行。某些指令例如 XCH、INC、DEC 等，用连续执行方式时要特别留心。

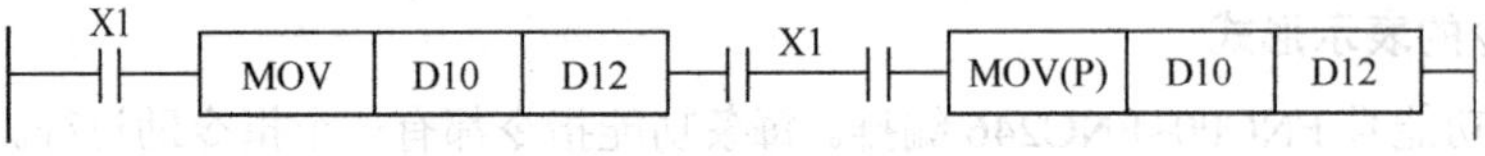

（a）连续执行　　（b）脉冲执行

图9-4 连续执行和脉冲执行

图 9-4（b）所示的程序是脉冲执行方式的例子。助记符后附的（P）符号表示仅当 X1 由 OFF 转为 ON 时执行。

4. 位元件

只处理 ON / OFF 状态的元件称为位元件。例如，X、Y、M 和 S。处理数据的元件称为字元件。例如，T、C 和 D 等。但由位元件也可构成字元件进行数据处理，位元件组合由 Kn 加首元件号来表示。

4 个位元件为一组组合成单元。KnM0 中的 n 是组数。16 位数操作时为 K1～K4，32 位数操作时为 K1～K8。例如，K2M0 表示由 MO～M7 组成的 8 位数据；K4M10 表示由 M25~M10 组成的 16 位数据，M10 是最低位。

当一个 16 位的数据传送到 KlM0、K2M0 或 K3M0 时，只传送相应的低位数据，较高位的数据不传送。32 位数据传送也一样。

在作 16 位数操作时，参与操作的位元件由 K1～K4 指定。若仅由 K1～K3 指定，不足部分的高位均作 0 处理，这意味着只能处理正数（符号位为 0）。在作 32 位数操作时也一样。

被组合的位元件的首元件号可以是任意的，但习惯上采用以 0 结尾的元件。如 X0、X10 等。例如，K2Y0 用在 32 位操作时，高 16 位作 0 处理，要获得 32 位数据需用 K8Y0。

5. 变址寄存器 V、Z

变址寄存器在传送、比较指令中用来修改操作对象的元件号。其操作方式与普通数据寄存器一样。某些情况下使用变址寄存器 V 和 Z，将使程序简化，编程灵活。

（二）常用功能指令简介

1. 程序流向控制功能指令

程序流向控制功能指令共有 10 条。分别是 CJ 条件跳转、CALL 子程序调用、SRET 子程序返回、IRET 中断返回、EI 允许中断、DI 禁止中断、FEND 主程序结束、WDT 监视定时器刷新、FOR 循环开始、NEXT 循环结束功能指令。以下简介常用的几条。

（1）条件跳转指令。该指令的助记符、指令代码、操作数、程序步如表 9-1 所示。

表 9-1　条件跳转指令

指令名称	助记符	指令代码	操作数 D	程序步
条件跳转	CJ	FNC00	P0~P63	CJ 和 CJ（P）　3 步 标号 P　1 步

CJ 和 CJ（P）指令用于跳过顺序程序某一部分的场合，以减少扫描时间。条件跳转指令 CJ 的应用说明如图 9-5 所示。当 X20 为 ON 时，程序跳到 P10 处。如果 X20 为 OFF，跳转指令不执行，程序按原顺序执行。

一个标号只能出现一次，若出现多于一次则会出错。

在跳转指令前的执行条件若用 M8000 时，就称为无条件跳转，因为 PLC 运行时 M8000 总为 ON。

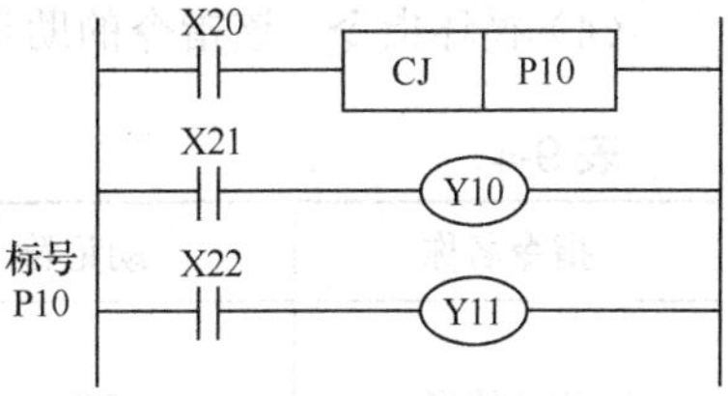

图9-5　CJ指令使用

（2）子程序调用与返回指令。这两条指令的助记符、指令代码、操作数和程序步如表 9-2 所示。

表 9-2　子程序调用与返回指令

指令名称	助记符	指令代码	操作数 D	程序步
子程序调用	CALL	FNC01	P0~P62 嵌套 5 级	3 步+1 步 （指令+标号）
子程序返回	SRET	FNC02	无	1 步

子程序调用与返回指令使用如图 9-6 所示，当 X0 为 ON 时，子程序调用指令 CALL 使程序跳到标号 P10 处，子程序被执行。在子程序返回指令 SRET 执行后程序回到 104 步处。标号应写在程序结束指令 FEND（后述）之后。标号范围为 P0～P62，同一标号不能重复使用，也就是说同一标号不能出现多于一次，而且 CJ 指令中用过的标号不能重复再用，但不同的 CALL 指令可调用同一标号的子程序。在子程序中可以再用 CALL 子程序，形成子程序嵌套，总数可有 5 级嵌套。

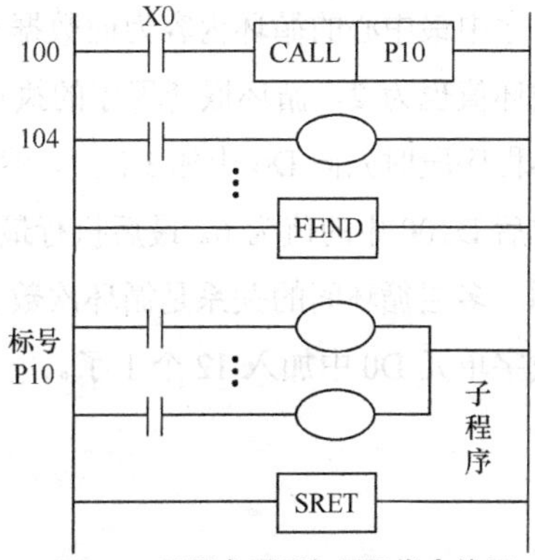

图9-6　子程序调用与返回指令使用

（3）中断指令。中断指令有3条，这3条指令的名称、助记符、指令代码、操作数和程序步如表9-3所示。

表9-3　　中断指令

指令名称	助记符	指令代码	操作数D	程序步
中断返回指令	IRET	FNC03	无	1步
允许中断指令	EI	FNC04	无	1步
禁止中断指令	DI	FNC05	无	1步

FX系列PLC可设置9个中断点，中断信号从X0～X5输入，有的定时器也可以作中断源。PLC一般处在禁止中断状态。允许中断指令EI与禁止中断指令DI之间的程序段为允许中断区间。当程序处理到该区间并且出现中断信号时，停止执行主程序，去执行相应的中断子程序。处理到中断返回指令IRET时返回断点，继续执行主程序。中断指令的使用说明如图9-7所示。当程序处理到允许中断区间时，X0或X1为ON状态，则转而处理相应的中断子程序（1）或（2）。

（4）循环指令。该指令的助记符、指令代码、操作数和程序步如表9-4所示。

表9-4　　循环指令

指令名称	助记符	指令代码	操作数S	程序步
循环开始指令	FOR	FNC08	K、H、KnX、KnY、KnM、KnS、T、C、D、V、Z	3步（嵌套5层）
循环结束指令	NEXT	FNC09	无	1步

FOR、NEXT为循环开始和循环结束指令。在程序运行时，位于FOR-NEXT间的程序重复执行*n*次（由操作数指定）后再执行NEXT指令后的程序。循环次数范围为1～32767。图9-8所示为三级循环嵌套的情况。从图中还可看出，每一对FOR指令和NEXT指令间包括一定的程序。这就是所谓程序执行过程中需依一定的次数进行循环的部分。循环的次数由FOR指令后的K值给出。该程序中最中心的循环内容为向数据存储器D100中加1，循环值为3，它的外层循环值为2，最外层循环值也为2。循环嵌套程序的执行总是从核心层开始的。以图9-8的程序为例，当程序执行到循环程序段时先向D0中加3次1，然后执行外层循环，这个循环要求将内层的过程进行2次，执行完成后D100中的值为6。最后执行最外层循环，即将内层及外层循环执行2次。从以上的分析可以看到，多层循环间的关系是循环次数相乘的关系。这样，本例中的加1指令在一个扫描周期中就要向数字单元D0中加入12个1了。

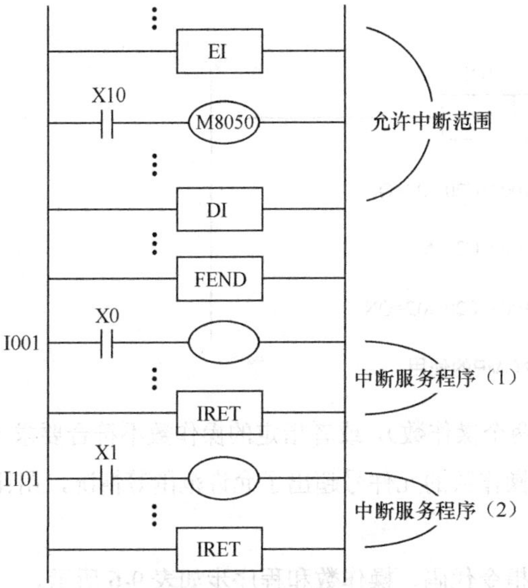

图9-7　中断指令的使用

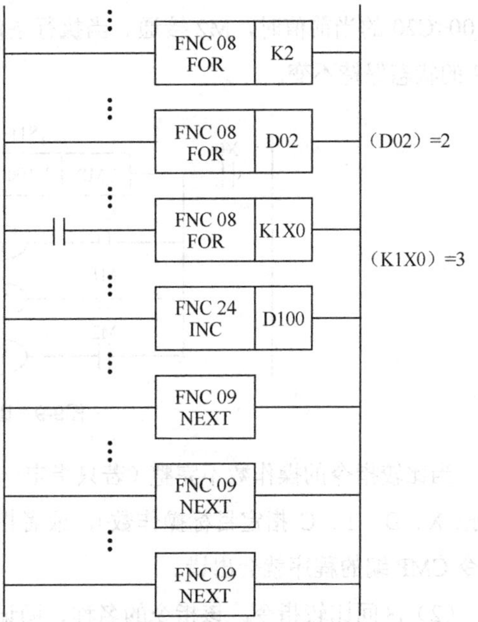

图9-8　循环指令的使用

循环指令用于某种操作需反复进行的场合。如对某一取样数据做一定次数的加权运算，控制输出口依一定的规律做反复的输出动作，或利用反复的加减运算完成一定量的增加或减少，或利用反复的乘除运算完成一定量的数据移位。循环程序可以使程序简明扼要，FX 系列 PLC 循环指令最多允许 5 级嵌套。NEXT 指令与 FOR 指令总是成对使用的；而且 NEXT 指令在后，FOR 指令在前，否则要出错。如果 NEXT 指令的数目与 FOR 指令数目不符合，也要出错。

2. 传送和比较指令

传送和比较功能指令共有 10 条，它们分别是 CMP 比较、ZCP 区间比较、MOV 传送、SMOV、BCD 码移位、CML 取反传送、BMOV 成批传送等。

（1）比较指令。该指令的名称、助记符、指令代码、操作数和程序步如表 9-5 所示。

表 9-5　比较指令

指令名称	助记符	指令代码	操作数 S			程序步
			S1	S2	D	
比较指令	CMP	FNC10	K、H、KnX、KnY、KnM、KnS、T、C、D、V、Z		Y、M、S	CMP、CMPP　7 步 DCMP、DCMPP　13 步

比较指令 CMP 是将源操作数[S1]和源操作数[S2]的数据进行比较，结果送到目标操作数[D]中。比较指令 CMP 的使用说明如图 9-9 所示。

这是一条 3 个操作数（2 个源操作数、1 个目标操作数）的指令。源操作数的数据作代数比较（如 $-2<1$），且所有源操作数的数据和目标操作数的数据均作二进制数据处理。程序中的 M0、M1、M2 根据比较的结果动作。K100>C20 的当前值时，M0 接通；K100＝C20 的当前值时，M1 接通，

K100<C20 的当前值时，M2 接通。当执行条件 X0 为 OFF 时，比较指令 CMP 不执行，M0、M1、M2 的状态保持不变。

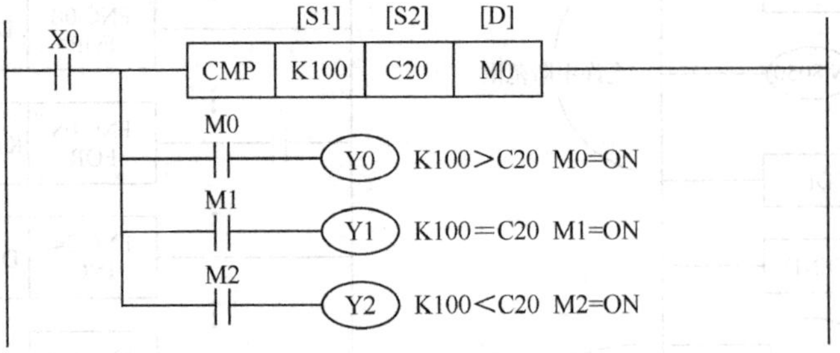

图9-9 比较指令CMP的使用

当比较指令的操作数不完整（若只指定一个或两个操作数），或者指定的操作数不符合要求（例如把 X、D、T、C 指定目标操作数），或者指定的操作数的元件号超出了允许范围等情况，用比较指令 CMP 编的程序就会出错。

（2）区间比较指令。该指令的名称、助记符、指令代码、操作数和程序步如表 9-6 所示。

表 9-6　　　　区间指令

指令名称	助记符	指令代码	操作数 S				程序步
			S1	S2	S3	D	
区间比较指令	ZCP	FNC11	K、H、KnX、KnY、KnM、KnS、T、C、D、V、Z			Y、M、S	ZCP、ZCPP 9 步 DZCP、DZCPP 17 步

区间比较指令 ZCP 是将一个数据与两个源数据值进行比较。该指令的使用说明如图 9-10 所示。源[S1]的数据不得大于[S2]的值。例如，[S1]＝K100，[S2]＝K90，ZCP 指令执行时就把[S2]＝100 来执行。源数据的比较是代数比较。M3、M4、M5 的状态取决于比较的结果。当 K120>C30 的当前值时，M3 接通；K100≤C30 的当前值≤K120 时，M4 接通；K100<C30 的当前值时，M5 接通。当执行条件 X0 为 OFF 时，比较指令 ZCP 不执行，M3、M4、M5 的状态保持不变。

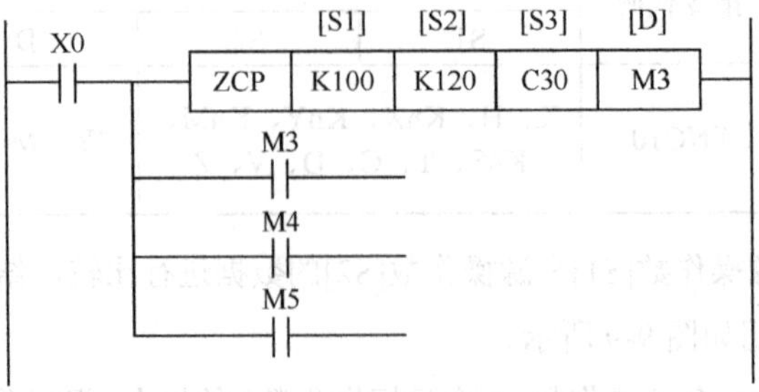

图9-10 区间比较指令ZCP使用

（3）传送指令。该指令的名称、助记符、指令代码、操作数和程序步如表 9-7 所示。

表 9-7　　传送指令

指令名称	助记符	指令代码	操作数 S		程序步
			S	D	
传送指令	MOV	FNC11	K、H、KnX、KnY、KnM、KnS、T、C、D、V、Z	KnY、KnM、KnS、T、C、D、V、Z	MOV、MOV（P） 5 步（D）MOV、（D）MOV（P） 9 步

传送指令 MOV 是将源数据传送到指定的目标，即[S]→D。MOV 指令的使用说明如图 9-11 所示。

当 X0=ON 时，源操作数[S]中数据 K100 传送到目标操作元件 D10 中。当指令执行时，常数 K100 自动转换成二进制数。

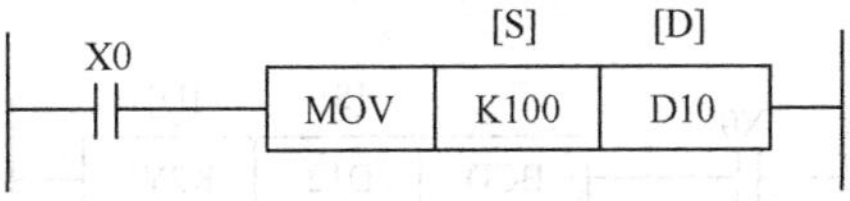

图9-11　传送指令MOV的使用

当 X0=OFF，指令不执行，数据保持不变。

（4）块传送指令。 该指令的名称、助记符、指令代码、操作数和程序步如表 9-8 所示。

表 9-8　　块传送指令

指令名称	助记符	指令代码	操作数 S			程序步
			S	D	n	
块传送指令	BMOV	FNC15	KnX、KnY、KnM、KnS、T、C、D、V、Z	KnY、KnM、KnS、T、C、D、V、Z	K、H	BMOV、BMOV（P）7 步

BMOV 指令是从源操作数指定的元件开始的 *n* 个数组成的数据块传送到指定的目标。如果元件号超出允许的元件号范围，数据反传送到允许范围内。BMOV 指令的使用说明如图 9-12 所示。传送顺序既可从高元件号开始，也可从低元件号开始。传送顺序是程序自动确定的。

若用到需要指定位数的位元件，则源操作数和目标操作数的指定位数必须相同。

利用块传送指令 BMOV 可以读出文件寄存器 D1000～D2999 中的数据。

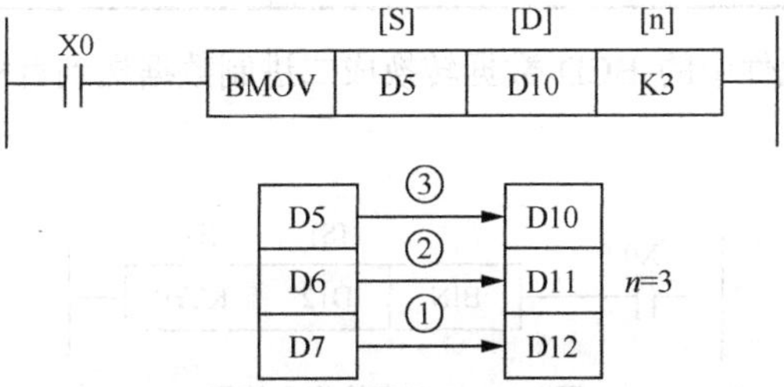

图9-12　块传送指令BMOV的使用

（5）BCD 变换指令。该指令的名称、助记符、指令代码、操作数和程序步如表 9-9 所示。

表 9-9　　BCD 变换指令

指令名称	助记符	指令代码	操作数 S		程序步
			S	D	
变换指令	BCD	FNC18	KnX、KnY、KnM、KnS、T、C、D、V、Z	KnY、KnM、KnS、T、C、D、V、Z	BCD、BCD（P）5步 （D）BCD、（D）BCD（P）9步

BCD 变换指令是将源元件中的二进制数转换成 BCD 码送到目标元件中去。BCD 变换指令的使用说明如图 9-13 所示。

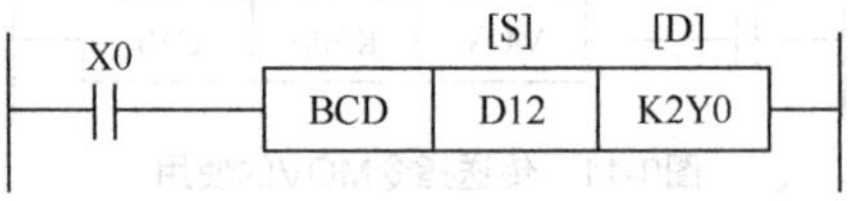

图9-13　BCD变换指令使用

当 X0=ON 时，源元件 D12 中的二进制数转换成 BCD 码送到 Y0~Y7 的目标元件中去。

如果 BCD、BCD（P）指令执行的变换（16 位操作）结果超出 0～9999 的范围就会出错。

如果（D）BCD、（D）BCD（P）指令执行的变换结果（32 位操作）超出 0～99999999 的范围就会出错。BCD 变换指令可用于将 PLC 中的二进制数据变换成 BCD 码输出以驱动七段显示。

（6）BIN 变换指令。该指令的名称、助记符、指令代码、操作数和程序步如表 9-10 所示。

表 9-10　　BIN 变换指令

指令名称	助记符	指令代码	操作数 S		程序步
			S	D	
变换指令	BIN	FNC19	KnX、KnY、KnM、KnS、T、C、D、V、Z	KnY、KnM、KnS、T、C、D、V、Z	BIN、BIN（P）5步 （D）BIN、（D）BIN（P）9步

BIN 变换指令是将源元件中的 BCD 数据转换成二进制数据送到目标元件中。BIN 变换指令的使用说明如图 9-14 所示。

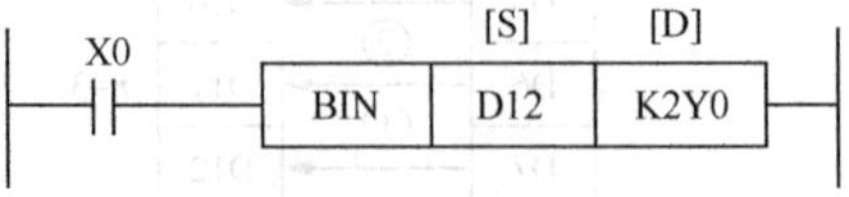

图9-14　BIN变换指令使用

当 X0=ON 时，BIN 指令执行，该元件 D12 中的 BCD 数据转换成二进制数送到 Y0～Y7 目标文件中。BIN 指令常用于将 BCD 数字开关串的设定值输入 PLC 中。

常数 K 不能作为本指令的操作元件，因为在任何处理之前它会被转换成二进制数。

3. 四则运算和逻辑运算指令

四则运算和逻辑运算指令共有 10 条。即 ADD 加法指令、SUB 减法指令、MUL 乘法指令、DIV 除法指令、INC 加 1 指令、DEC 减 1 指令、WAND 与指令、WOR 或指令、WXOR 异或指令、NEG 求补指令。以下重点介绍几种。其他指令功能、用法类似。

（1）加法指令。该指令的名称、助记符、指令代码、操作数和操作步如表 9-11 所示。

表 9-11　　加法指令

指令名称	助记符	指令代码	操作数 S			程序步
			S1	S2	D	
加法指令	ADD	FNC20	K、H、KnX、KnY、KnM、KnS、T、C、D、V、Z		KnY、KnM、KnS、T、C、D、V、Z	ADD、ADD（P） 7 步 （D）ADD、（D）ADD（P） 9 步

ADD 指令是将指定的源元件中的二进制数相加，结果送到指定的目标元件中去，ADD 加法指令的梯形图格式如图 9-15 所示。

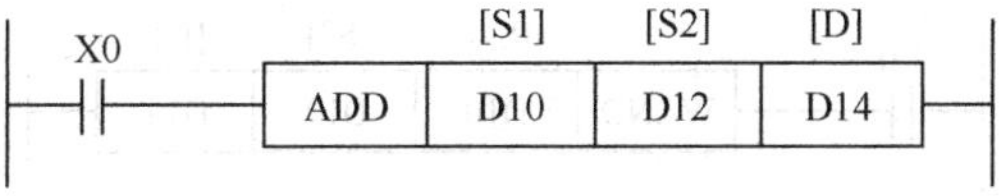

图9-15　ADD加法指令指令使用

[S1]+[S2]→ID]，即[D10]+[D12] →[Dl4]

每个数据的最高位作为符号位（0 为正，1 为负）。运算是二进制代数运算，如 5+（−8）＝−3。

ADD 加法指令有 4 个标志。M8020 为零标志，M8021 为借位标志，M8022 为进位标志，M8023 为浮点操作标志。如果运算结果为 0，则零标志 M8020 置 1。如果运算结果超过 32767（16 位运算）或 2147483647（32 位运算），则进位标志 M8022 置 1。如果运算结果小于−32767（16 位运算）或−2147483647（32 位运算），则借位标志 M8021 置 1。

如果加法指令 ADD 用浮点操作标志位 M8023，则可进行浮点值之间的加法运算。SUB 减法指令、MUL 乘法指令、DIV 除法指令与加法指令相似。

（2）加 1 指令。该指令的名称、助记符、指令代码、操作数和操作步如表 9-12 所示。

表 9-12　　加 1 指令

助记符	指令代码及位数	操作数范围	程序步
		[D・]	
INC INC（P）	FNC24 （16/32）	KnY、KnM、KnS、T、C、D 、V、Z	16 位：3 步 32 位：5 步

加 1 指令的使用说明如图 9-16 所示：当 X0 由 OFF→ON 变化时，由[D]指定的元件 D10 中的二

进制数自动加 1。

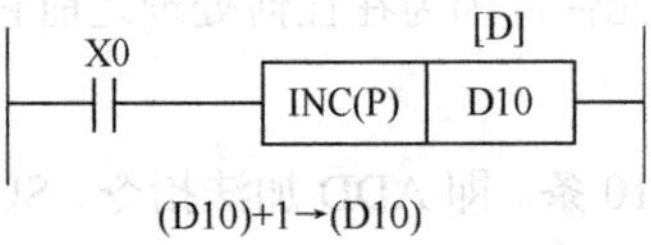

图9-16　加1 指令INC使用

16 位运算指令时，到＋32767 再加 1 就变为-32767，但标志位不置位。同样，在 32 位运算时，＋2147483647 再加 1 就变为－2147483648 时，标志位也不置位。

（3）与指令。该指令的名称、助记符、指令代码、操作数和操作步如表 9-13 所示。

表 9-13　与指令

指令名称	助记符	指令代码	操作数			程序步
			S1	S2	D	
逻辑与指令	WAND	FNC26	K、H、KnX、KnY、KnM、KnS、T、C、D、V、Z		KnY、KnM、KnS、T、C、D、V、Z	WAND、WAND（P）7 步 （D）WAND、（D）WAND（P）9 步

其逻辑与运算如图 9-17 所示。

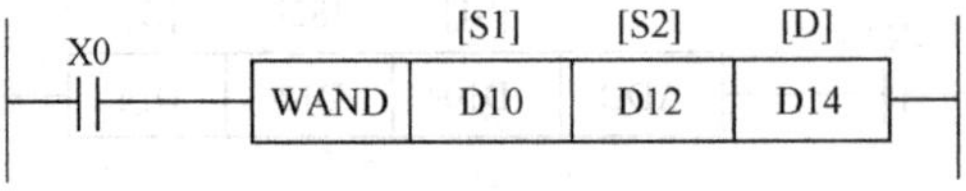

图9-17　与指令WAND使用

以“位”为单位作“与”运算（D10）∧（D12）→（D14）。

（4）求补指令。该指令的名称、助记符、指令代码、操作数和操作步如表 9-14 所示。

表 9-14　求补指令

指令名称	助记符	指令代码	操作数	程序步
			D	
求补指令	NEG	FNC29	KnY、KnM、KnS、T、C、D、V、Z	NEG、NEG（P）3 步 （D）NEG、（D）NWG（P）5 步

求补指令 NEG 的运算如图 9-18 所示。将[D]指定的目标元件 D10 中的数的每一位取反后再加 1，结果存于同一目标元件中。

求补指令是绝对值不变的变号操作。

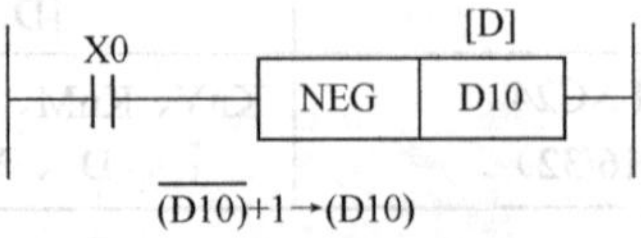

图9-18　求补指令NEG使用

4. 循环移位指令

循环指令有 ROR 右循环指令、ROL 左循环指令、RCR 带进位右循环指令，RCL 带进位左循环指令、SFTR 位右移、SFTL 位左移、WSFR 字右移位、WSFL 字左移位指令、SFWR 先入先出写入指令和先入先出读出指令 SFRD。下面介绍常用的几条。

（1）　右循环指令。该指令的名称、助记符、指令代码、操作数和操作步如表 9-15 所示。

表 9-15　　右循环指令

指令名称	助记符	指令代码	操作数		程序步
			D	n	
右循环指令	ROR	FNC30	KnY、KnM、KnS T、C、D、V、Z 16 位运算 Kn=K4 32 位运算 Kn=K8	K、H 移位量 n16≤（16 位指令） n32≤（32 位指令）	ROR、ROR（P） 5 步 （D）ROR、（D）ROR（P） 9 步

右循环指令可以使 16 位数据、32 位数据向右循环移位，其操作如图 9-19 所示。

当 X0 由 OFF→ON 时，各位数据向右移 4 位，最后一次从最低位移出的状态也存于进位标志 M8022 中。用连续指令执行时，循环移位操作每个周期执行 1 次。左循环指令 ROL 和右循环指令 ROR 相似，只是移动的方向向左。

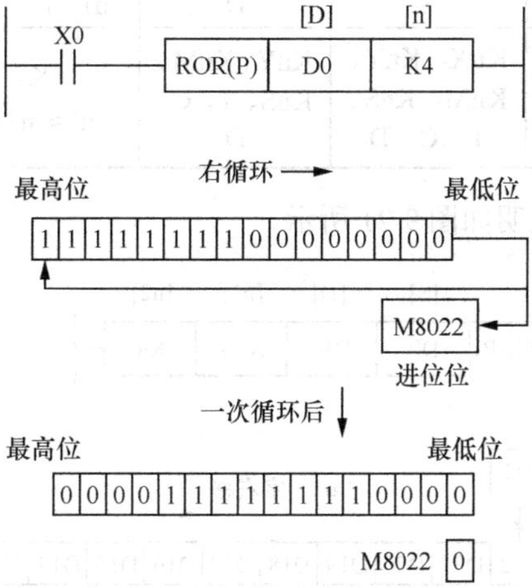

图9-19　右循环指令ROR使用

（2）位右移指令。该指令的名称、助记符、指令代码、操作数和操作步如表 9-16 所示。

表 9-16　　位右移指令

指令名称	助记符	指令代码	操作数				程序步
			S	D	n1	n2	
位右移指令	SFTR	FNC34	X、Y、M、S	Y、M、S	K、H 移位量		SFTR （P） 9 步

位右移指令 SFTR 的使用说明如图 9-20 所示。

当X10由OFF→ON时，位右移指令SFTR执行，使位元件中的状态值右移，n1指定位元件的长度，n2指定移位位数，n1和n2的关系及范围因机型不同而有差异，一般为n2≤n1≤1024。

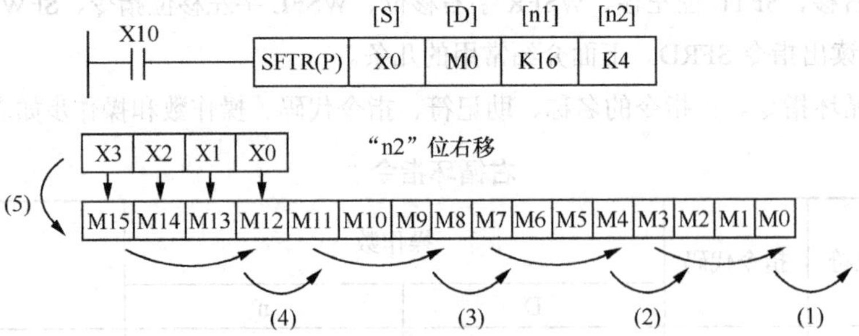

图9-20 位右移指令SFTR使用

注：（1）M3～M0→溢出；（2）M7～M4→M3～M0；（3）M11～M8→M7～M4；（4）M15～M12→M11～M8；（5）X3～X0→M15～M12。

位左移指令SFTL和SFTR相似，只是移动的方向向左。

（3）字右移指令。该指令的名称、助记符、指令代码、操作数和操作步如表9-17所示。

表9-17　字右移指令

指令名称	助记符	指令代码	操作数				程序步
			S	D	n1	n2	
字右移指令	WSFR	FNC36	KnX、KnY、KnM、KnS、T、C、D	KnY、KnM、KnS、T、C、D	K、H n1≤n2≤512		WSFR WSFR（P） 9步

字右移指令WSFR的使用说明如图9-21所示。

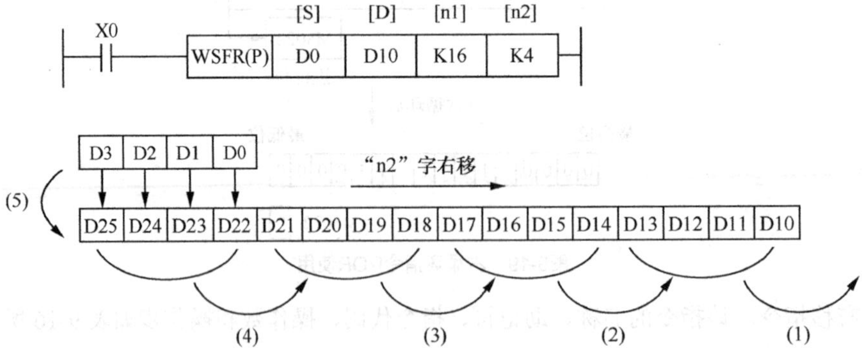

图9-21 字右移指令WSFR使用

注：（1）D13～D10→溢出；（2）D17～D14→D13～D10；（3）D21～D18→D17～D14；（4）D25～D22→D21～D18；（5）D3～D0→D25～D22。

（4）先入先出写入指令。该指令的名称、助记符、指令代码、操作数和操作步如表9-18所示。

表 9-18　　先入先出写入指令

指令名称	助记符	指令代码	操作数			程序步
			S	D	N	
先入先出写入指令	SFWR	FNC38	K、H、KnX、KnY、KnM、KnS、T、C、D、V、Z	KnY、KnM、KnS、T、C、D	K、H 2≤n≤512	SFWR SFWR （P） 7 步

先入先出写入指令 SFWR 的使用说明如图 9-22 所示。

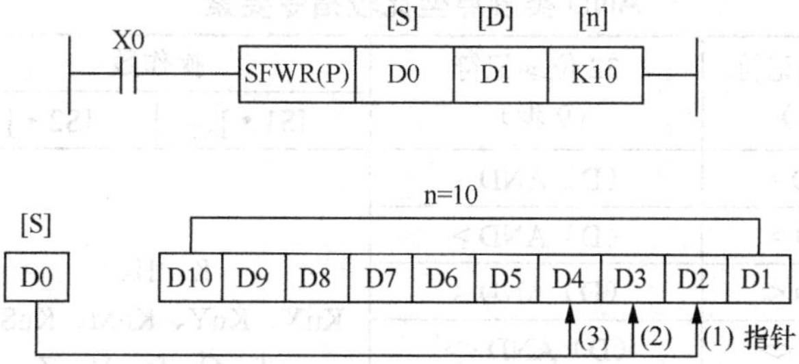

图9-22　先入先出写入指令SFWR使用

当 X0 由 OFF→ON 时，先入先出写入指令 SFWR 执行，在源操作数元件 DO 中的数据写入 D2，而指针 D1 变为 1。这里指针 D1 必须先清零。当 X0 再次由 OFF→ON 时，DO 中的数据写入 D3，D1 中的数据变为 2，其余类推。源 DO 中的数据依次写入寄存器。

5. 触点型比较指令

触点型比较指令是使用触点符号将数据[S1·]和[S2·]进行比较，根据比较结果确定触点的状态。触点型比较指令根据指令在梯形图中的位置分为 LD 类、AND 类、OR 类。其触点在梯形图中的位置含义与普通触点相同。如 LD 表示该触点为支路上与左母线相连的首个触点。触点型比较指令根据比较内容分为 6 种，共 18 条，如表 9-19~表 9-21 所示。图 9-23~图 9-25 分别给出了这 3 类指令的使用说明。

表 9-19　　LD 类触点型比较指令要素

指令编号	16 位助记符（5 步）	32 位助记符（9 步）	操作数		导通条件
			[S1·]	[S2·]	
224	LD=	（D）LD=	K、H、KnX、KnY、KnM、KnS、T、C、D、V、Z		[S1·]=[S2·]
225	LD>	（D）LD>			[S1·]>[S2·]
226	LD<	（D）LD<			[S1·]<[S2·]
228	LD<>	（D）LD<>			[S1·]≠[S2·]
229	LD≤	（D）LD≤			[S1·]≤[S2·]
230	LD≥	（D）LD≥			[S1·]≥[S2·]

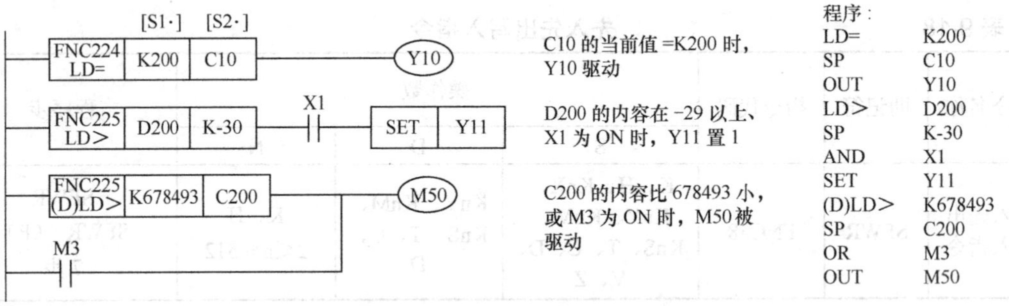

图9-23 LD类触点型比较指令使用说明

表 9-20 AND 类触点型比较指令要素

指令编号	16 位助记符（5 步）	32 位助记符（9 步）	操作数 [S1・]	操作数 [S2・]	导通条件
232	AND=	（D）AND =	K、H、KnX、KnY、KnM、KnS、T、C、D、V、Z		[S1・]= [S2・]
233	AND >	（D）AND >			[S1・] > [S2・]
234	AND <	（D）AND <			[S1・] < [S2・]
236	AND <>	（D）AND <>			[S1・]≠ [S2・]
237	AND≤	（D）AND≤			[S1・] ≤ [S2・]
238	AND≥	（D）AND≥			[S1・] ≥ [S2・]

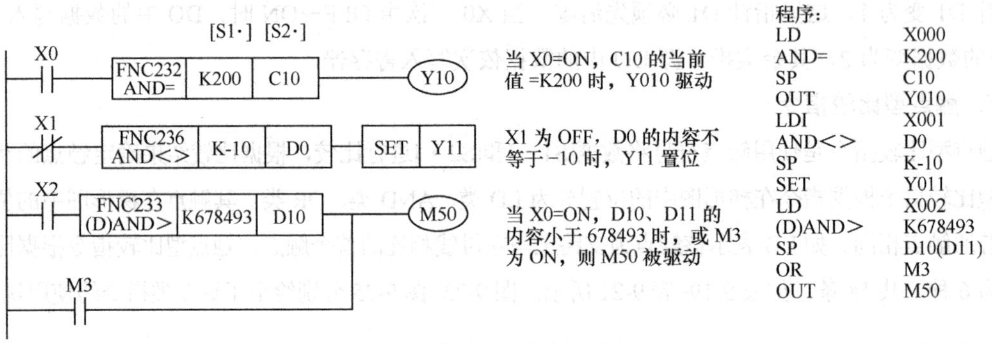

图9-24 AND类触点型比较指令使用说明

表 9-21 OR 类触点型比较指令要素

指令编号	16 位助记符（5 步）	32 位助记符（9 步）	操作数 [S1・]	操作数 [S2・]	导通条件
232	OR=	（D）OR =	K、H、KnX、KnY、KnM、KnS、T、C、D、V、Z		[S1・]= [S2・]
233	OR >	（D）OR >			[S1・] > [S2・]
234	OR <	（D）OR <			[S1・] < [S2・]
236	OR <>	（D）OR <>			[S1・]≠ [S2・]
237	OR≤	（D）OR≤			[S1・] ≤ [S2・]
238	OR≥	（D）OR≥			[S1・] ≥ [S2・]

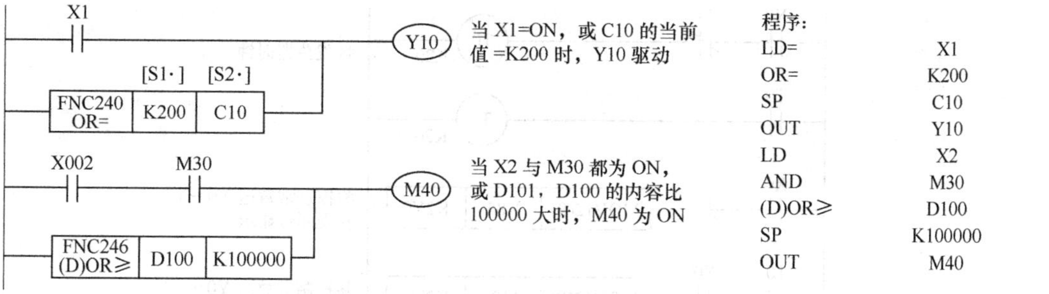

图9-25　OR类触点型比较指令使用说明

以上择要介绍了程序流向控制、传送比较、四则运算、循环移位四类常用的功能指令。FX_{2N} 系列 PLC 还有数据处理、高速处理、方便指令、外部 I/O 设备、外部单元、设备通信、接点比较等 20 多类 200 多条，在此不再赘述。

三、应用举例

（一）三相异步电动机 Y—△降压起动 PLC 控制

设置起动按钮为 X0，停止按钮为 X1：电路主（电源）接触器 KMl 接于输出口 Y0，电动机 Y 接法接触器 KM2 接于输出口 Y1，电动机△形接法接触器 KM3 接于输出口 Y2。依电机 Y/△起动控制要求，通电时，应 Y0、Y1 为 ON（传送常数为 1+2=3），电动机 Y 形起动；当转速上升到一定程度，断开 Y0、Y1，接通 Y2（传送常数为 4）。然后接通 Y0、Y2（传送常数为 1+4=57，电动机△形运行。停止时，应传送常数为 0。另外，起动过程中每个状态间应有时间间隔。本例使用向输出端口送数的方式实现控制，用功能指令设计的电动机的 Y/△起动控制梯形图如图 9-26 所示。

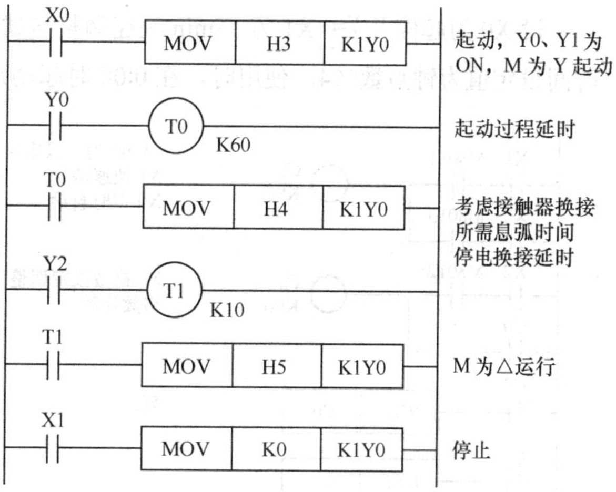

图9-26　电动机的Y/△起动控制梯形图

应用功能指令设计，比起用基本指令进行程序设计有了较大的简化。

（二）彩灯的交替点亮 PLC 控制

有 8 盏彩灯 HL1~HL8，要求隔灯显示，每 2s 变换 1 次，反复进行。用一个开关实现起停控制。L1~L8 接于 Y0~Y7。

根据要求设计的梯形图如图 9-27 所示，X0 闭合，T0 产生一个导通 2s 断开 2s 的周期性的振荡电路，T0 导通时将十进制数（K85）$_{10}$[（K85）$_{10}$ 转换为二进制数（01010101）$_2$]送到 K2Y0，使得彩灯 Y0、Y2、Y4、Y6 点亮；T0 断开时将十进制数（K170）[（K170）$_{10}$ 转换为二进制数=（10101010）$_2$] 送到 K2Y0，使得彩灯 Y1、Y3、Y5、Y7 点亮；周期性的实现彩灯的交替点亮控制。

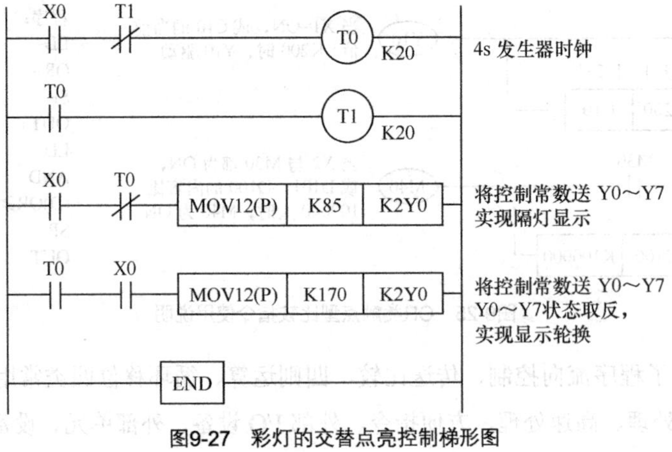

图9-27 彩灯的交替点亮控制梯形图

（三）简易定时报时器的 PLC 控制

应用计数器与比较指令，构成 24h 可设定定时时间的控制器，每 15min 为一设定单位，共 96 个时间单位。

设定 6:30 电铃（Y0 控制）每秒响 1 次，6s 后自动停止。9:00～17:00，起动住宅报警系统（Y1）。18:00 打开园内照明（Y2）。22:00 关园内照明（Y2）。

设 X0 为起停开关；X1 为 15min 快速调整与试验开关；X2 为格数设定的快速调整与试验开关。时间设定值为钟点数×4。使用时，在 0:00 时起动定时器，梯形图如图 9-28 所示。

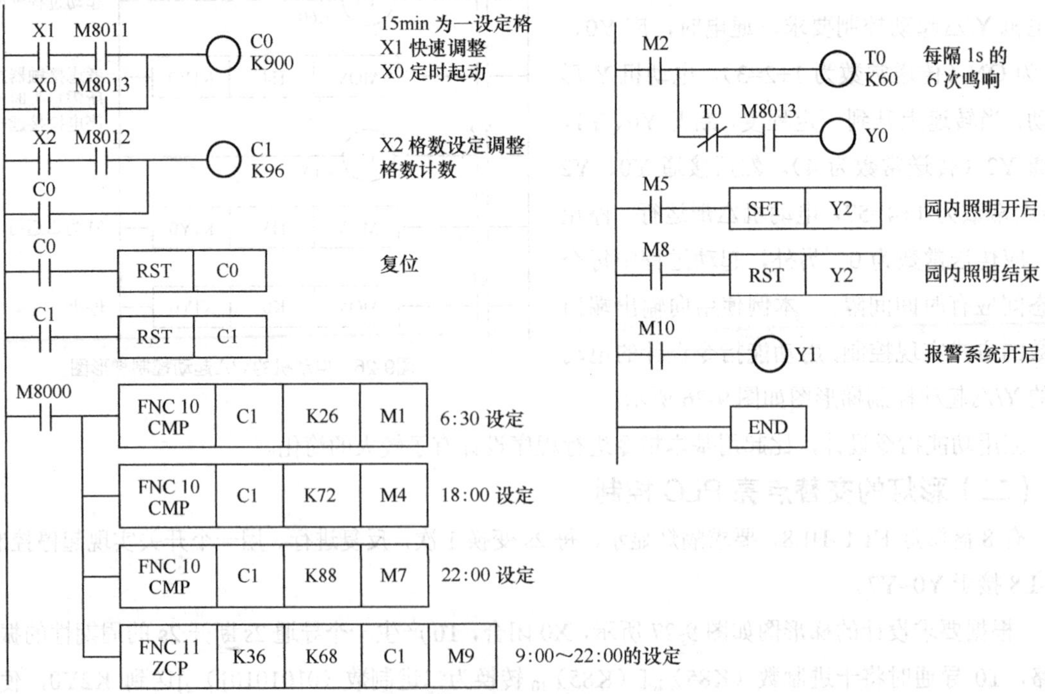

图9-28 传送比较类指令用于定时报时器控制

(四)流水灯光 PLC 控制系统

某灯光招牌有 L1~L8 八个灯接于 K2Y0，要求当 X0 为 ON 时，灯先以正序每隔 1s 轮流点亮，当 Y7 亮后，停 2s；然后以反序每隔 1s 轮流点亮，当 Y0 再亮后，停 2s，重复上述过程。当 X1 为 ON 时，停止工作。梯形图如图 9-29 所示，分析见梯形图边文字说明。

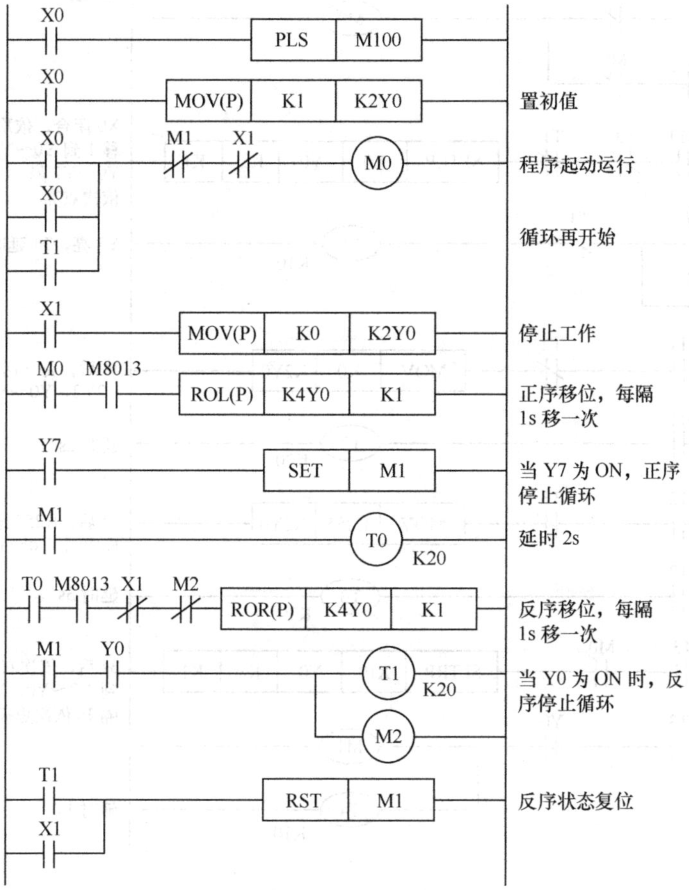

图9-29　流水灯光控制梯形图

(五)广告牌循环彩灯 PLC 控制系统

在本项目导入中，我们已经介绍了广告牌循环彩灯控制系统的要求和工作流程，现在我们用三菱 FX_{2N} 系列 PLC 来实现这些控制。

根据控制要求，我们采用位右移指令和位左移指令设计的梯形图如图 9-30 所示。

合上开关 X0，M0 产生一个周期为 1s 的振荡电路，M0 每隔 1s 产生一个脉冲，执行位左移 STFLP 指令使得霓虹灯 HL1、HL2、HL3、HL4、HL5、HL6、HL7、HL8 依次点亮，间隔 1s，Y7 亮后，延时1s，将0送到Y0~Y7，8盏霓虹灯全灭，2s后将K255送到Y0~Y7，8盏霓虹灯又全亮，3s后执行位右移STFRP指令使得霓虹灯HL8、HL7、HL6、HL5、HL4、HL3、HL2、HL18盏霓虹灯依次熄灭，间隔1s，延时3s，完成一个周期，接着从头开始重复。

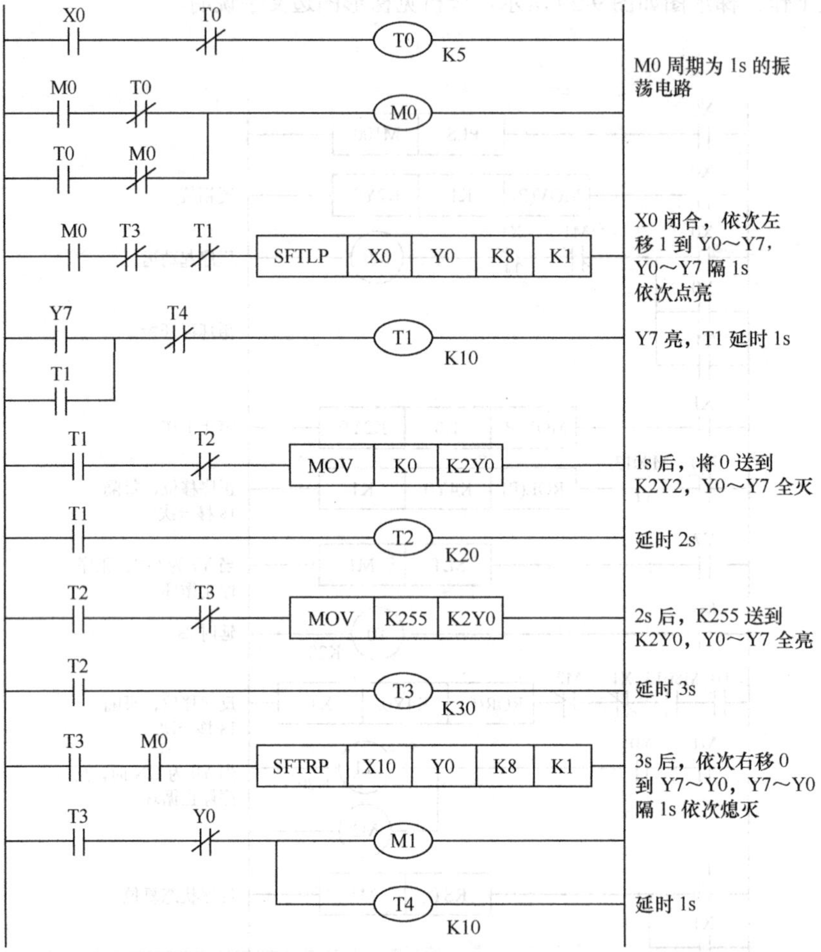

图9-30　广告牌循环彩灯PLC控制系统

（六）　移位指令用于数码显示的PLC控制系统

0~9数显经常要用到，若用位移指令实现其控制，是比较方便的。其真值表如表9-22所示。显示器的七段a、b、c、d、e、f、g分别用PLC的Y0~Y6控制，内部辅助继电器M0~M4作为时序发生电路用元件。控制梯形图如图9-31所示。

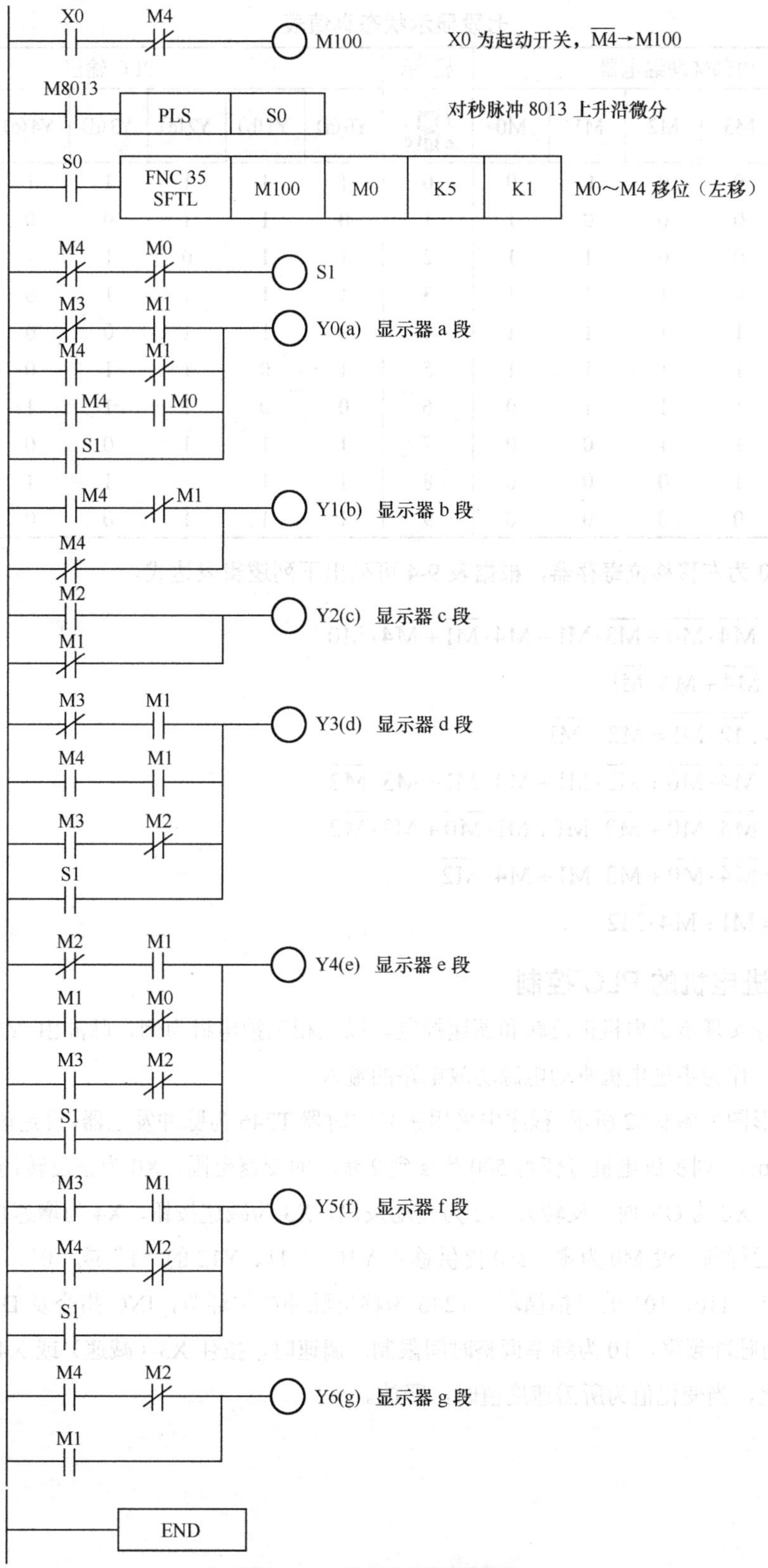

图9-31　七段码显示控制梯形图

表 9-22　　　　七段显示状态真值表

PLC 内部辅助继电器						显 示	PLC 输出						
	M4	M3	M2	M1	M0	a f g b e d c	Y0(a)	Y1(b)	Y2(c)	Y3(d)	Y4(e)	Y5(f)	Y6(g)
	0	0	0	0	0	0	1	1	1	1	1	1	0
	0	0	0	0	1	1	0	1	1	0	0	0	0
	0	0	0	1	1	2	1	1	0	1	1	0	1
	0	0	1	1	1	3	1	1	1	1	0	0	1
	0	1	1	1	1	4	0	1	1	0	0	1	1
	1	1	1	1	1	5	1	0	1	1	0	1	1
	1	1	1	1	0	6	0	0	1	1	1	1	1
	1	1	1	0	0	7	1	1	1	0	0	0	0
	1	1	0	0	0	8	1	1	1	1	1	1	1
	1	0	0	0	0	9	1	1	1	0	0	1	1

M4～M0 为左移移位寄存器，根据表 9-4 可列出下列逻辑表达式。

$$Y0(a)=\overline{M4}\cdot\overline{M0}+\overline{M3}\cdot M1+M4\cdot\overline{M1}+M4\cdot M0$$

$$Y1(b)=\overline{M4}+M4\cdot\overline{M1}$$

$$Y2(c)=\overline{\overline{M2}\cdot M1}=M2+\overline{M1}$$

$$Y3(d)=\overline{M4}\cdot\overline{M0}+\overline{M3}\cdot M1+M4\cdot M1+M3\cdot\overline{M2}$$

$$Y4(e)=\overline{M4}\cdot\overline{M0}+\overline{M2}\cdot M1+M1\cdot\overline{M0}+M3\cdot\overline{M2}$$

$$Y5(f)=\overline{M4}\cdot\overline{M0}+M3\cdot M1+M4\cdot\overline{M2}$$

$$Y6(g)=M1+M4\cdot\overline{M2}$$

（七）步进电机的 PLC 控制

以功能指令实现步进电机正反转和调速控制。以三相三拍电机为例，脉冲由 Y10～Y12（晶体管输出）送出，作为步进电机驱动电源功放电路的输入。

设计的梯形图如图 9-32 所示。程序中采用积算定时器 T246 为脉冲发生器，设定值为 K2～K500，定时为 2～500ms，则步进电机可获得 500 步/s 到 2 步/s 的变速范围。X0 为正反转切换开关（X0 为 OFF 时，正转；X0 为 ON 时，反转），X2 为起动按钮，X3 为减速按钮，X4 为增速按钮。以正转为例，程序开始运行前，设 M0 为零。M0 提供移入 Y10、Y11、Y12 的“1”或“0”，在 T246 的作用下最终形成 011、110、101 的三拍循环。T246 为移位脉冲产生环节，INC 指令及 DEC 指令用于调整 T246 产生的脉冲频率。T0 为频率调整时间限制。调速时，按住 X3（减速）或 X4（增速）按钮，观察 D0 的变化，当变化值为所需速度值时，释放。

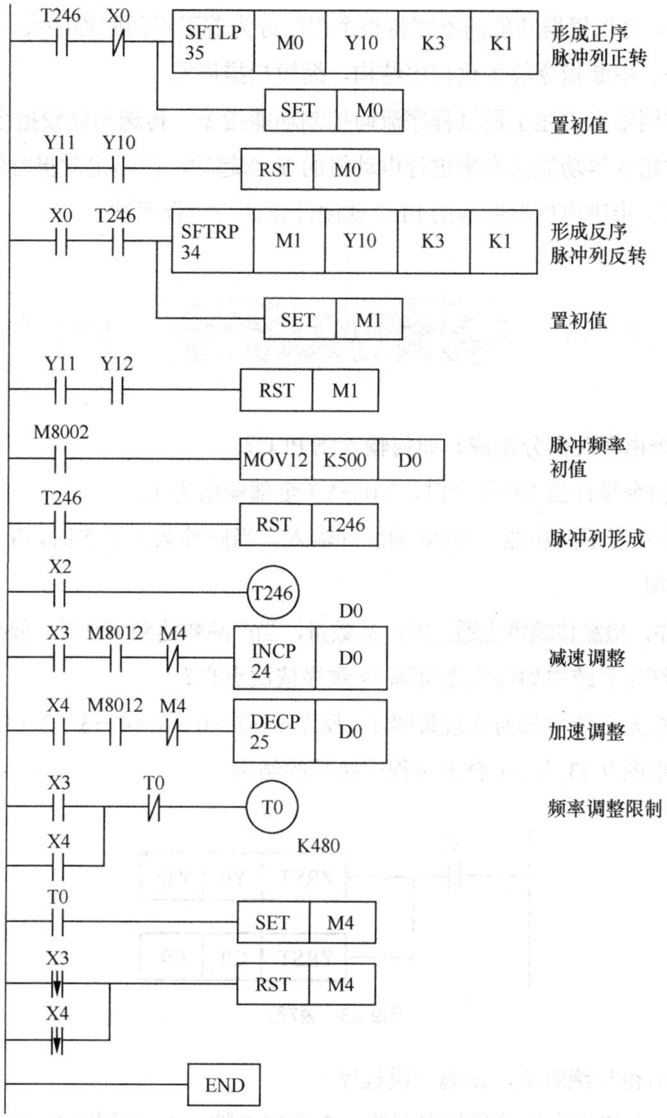

图9-32　步进电机的PLC控制梯形图

项目小结

本项目以霓虹灯的控制要求及解决方案为例引出程序流向控制功能指令、传送和比较指令、四则运算和逻辑运算指令、循环移位指令等常用功能指令的基本知识及使用。功能指令是 PLC 制造商为满足用户不断提出的一些特殊控制要求而开发的指令。一条功能指令即相当于一段程序。使用功能指令可简化复杂控制，优化程序结构，提高系统可靠性。在梯形图中，功能指令一般用功能框的形式表示。

当程序较复杂时，可以根据功能的不同将整个程序分为若干不同的程序块，并使用子程序指令、跳转指令、循环指令、中断指令等优化程序结构，缩短扫描周期。

本项目的应用举例重点讲述了通过程序流向控制功能指令、传送和比较指令、四则运算和逻辑运算指令、循环移位指令等功能指令来进行电动机的Y/△起动、简易定时报时器、流水灯光控制、广告牌循环彩灯控制、步进电机控制等的PLC软硬件设计与运行调试。

习题及思考

1．一条功能指令由哪几部分组成？如何输入到PLC？

2．请使用传送指令设计当X0闭合时，Y0～Y7全部输出为1。

3．用CMP指令实现下面功能：X000为脉冲输入，当脉冲数大于5时，Y1为ON；反之，Y0为ON。编写此梯形图。

4．编写一段程序，检测传输带上通过的产品数量，当产品数达到100时，停止传输带进行包装。

5．广告牌霓虹灯光系统中如何实现每隔1s顺序依次点亮？

6．广告牌霓虹灯光系统中如何实现每隔1s 反序8→7→6→5→4→3→2→1熄灭？

7．分析下面梯形图9-33当X1合上时程序执行的结果。

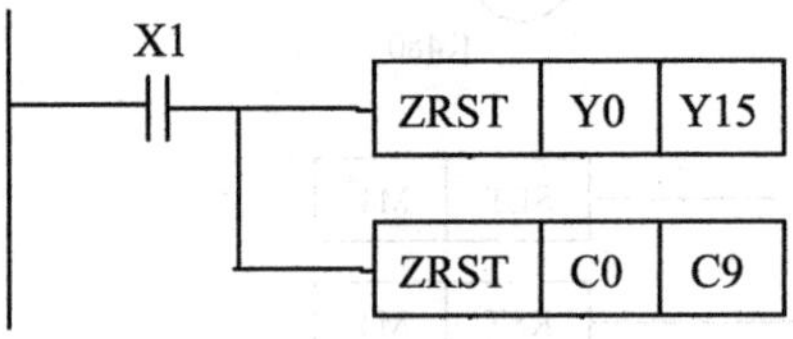

图9-33　题7图

8．两数相减之后得到绝对值，试编一段程序？

9．使用SFTL位左移指令构成移位寄存器，实现广告牌字的闪耀控制。用HL1~HL4四灯分别照亮“欢迎光临”4个字。其控制流程要求如表9-23所示，每步间隔1s。

表9-23　广告牌字的闪耀流程

步序	1	2	3	4	5	6	7	8
HL1	×				×		×	
HL2		×			×		×	
HL3			×		×		×	
HL4				×	×		×	

Chapter 10

项目十

PLC综合控制系统

【学习目标】

1. 了解 PLC 系统可靠性设计的措施和方法。
2. 熟悉 PLC 的常见故障和排除方法。
3. 能用三菱 FX_{2N} 系列 PLC 对 T68 卧式镗床、Z3050 钻床、X62W 万能铣床进行硬件和软件改造。
4. 能用三菱 FX_{2N} 系列 PLC 完成电镀生产线的硬件和软件设计。
5. 能用三菱 FX_{2N} 系列 PLC 完成三层轿外按钮控制电梯的硬件和软件设计。
6. 熟悉 PLC 综合程序设计的技能技巧。

一、项目导入

本书的前半部分我们讲述了 T68 镗床、Z3050 钻床、X62W 万能铣床等各种常用机床的电气控制线路组成及原理，后半部分我们讲述了三菱 FX 系列 PLC 的组成原理、指令及程序设计。我们知道，由电气控制的各种机床接触触点多，线路复杂，故障多，操作人员安装接线、维修任务较大。针对这种情况，我们用三菱 FX_{2N} 系列 PLC 对其进行改造，用 PLC 软件控制改造其继电器控制电路，用 PLC 控制可克服继电器控制的缺点，降低设备故障率，提高设备使用效率，其改造原则如下。

（1）原机床的工艺加工方法不变。

（2）在保留主电路的原有元件的基础上，不改变原控制系统电气操作方法。

（3）电气控制系统控制元件（包括按钮、行程开关、热继电器、接触器）作用与原电气线路相同。

（4）主轴和进给起动、制动、调速等的操作方法不变。

（5）改造原继电器控制中的硬件接线为 PLC 编程实现。

本项目我们就讲述用三菱 FX 系列 PLC 对这些常用机床的改造；以及 PLC 在电镀生产线和 3 层轿外按钮控制电梯中的硬件和软件设计；同时也介绍了 PLC 系统可靠性设计和 PLC 的常见故障和排除方法。

二、相关知识

（一）PLC系统可靠性设计

1. 对供电电源干扰采取的措施

PLC控制系统的电源一般是普通市电，其电网电压存在±10%左右的波动，且市电电压经常发生瞬变，在感性负载或可控硅装置，切换时易造成电压毛刺，这样的电源会引起PLC系统工作不稳定。为控制来自电源方面的干扰，可采用以下4种方法：一是使用隔离变压器，衰减电源进线的干扰。如果没有隔离变压器，也可用普通变压器代替。为改善隔离变压器抗干扰的效果，其屏蔽层要良好接地，初、次级连接线要用双绞线，以便抑制电源线间干扰。二是使用交流稳压电源，交流稳压电源是为了抑制电网中电压的波动，可接在隔离变压器之后。三是采用晶体管开关电源，开关电源在市电网或其他外部电源电压波动很大时，其输出电压不会有很大的影响，因而抗干扰能力强。四是分离供电系统，将控制器、I/O通道与其他设备的供电分离开来，也有利于抗电网干扰。

2. 采用光电隔离技术

在PLC控制系统中的输入、输出信号大多是开关元件，虽然PLC的抗干扰能力相当强，应用中还是要注意进行隔离，把它们有效地与PLC隔离起来以免受干扰。把大信号缩小或小信号放大到PLC可接受的范围，能够很好地抑制共模干扰。

3. 对感性负载采取的措施

在工业控制系统中，有很多感性负载。如继电器、接触器、电磁阀等。因此，当控制触点开关转换时，将产生较高的反电动势，从而造成较大干扰。对直流、交流感性负载要区别对待。

对直流感性负载，应在负载两端并联续流二极管，二极管要靠近负载，二极管的反向耐压应大于电源电压的3倍，额定电流为1A。对交流感性负载，应在负载两端并接阻容吸收电路，其中，电阻取51¯120Ω，功率为2W；电容取0.1～0.47μF，电容额定电压应大于电源峰值电压，RC越靠近负载，其抗干扰效果越好。感性负载的抗干扰措施如图10-1所示。

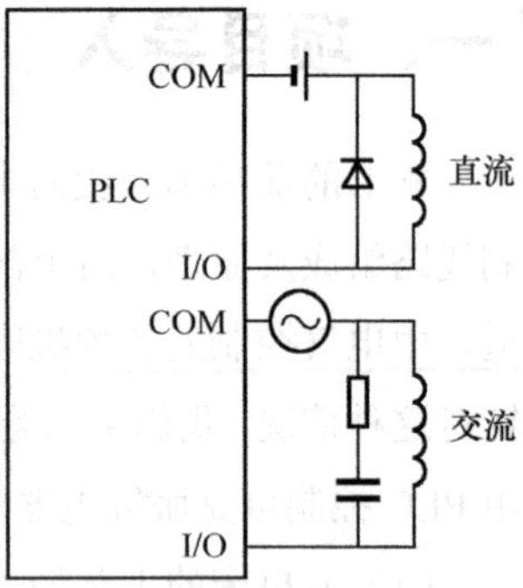

图10-1 感性负载抗干扰措施

对控制器触点（开关量）输出场合，不管控制器本身有无抗干扰措施，最好采取上述抗干扰方法。

4. 减少外部配线的干扰

工程布线走线时需要注意，外部配线也可能会引入干扰。对交直流输入、输出信号线分别使用各自的电缆；数字量和模拟量信号线，也一定要用独立的电缆；模拟量信号线要用屏蔽电缆；对集成电路或半导体设备的输入、输出信号线必须使用屏蔽电缆，屏蔽电缆的屏蔽层应该在控制器侧接地；对信号电缆和动力线应分开配线。

5. 接地处理

接地问题必须引起足够的重视。接地的好坏对系统也有很大影响，尤其是对模拟量信号。注意模拟地、数字地的处理，在系统内部它们应分别连接，接点引出后连接在一个接地点，引到接地地桩。接地电阻要小于 100Ω，接地线的截面积应大于 $2mm^2$，而且接地点尽量靠近 PLC 装置，其间的距离不大于 50m。接地线应尽量避开强电回路和主回路的电线，不能避开时，应垂直相交，且尽量缩短平行走线的长度。

6. 软件抗干扰方法

软件滤波也是现在经常采用的方法，该方法可以很好地抑制对模拟信号的现场瞬时干扰。在控制系统中，最常用的是均值滤波法：用 N 次采样值的平均值来代替当前值，每新采样一次就与最近的 N-1 次的历史采样值相加，然后除以 N，结果作为当前采样值。软件滤波的算法很多，根据控制要求来决定具体的算法。另外，在软件上还可以作其他处理，比如看门狗定时设置。

7. 工作环境处理

环境条件对可编程控制器的控制系统的可靠性影响很大，必须针对具体应用场合采取相应的改善环境措施。环境条件主要包括温度、湿度、振动及冲击和空气质量等。

（1）温度。高温容易使半导体器件性能恶化，使电容器件等漏电流增大，模拟回路的漂移较大、精度降低，结果造成 PLC 故障率增大，寿命降低。温度过低，模拟回路的精度也会降低，回路的安全系数变小，甚至引起控制系统的动作不正常。特别是温度的急剧变化时，影响更大。

对付高温有 3 种方法：一是在盘、柜内设置风扇或冷风机；二是把控制系统置于有空调的控制室内；三是控制器安装时上下要留有适当的通风距离，I/O 模块配线时要使用导线槽，以免妨碍通风。把电阻器或电磁接触器等发热体远离控制器，并把控制器安装在发热体的下面。对付低温则相反，一是在盘、柜内设置加热器；二是停运时，不切断控制器和 I/O 模块的电源。

（2）湿度。在湿度大的环境中，水分容易通过金属表面的缺陷浸入内部引起内部元件的恶化，印刷板可能由于高压或高浪涌电压而引起短路。在极干燥的环境下，绝缘物体上会产生静电，特别是集成电路，由于输入阻抗高，可能由于静电感应而损坏。

控制器不运行时，温度、湿度的急骤变化可能引起结露，使绝缘电阻大大降低，特别是交流输入、输出模块，绝缘的恶化可能产生预料不到的事故。对湿度过大的环境，要采取适当的措施降低环境湿度：一是把盘、柜设计成密封型，并加入吸湿剂；二是把外部干燥的空气引入盘、柜内；三是印刷板上再涂覆一层保护层，如松香水等。对湿度低、干燥的场合，人体应尽量不接触模块，以防感应静电损坏器件。

（3）振动和冲击影响。一般可编程控制器能耐的振动和冲击频率超过极限时，可能会引起电磁阀或断路器误动作、机械结构松动、电气部件疲劳损坏以及连接器的接触不良等后果。在有振动和冲击时，主要措施是要查明振动源，采取相应的防振措施，如采用防振橡皮、对振动源隔离等。

（4）空气质量的影响。PLC 系统周围空气中不能混有尘埃、导电性粉末、腐蚀性气体、水分、有机溶剂和盐分等。尘埃引起接触部分的接触不良，或堵住过滤器的网眼：导电性粉末可引起误动作，使绝缘性能变差和短路等：油雾可能会引起接触不良和腐蚀塑料：腐蚀性气体和盐分会腐蚀印刷电路板、接线头及开关触点，造成继电器或开关类的可动部件接触不良。

对不清洁环境中的空气，可采取以下措施：一是把盘、柜采用密封型结构：二是盘、柜内打入正压清洁空气，使外界不清洁空气不能进入盘柜内部；三是印刷板表面涂覆一层保护层，如松香水等。

（二）PLC的常见故障和排除方法

1. PLC的维护

PLC的可靠性很高，但环境的影响及内部元件的老化等因素，也会造成PLC不能正常工作。PLC的维护主要包括以下9个方面。

（1）对大中型PLC系统，应制订维护保养制度，做好运行、维护、保养记录。

（2）定期对系统进行检查保养，时间间隔为半年，最长不超过一年，特殊场合应缩短时间间隔。

（3）检查设备安装、接线有无松动及焊点、接点有无松动或脱落现象。

（4）除尘去污，清除杂质。

（5）检查供电电压是否在允许范围之内。

（6）重要器件或模块应有备件。

（7）校验输入元件、信号是否正常，有无出现偏差异常现象。

（8）机内后备电池的定期更换。锂电池寿命通常为3～5年，当电池电压降低到一定值时，电池电压指示BATT.V亮。

（9）加强PLC维护，提高使用人员的思想教育和业务素质。

2. 故障检查与排除

（1）PLC的自诊断。PLC本身具有一定的自诊断能力，使用者可从PLC面板上各种指示灯的发亮和熄灭，判断PLC系统是否出现故障，这给用户初步诊断故障带来很大的方便。PLC基本单元面板上的指示灯如下所述。

① POWER（电源指示）。当供给PLC的电源接通时，该指示灯亮。

② RUN（运行指示）。SW1置于“RUN”位置或基本单元的RUN端与COM端的开关合上，则PLC处于运行状态，该指示灯亮。

③ BATT.V（机内后备电池电压指示）。PLC的电源接通，如果锂电池电压跌落到一定值时，该指示灯亮。

（2）故障检查与排除。利用PLC基本单元面板上各种指示灯运行状态，可初步判断出发生故障的范围，在此基础上可进一步查清故障。

① 电源系统的检查。从POWER指示灯的亮或灭，较容易判断出电源系统正常与否。因为只有电源正常工作时，才能检查其他部分的故障，所以应先检查或修复电源系统。电源系统故障往往发生在供电电压不正常、熔断器熔断或连接不好、接线或插座接触不良，有时也可能是指示灯或电源部件坏了。

② 系统异常运行检查。先检查 PLC 是否置于运行状态，再监视检查程序是否有错，若还不能查出，应接着检查存储器芯片是否插接良好，仍查不出时，则检查或更换微处理器。

③ 检查输入部分。输入部分常见故障及产生原因和处理建议如表 10-1 所示。

表 10-1 输入部分常见故障、产生原因和处理建议

故障现象	可能原因	处理建议
输入均不接通	1．未向输入信号源供电 2．输入信号源电源电压过低 3．端子螺钉松动 4．端子板接触不良	1．接通有关电源 2．调整合适：24V，7mA 3．拧紧 4．处理后重接
PLC 输入全异常	输入单元电路故障	更换输入部件
某特定输入继电器不接通（指示灯灭）	1．输入信号源（器件）故障 2．输入配线断 3．输入端子松动 4．输入端接触不良 5．输入接通时间过短 6．输入回路（电路）故障	1．更换输入器件 2．重接、拧紧 3．处理后重接 4．处理后重接 5．调整有关参数 6．检测电路或更换
某特定输入继电器关闭	输入回路（电路）故障	查电路或更换
输入随机性动作	1．输入信号电平过低 2．输入接触不良 3．输入噪声过大	1．查电源及输入器件 2．检查端子接线 3．加屏蔽或滤波措施
动作正确，但指示灯灭	LED 损坏	更换 LED

④ 检查输出部分。输出部分常见故障及产生的原因和处理建议，如表 10-2 所示。

系统的输入、输出部分通过接线端子、连接线和 PLC 连接起来，而且输入外围设备和输出驱动的外围设备均为硬件和硬线连接，因此输入、输出部分较容易发生故障，这也是 PLC 系统中最多见的故障，因此，检查时须多加注意。

⑤ 检查电池。机内电池部分出现故障，一般是由于电池装接不好或因使用时间过长所致，把电池装接牢固或更换电池即可。异常：一周内更换；更换时间<5min。

⑥ 外部环境检查。PLC 控制系统工作正常与否，与外部条件环境也有关系，有时发生故障的原因可能就在于外部环境不合乎 PLC 系统工作的要求。检查外部工作环境主要包括以下几个方面。

a．如果环境温度高于 55℃，应安装电风扇或空调机，以改善通风条件；假如温度低于 0℃，应安装加热设备。

b．如果相对湿度高于 85%，容易造成控制柜中挂霜或滴水，引起电路故障，应安装空调器等，相对湿度不应低于 35%。

c．周围有无大功率电气设备（例如晶闸管变流装置、弧焊机、大电机起动）产生不良影响，如

果有就应采取隔离、滤波、稳压等抗干扰措施。

表 10-2　　输出部分常见故障及产生原因和处理建议

故 障 现 象	可能的原因	处 理 建 议
输出均不能接通	1. 未加负载电源 2. 负载电源已坏或电压过低 3. 接触不良（端子排） 4. 保险管已坏 5. 输出回路（电路）故障 6. I/O 总线插座脱落	1. 接通电源 2. 调整或修理 3. 处理后重接 4. 更换保险 5. 更换输出部件 6. 重接
输出均不关断	输出回路（电路）故障	更换输出部件
特定输出继电器不接通（指示灯灭）	1. 输出接通时间过短 2. 输出回路（电路）故障	1. 修改输出程序或数据 2. 更换输出部分
特定继电器（输出）不接通（指示灯亮）	1. 输出继电器损坏 2. 输出配线断 3. 输出端子接触不良 4. 输出驱动电路故障	1. 更换继电器 2. 重接或更新 3. 处理后更新 4. 更换输出部件

三、综合应用

（一）三菱 FX_{2N} 系列 PLC 对 T68 镗床的改造

1. 改造方案的确定

镗床是冷加工中使用比较普遍的设备，它主要用于加工精度、光洁度要求较高的孔以及各孔间的距离要求较为精确的零件。如一些箱体零件，它属于精密机床。T68 卧式镗床是应用最广泛的一种。它原控制电路为继电器控制，接触触点多，线路复杂，故障多，操作人员维修任务较大。针对这种情况，我们用三菱 FX_{2N} 系列 PLC 对其进行改造，用 PLC 软件控制改造其继电器控制电路，用 PLC 控制克服了继电器控制的缺点，降低了设备故障率，提高了设备使用效率，改造后运行效果非常好。

2. 硬件改造

（1）主电路。T68 镗床有 2 台电动机，主轴电机 M1 拖动主轴的旋转和工作进给，M2 电动机实现工作台的快移。M1 电动机是双速电动机，低速是△形接法，高速是 YY 接法，主轴旋转和进给都有齿轮变速，停车时采用了反接制动、主轴和进给的齿轮变速采用了断续自动低速冲动。T68 镗床的主电路图如图 10-2 所示。

（2）T68 镗床 PLC 改造 I/O 分配图。我们在改造中选用了三菱 FX_{2N}-48 系列 PLC，18 个输入信号和 9 个输出信号对应于 PLC 输入端 X0～X21 及输出端 Y0～Y10，PLC 改造 I/O 分配图如图 10-3 所示。

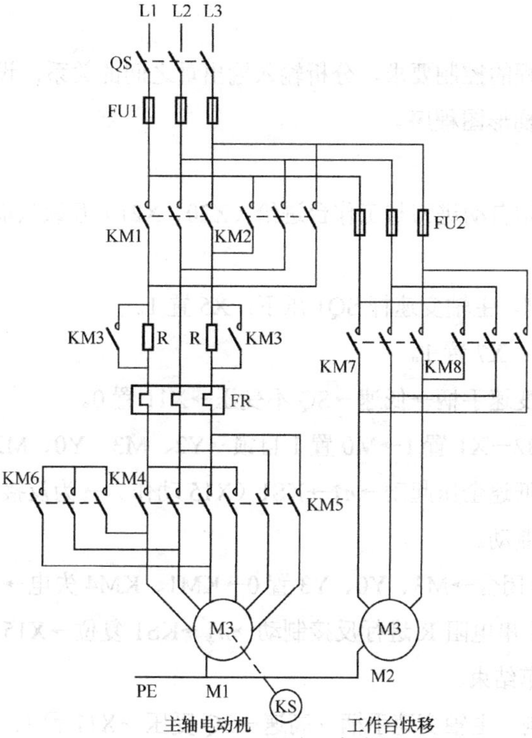

图10-2　T68镗床主电路

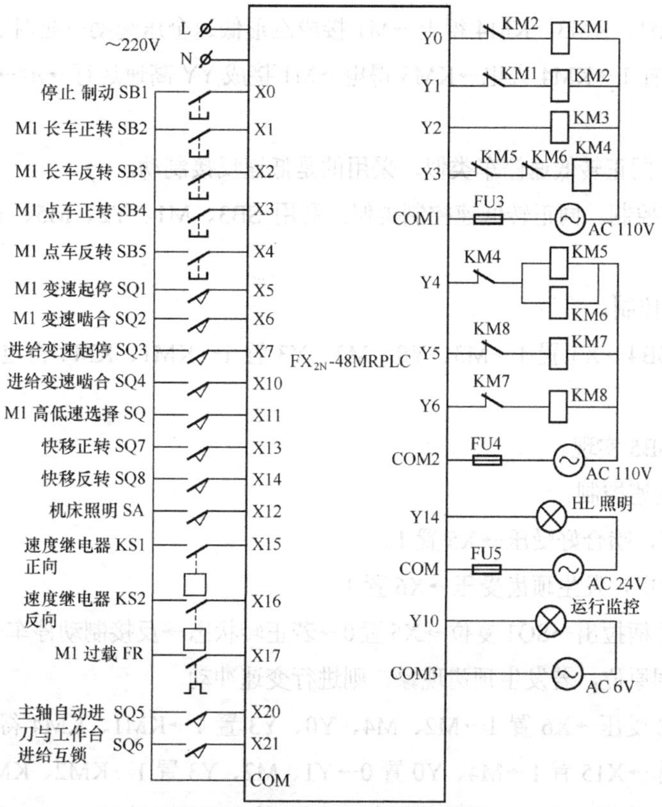

图10-3　T68镗床输入输出接线图

3. 软件设计

根据卧式镗床工作过程的控制要求，分析输入输出量之间的关系，设计 PLC 的控制程序。图 10-4 所示为改造后的软件梯形图程序。

4. 系统调试

PLC 通电后，由于主轴自动进刀与工作台进给（X20、X21）互锁只能一个动作，故 M100 动置 1，M100 触点动作。

（1）M1 低速连续控制。主轴变速杆 SQ1 压下：X5 置 1。

进给变速杆 SQ3 压下：X7 置 1。

正转低速起动：主轴变速手柄→低速→SQ 不受压→X11 置 0。

按下正转起动按钮 SB2→X1 置 1→M0 置 1 自锁→Y2、M3、Y0、M2、Y3 置 1→KM1、KM3、KM4 得电→M1 接成△形低速全压起动→n↑→KS1（X15 动作）→为反接制动作准备。

正转低速停车：反接制动。

按停车按钮 SB1→X0 闭合→M3、Y0、Y3 置 0→KM1、KM4 失电→同时 Y1、M2、Y3 得电置 1→KM2、KM4 得电→M1 串电阻 R 进行反接制动→n↓→KS1 复位→X15 断开→Y1、M2、Y3 复位置 0→KM4 失电→M1 停车结束。

（2）M1 高速连续控制。主轴变速手柄→高速→SQ 受压→X11 置 1。

控制过程同低速类似，按下 SB2→X1 置 1→M0、M2、M3、Y0、Y3 置 1，由于 X11 置 1，使得 T0 开始延时→KM1、KM3、KM4 得电→M1 接成△形低速全压起动→延时 3s→T0 动作→Y3 复位，T1 延时 0.5sY4 置 1→KM4 失电→KM5 得电→M1 接成 YY 高速运行→n↑→KS1（X15）动作→为反接制动作准备。

正转高速停车：同正转低速停车类似，采用的是低速反接制动。

（3）M1 的反转控制。同正转低速控制类似，利用 SB3、M1、Y2、M5、Y1、M2、Y3、Y4、KS2 来控制实现。

（4）M1 的点动控制。

正转点动：按 SB4→X3 置 1→M3、Y0、M2、Y3 置 1→KM1、KM4 得电→M1 接成△形串电阻低速点动。

反转点动：按 SB5 实现。

（5）主运动的变速控制。

SQ1：变速完毕，啮合好受压→X5 置 1。

SQ2：变速过程中，发生顶齿受压→X6 置 1。

主轴变速操作手柄拉出→SQ1 复位→X5 置 0→若正转状态→反接制动停车→调变速盘至所需速度→将操作手柄推回原位，若发生顶齿现象，则进行变速冲动。

变速冲动：SQ2 受压→X6 置 1→M2、M4、Y0、Y3 置 1→KM1、KM4 得电→M1 接成△低速起动→n↑→KS1 动作→X15 置 1→M4、Y0 置 0→Y1、M2、Y3 置 1→KM2、KM4 得电→M1 进行反接制动→n↓→速度下降至 100r/min→KS1 复位→X15 置 0→KM2 失电，KM1 得电→M1 起动 n↑→

制动 $n\downarrow$→起动→制动……故 M1 被间歇地起动、制动→齿轮啮合好→推上手柄→压 SQ1，SQ2 复位，切断冲动回路，变速冲动过程结束。

（6）进给变速。由 SQ3、SQ4 控制，控制过程同主轴变速。

（7）镗头架、工作台的快移。由快移操作手柄控制，通过 SQ7、SQ8 即 X13、X14 控制 M2 的正反转实现。

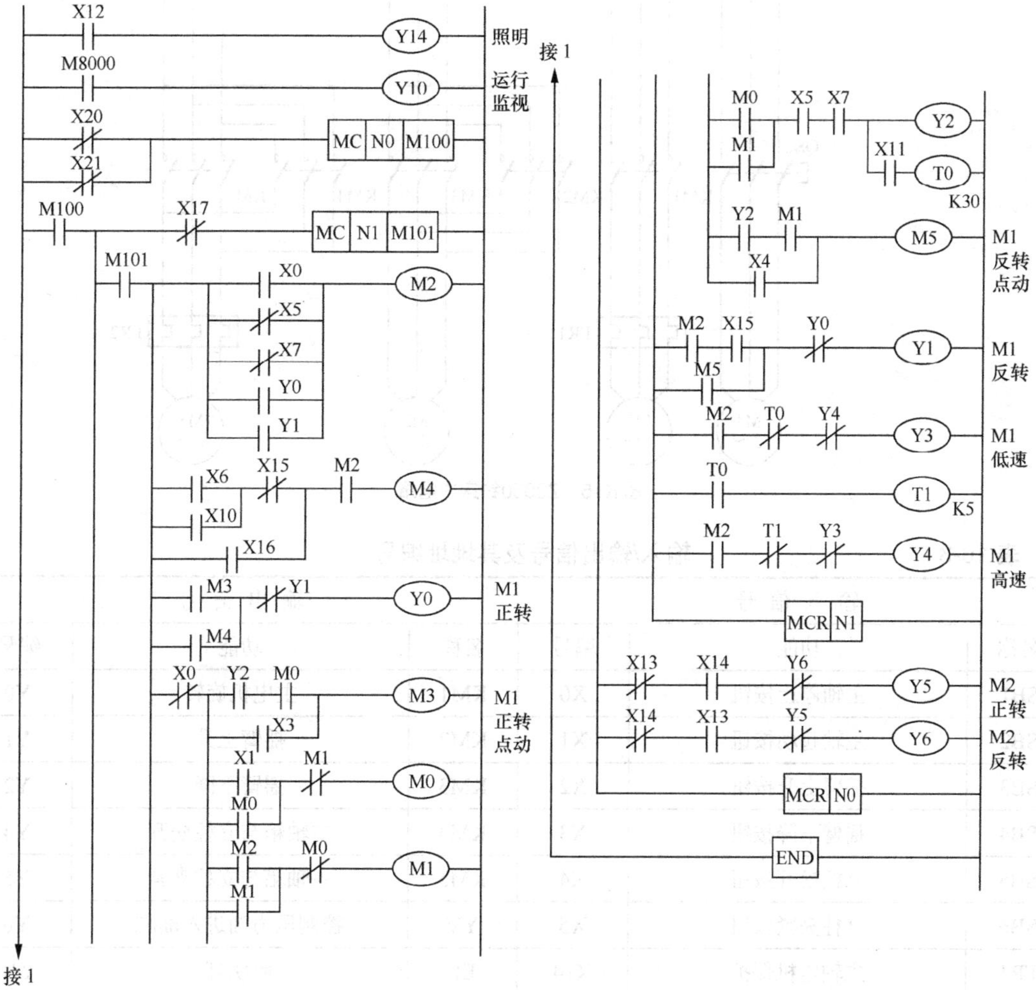

图10-4 T68镗床梯形图

（二）三菱 FX_{2N} 系列 PLC 对 Z3050 钻床的改造

钻床主要用来对工件进行钻孔、扩孔、铰孔、镗孔和攻螺纹等加工。它的主要结构和工作原理在项目二中已经讲述。老式的钻床采用继电—接触器控制，也可以对其进行 PLC 改造。改造的原则同前面的镗床。

1. 硬件改造

Z3050 钻床主电路如图 10-5 所示，输入/输出信号及其地址编号如表 10-3 所示，输入/输出接线图如图 10-6 所示。

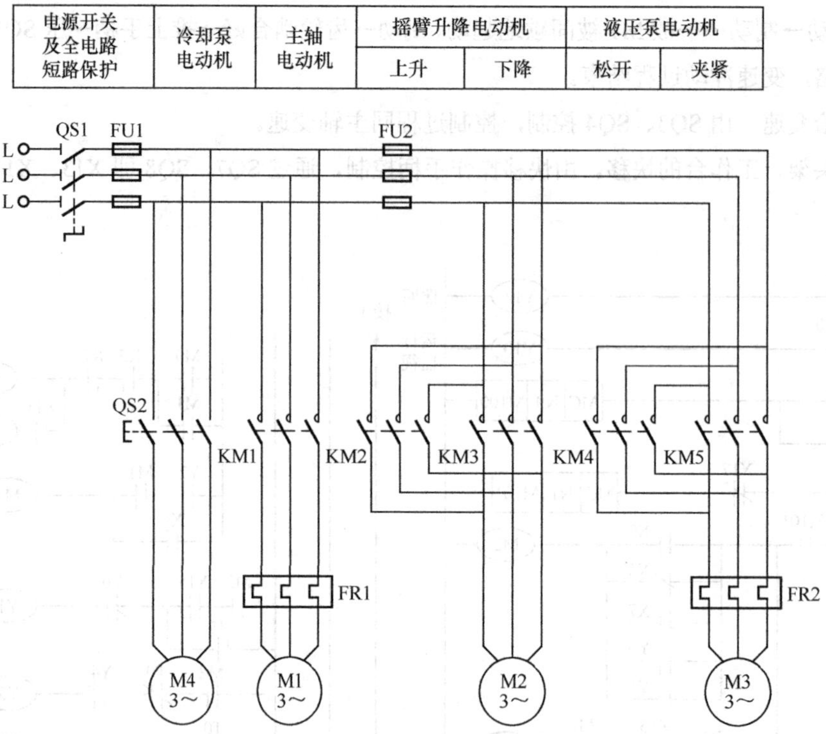

图10-5　Z3050钻床主电路

表 10-3　　　　输入/输出信号及其地址编号

输入信号			输出信号		
名称	功能	编号	名称	功能	编号
SB1	主轴停止按钮	X0	KM1	主电机旋转	Y0
SB2	主轴起动按钮	X1	KM2	摇臂上升	Y1
SB3	摇臂上升按钮	X2	KM3	摇臂下降	Y2
SB4	摇臂下降按钮	X3	KM4	主轴箱与立柱松开	Y4
SB5	立柱松开按钮	X4	KM5	主轴箱与立柱夹紧	Y5
SB6	立柱夹紧按钮	X5	YV	控制压力油进入油缸	Y6
FR1	主轴电机保护	X14	EL	照明灯	Y10
FR2	液压泵电机保护	X15	HL1	松开指示灯	Y11
SQ11	上升限位开关	X6	HL2	夹紧指示灯	Y12
SQ12	下降限位开关	X7	HL3	旋转指示灯	Y13
SQ2	摇臂松开后压下	X10			
SQ3	摇臂夹紧后压下	X11			
SQ4	控制夹紧与松开指示灯	X12			

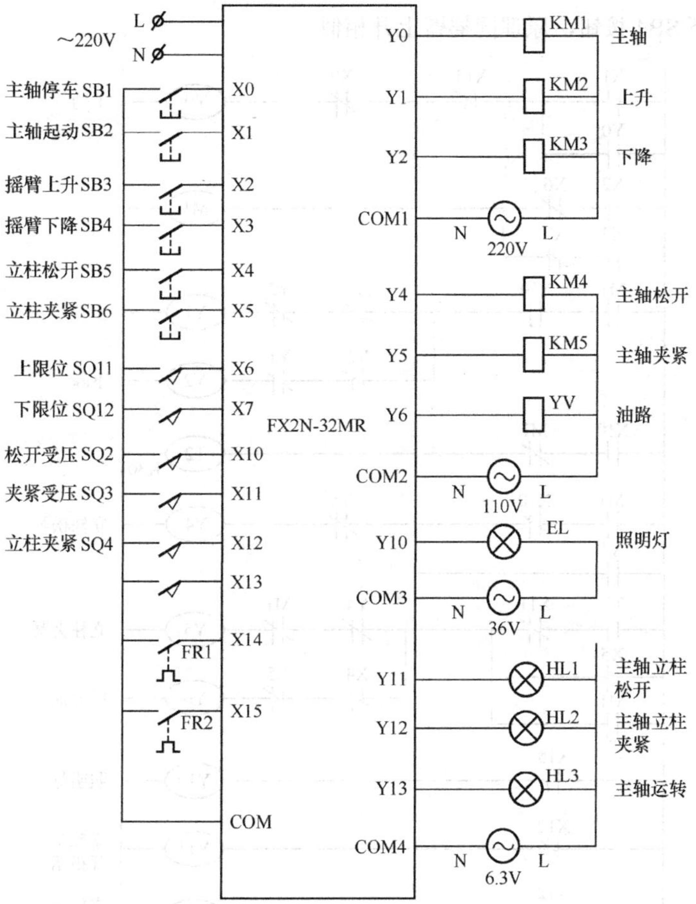

图10-6 Z3040钻床I/O接线图

2. 软件设计

根据钻床工作过程的控制要求，分析输入输出量之间的关系，设计 PLC 的控制程序。图 10-7 为改造后的软件梯形图程序。

3. 系统调试

Z3040 钻床 PLC 程序调试过程如下。

（1）主轴电机的控制。

① 起动。点按 SB2 按钮→X1 置 1→Y0 置 1，自锁，Y13 置 1→KM1 得电，M1 起动带动钻头旋转，旋转指示灯 HL3 亮。

② 停转。下 SB1 按钮→X0 置 1→Y0 置 0，释放，Y13 置 0→KM1 失电，M1 停转，HL3 熄灭。

（2）摇臂升降电机的控制。

① 上升。按下 SB3 按钮→X2 置 1→M1 置 1→Y4 置 1→KM4 得电→液压泵电动机 M3 正转，松开指示灯 HL1 亮→同时，Y6 置 1→YV 得电→压力油进入摇臂松开油腔，使摇臂松开后压下 SQ2→X10 置 1，Y1 得电→KM2 得电，M2 正转，摇臂上升→当上升到所需位置，松开 SB3→X2 置 0→M1→Y1 置 0→KM2 失电→M2 停转，摇臂不再上升→T2 动作，延时 3 s→Y5 置 1→KM5 得电→M3 反转，反向供给压力油，使摇臂夹紧后→压下 SQ3→X11 置 1→KM5、YV 失电→M3 停转。

② 下降。按下 SB4 按钮，原理同摇臂上升相似。

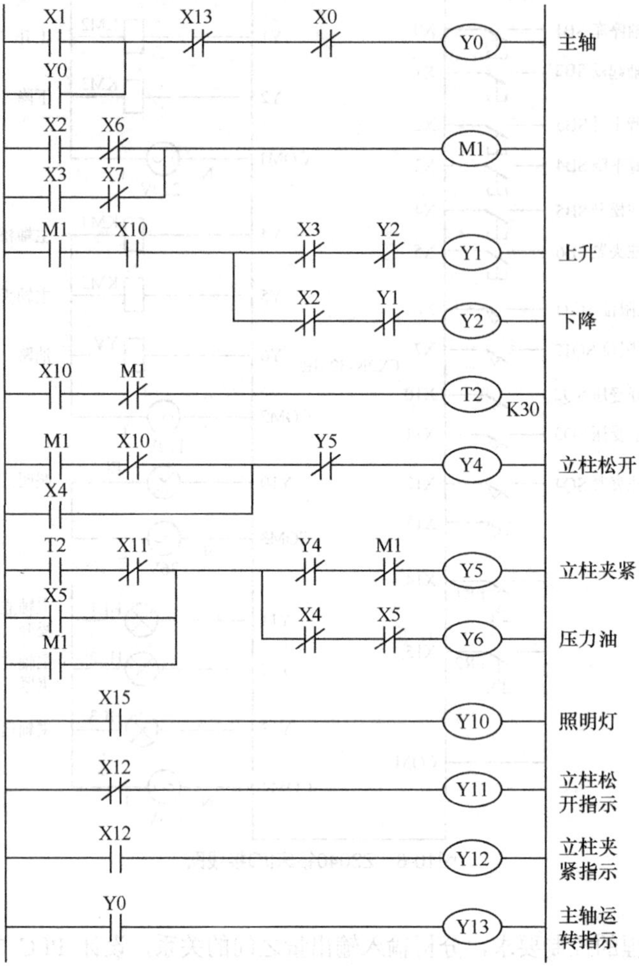

图10-7　Z3040钻床梯形图

（3）主轴箱和立柱松开与夹紧的控制。

① 松开。按下 SB5 按钮→X4 置 1→Y4 置 1→KM4 得电，YV 失电→M3 正转，压力油进入主轴箱和立柱的松开油缸，使其松开→此时 SQ4 不受压→X12 为 0→Y11 置 1→HL1 亮→松开 SB5 按钮，M3 停转，松开控制结束。

② 夹紧。按下 SB6→X5 置 1→Y5 置 1→KM5 得电→M3 反转，压力油进入主轴箱和立柱的夹紧油缸，使其夹紧→此时压下 SQ4→X12 置 1→Y12 置 1→HL2 亮→松开 SB6 按钮，M3 停转，夹紧控制结束。

（三）三菱 FX_{2N} 系列 PLC 对 X62W 万能铣床的改造

X62W 万能铣床是一种通用的多用途的机床，它可以进行平面、斜面、螺旋面及成型表面的加工，是一种最常用的加工设备。老式的铣床采用继电器—接触器控制，我们也可以对它进行 PLC 改造，改造的原则同前面的镗床。

1. 硬件改造

主电路还是保持原来的主电路，如图 10-8 所示。输入输出信号及其地址编号如表 10-4 所示。

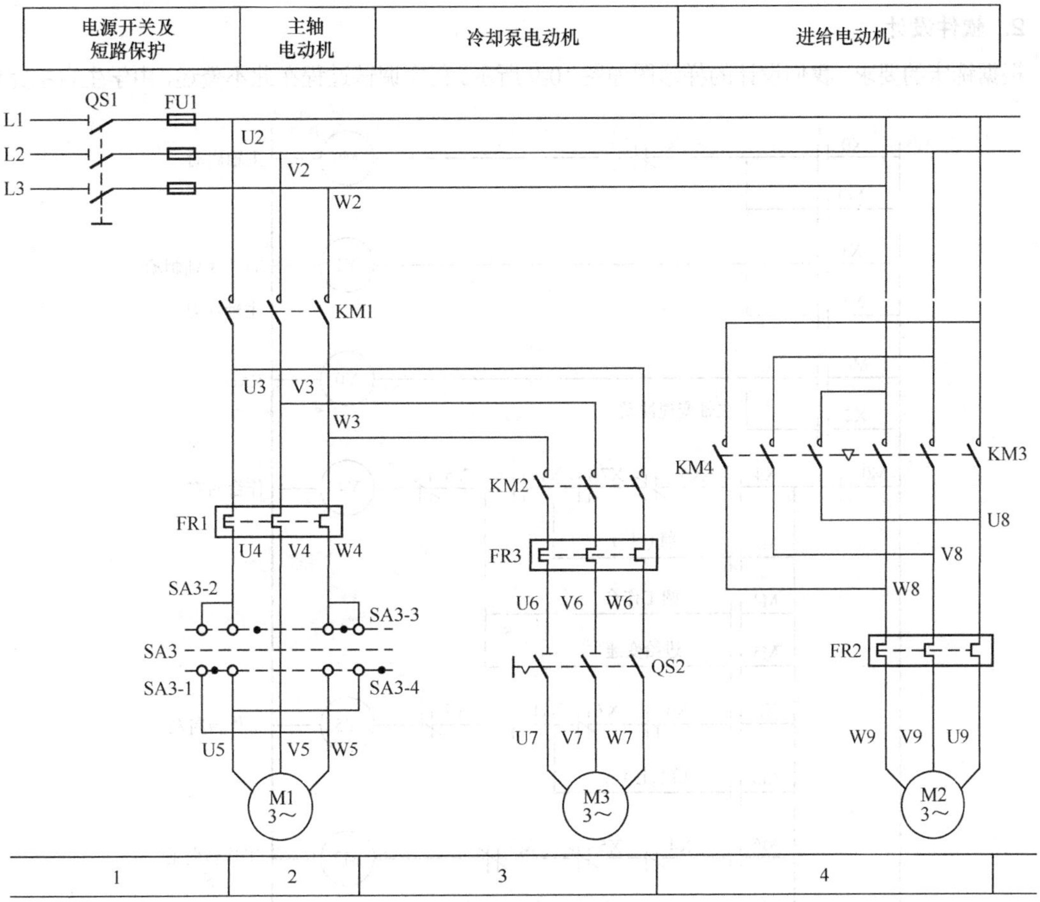

图10-8　X62W万能铣床主电路

表 10-4　　　　输入输出信号及其地址编号

输入信号			输出信号		
名称	功能	编号	名称	功能	编号
SB1(SB2)	主轴起动	X0	KM1	主轴起动	Y0
SB5(SB6)	主轴制动	X1	YC1	主轴制动离合器	Y1
SQ1	主轴变速冲动	X2	YC2	进给离合器	Y2
SA1	主轴换刀	X3	YC3	快移离合器	Y3
SQ5	工作台向右进给	X4	KM3	正向进给	Y4
SQ6	工作台向左进给	X5	KM4	反向进给	Y5
SQ3	工作台向前（下）进给	X6	EL	照明	Y6
SQ4	工作台向后（上）进给	X7			
SA2-1 SA2-2	圆工作台	X10			
SA2-3	圆工作台	X11			
SQ2	进给变速冲动	X12			
SB3(SB4)	工作台快移	X13			
SA4	照明	X14			

2. 软件设计

根据铣床的要求，我们设计的梯形图如图10-9所示。程序调试过程在此不赘述，由学生自主完成。

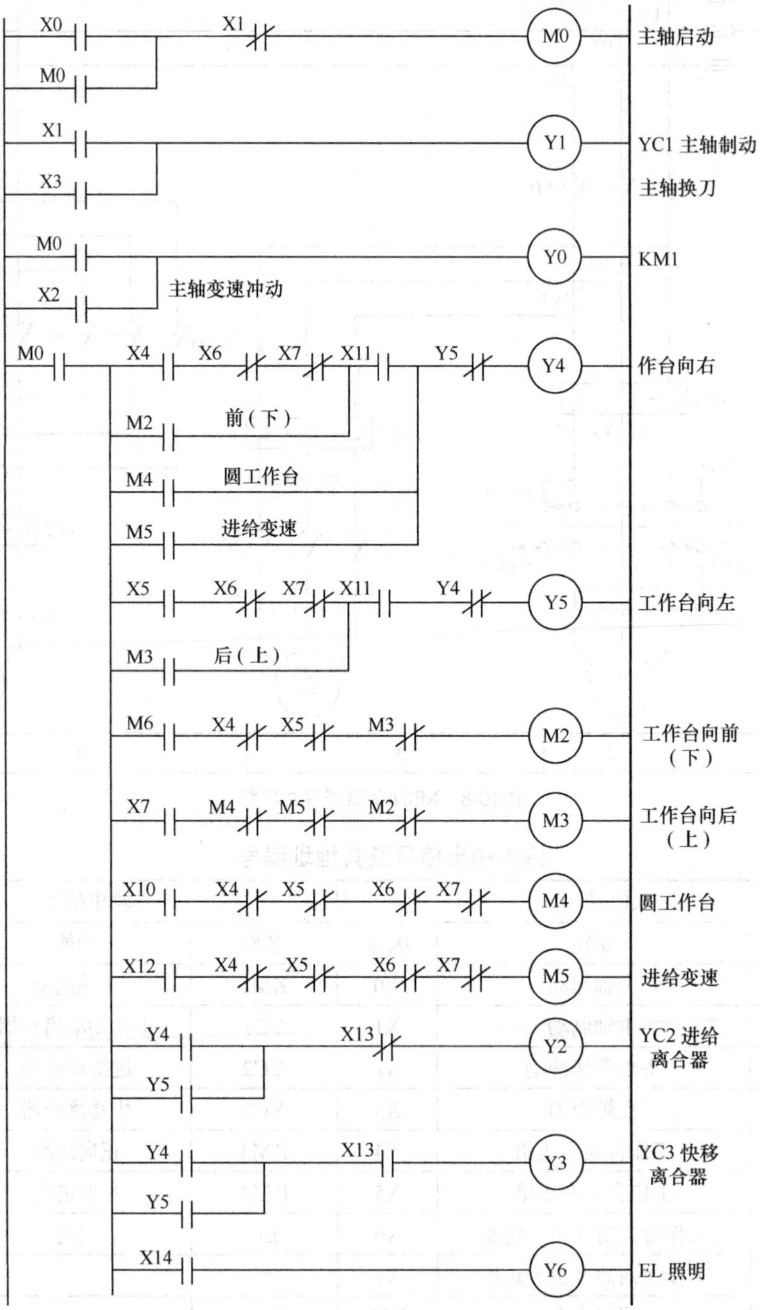

图10-9 X62W万能铣床梯形图

（四）三菱 FX_{2N} 系列PLC在电镀生产线上的综合应用

1. 电镀工艺要求

电镀生产线有3个槽，工件由可升降吊钩的行车移动，经过电镀、镀液回收、清洗工序，实现对工件的电镀。工艺要求是：工件放入电镀槽中，电镀280s 后提起，停放 28s，让镀液从工件上流回电镀槽，然后放入回收液槽中浸 30s，提起后停15s，再放入清水槽中清洗 30s，最后提起停 15s 后，行车返回原位，电镀一个工件的全过程结束。电镀生产线的工艺流程如图 10-10 所示。

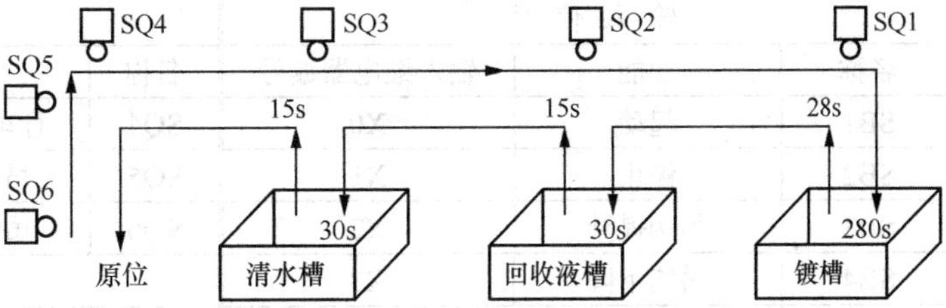

图10-10 电镀生产线工艺流程

2. 控制流程

电镀生产线除装卸工件外，要求整个生产过程能自动进行。同时行车和吊钩的正反向运行均能实现点动控制，以便对设备进行调整和检修。

行车自动运行的控制过程是：行车在原位，吊钩下降到最下方时，行车左限位开关 SQ4、吊钩下限开关 SQ6 被压下动作，操作人员将电镀工件放在挂具上，即准备开始进行电镀。

（1）吊钩上升。按下起动按钮 SBl，使辅助继电 Ml 接通，吊钩提升电机正转，吊钩上升，当碰撞到上限位开关 SQ5 后，吊钩上升停止。

（2）行车前进。在吊钩上升停止的同时，辅助继电器 M2 接通，行车电机正转前进。

（3）吊钩下降。行车前进碰撞到右限位开关 SQl，行车前进停止，同时辅助继电器 M3 接通，吊钩电机反转，吊钩下降。

（4）定时电镀。吊钩下降碰撞到下限位开关 SQ6 动作时，同时辅助继电器 M4 接通，使定时器 T0 定时 280s 电镀。

（5）吊钩上升。T0 定时时间到，辅助继电器 M5 接通，吊钩电机正转，吊钩上升。

（6）定时滴液。吊钩上升碰撞到上限位开关 SQ5 动作时，吊钩停止上升，同时辅助继电器 M6 接通，定时器 T1 定时 28s，工件滴液。

（7）行车后退。T1 定时时间到，辅助继电器 M7 接通，行车电机反转，行车后退，转入下道镀液回收工序。

后面各道工序的顺序动作过程，依此类推。最后行车退回到原位上方，吊钩下放到原位。若再次按下起动按钮 SBl，则开始下一个工作循环。

3. I/O 分配

根据分析，本系统共有输入信号有 14 个，均为开关量。其中各种单操作按钮开关 6 个，行程开关 6 个，自动、手动选择开关 2 个（占两个输入接点）。输出信号 5 个，其中 2 个用于驱动吊钩电机正反转接触器 KM1、KM2，2 个用于驱动行车电机正反转接触器 KM3、KM4，1 个用于原位指示。

将 14 个输人信号、5 个输出信号按各自的功能类型分好，并与 PLC 的 I/O 点一一对应，得出 I/O 分配表如表 10-5 所示。

表 10-5　　　　电镀生产线 I/O 分配表

输入信号			输入信号		
名称	功能	输入继电器编号	名称	功能	输入继电器编号
SB1	起动	X0	SQ4	行车左限位（后退）	X14
SB2	停止	X1	SQ5	吊钩限位（提升）	X15
SB3	吊钩提升	X2	SQ6	吊钩限位（下降）	X16
SB4	吊钩下降	X3	输出信号		
SB5	行车前进	X4	名称	功能	输出继电器编号
SB6	行车后退	X5	HL	原点指示灯	Y0
SA	选择开关（点动）	X6	KM1	提升电动机正转接触器	Y1
SA	选择开关（自动）	X7	KM2	提升电动机反正接触器	Y2
SQ1	行车右限位	X11	KM3	行车电动机正转接触器	Y3
SQ2	回收液槽定位	X12	KM4	行车电动机反转接触器	Y4
SQ3	清水槽定位	X13			

4. 自动方式状态转移图

电镀生产线有自动控制和点动控制，在这里，我们给出用状态转移图表示的自动工作状态转移图，如图 10-11 所示。

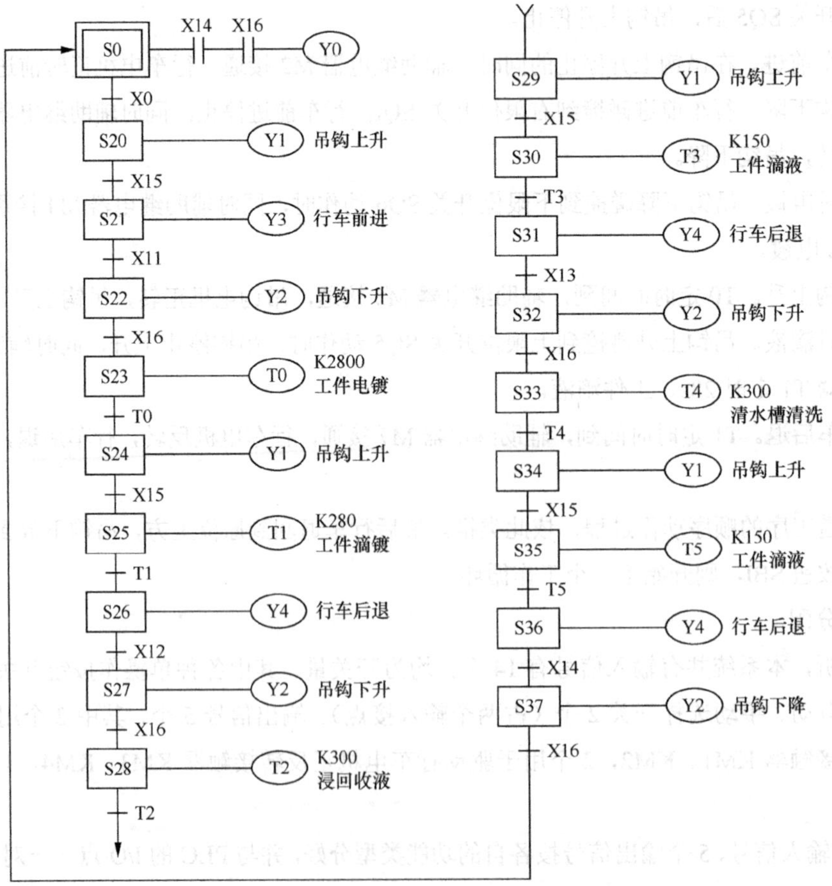

图10-11　电镀生产线自动方式状态转移图

（五）PLC 在 3 层轿外按钮控制电梯中的应用

1. 电梯基本原理

电梯是机械、电气紧密结合的大型机电产品，主要由机房、井道、轿厢、门系统和电气控制系统组成。

井道中安装有导轨，轿厢和对重由曳引钢丝绳连接，曳引钢丝绳挂在曳引轮上，曳引轮由曳引电动机拖动。轿厢和对重都装有各自的导靴，导靴卡在导轨上，曳引轮运转带动轿厢和对重沿各自导轨做上下相对运动，轿厢上升，对重下降。这样可通过控制曳引电动机来控制轿厢的起动、加速、运行、减速、平层停车，实现对电梯运行的控制。图 10-12 所示为 1:1 传动方式电梯的原理示意图。

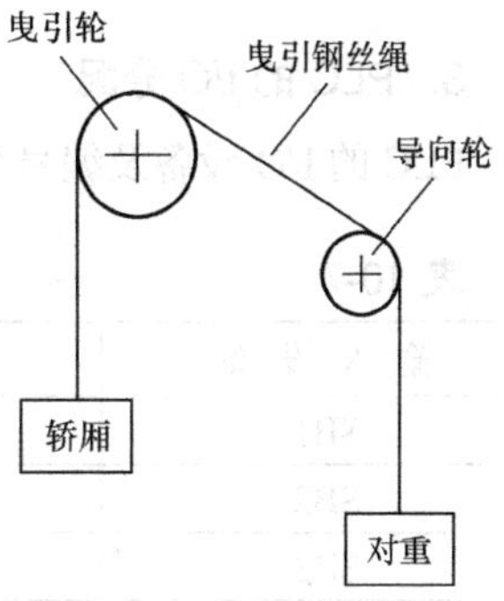

图10-12 电梯传动方式电梯的原理示意图

2. 轿外按钮控制电梯的工作特点及控制要求

轿外按钮控制是电梯控制方式中较为简单的一种。电梯由各楼层厅门口的召唤进行操纵控制，其操纵内容为：召唤呼叫电梯到呼叫层、控制运行方向和停靠楼层。

图 10-13 为 3 层楼电梯的示意图。电梯的上、下运行由曳引电动机拖动，电动机正转电梯上升，反转电梯下降。每层设有召唤按钮 SB1～SB3，召唤指示 HL1～HL3，以及停靠行程开关 SQ1～SQ3。 响应召唤信号，召唤指示灯亮。电梯到达该层，召唤指示灯熄灭。若电梯在运行中任何反向召唤均无效，召唤指示灯不亮。其电梯动作要求如表 10-6 所示。

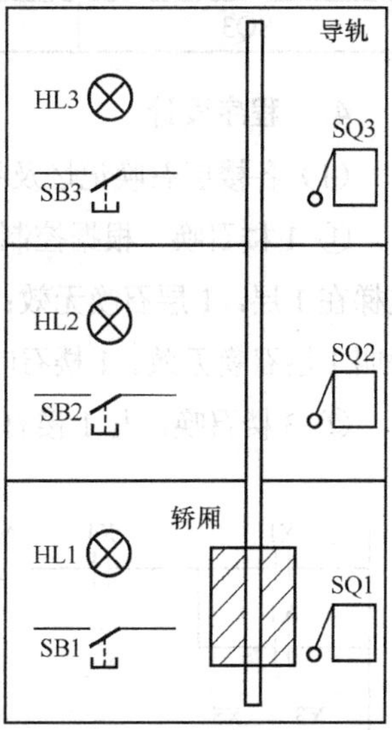

图10-13 3层楼电梯示意图

表 10-6 电梯动作要求表

序号	输入		输出	
	原停靠楼层	召唤楼层	运行方向	运行情况
1	1	3	升	上升到 3 层停
2	2	3	升	上升到 3 层停
3	3	3	停	召唤无效
4	1	2	升	上升到 2 层停
5	2	2	停	召唤无效
6	3	2	降	下降到 2 层停
7	1	1	停	召唤无效
8	2	1	降	下降到 1 层停
9	3	1	降	下降到 1 层停
10	1	2、3	升	先上升到 2 层，暂停 2s 后上升到 3 层停
11	2	先 1 后 3	降	先下降到 1 层停，运行中反向召唤无效
12	2	先 3 后 1	升	先上升到 3 层停，运行中反向召唤无效
13	3	2、1	降	先下降到 2 层，暂停 2s 后下降到 1 层停

3. PLC的I/O分配

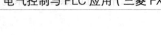

PLC的I/O设备及编号分配如表10-7所示。

表10-7　　　　I/O设备及编号分配

输入设备	输入点编号	输出设备	输出点编号
SB1	X1	HL1	Y1
SB2	X2	HL2	Y2
SB3	X3	HL3	Y3
SQ1	X4	KM1　上升	Y4
SQ2	X5	KM2　下降	Y5
SQ3	X6		

4. 程序设计

（1）各楼层召唤记忆及指示。

① 1楼召唤。根据控制要求，一楼召唤应考虑以下情况：电梯在2层、3层，1层召唤有效；电梯在1层，1层召唤无效；电梯上升，1层呼叫为反向呼叫，1层召唤无效；电梯在2层，3层先呼叫1层召唤无效。1楼召唤控制的梯形图如图10-14所示。

② 3楼召唤。与1楼召唤相似，其控制的梯形图如图10-15所示。

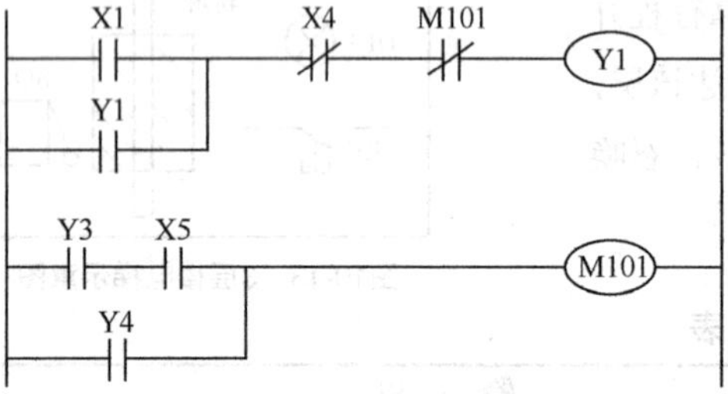

图10-14　1楼召唤控制梯形图

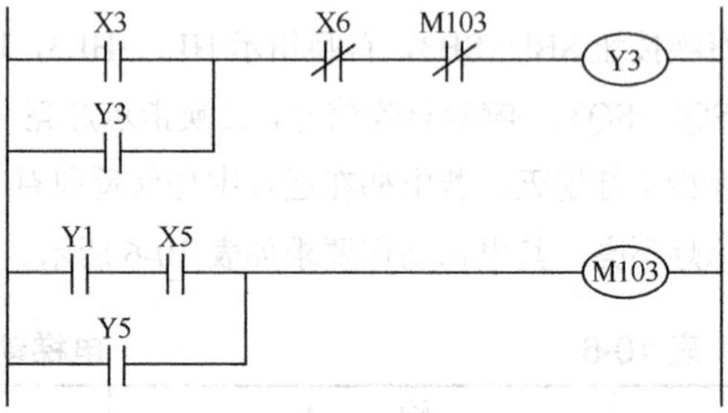

图10-15　3楼召唤控制梯形图

③ 2楼召唤。根据控制要求，2楼召唤需要考虑的因素较多：电梯在1层或3层时，2层召唤有效；当电梯停在2楼时，召唤无效；当电梯从3层下降至2层后继续下降，2层召唤无效，但电梯下降到1层时，2层召唤应变为有效；当电梯从1层上升到达2层后继续上升，2层召唤无效，但电梯上升到3层时，2层召唤应变为有效。2层召唤的梯形图如图10-16所示。

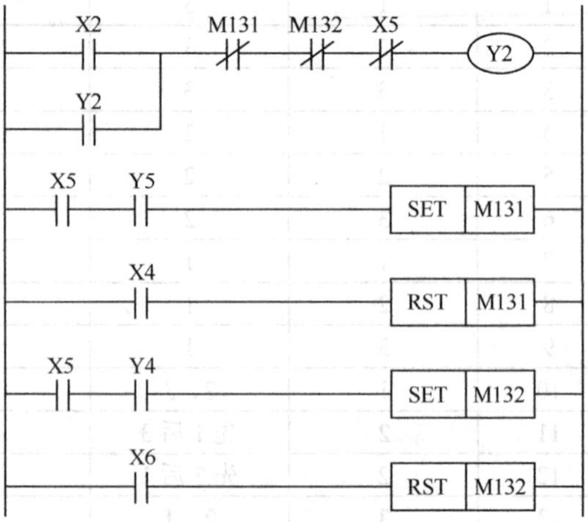

图10-16　2层召唤控制梯形图

（2）电梯的上升、下降运行控制。根据控制要求，上升、下降有以下几种情况。

① 电梯在 1 层，2 层有召唤，Y2 有效，Y4 动作，电梯上升到 2 层停止。

② 电梯在 1 或 2 层，3 层有召唤，Y3 有效，Y4 动作，电梯上升到 3 层停止。

③ 电梯在 1 层，2、3 层有召唤，Y2、Y3 有效，电梯上升到 2 层，暂停 2s 后，再上升到 3 层停止。

④ 电梯在 3 层，2 层有召唤，Y2 有效，Y5 动作，电梯下降到 2 层停止。

⑤ 电梯在 2 或 3 层，1 层有召唤，Y1 有效，Y5 动作，电梯下降到 1 层停止。

⑥ 电梯在 3 层，2 层和 1 层均有召唤，Y2、Y1 均有效，电梯下降到 2 层，暂停 2s 后，再下降到 1 层停止。根据以上运行要求，电梯控制的梯形图如图 10-17 所示。

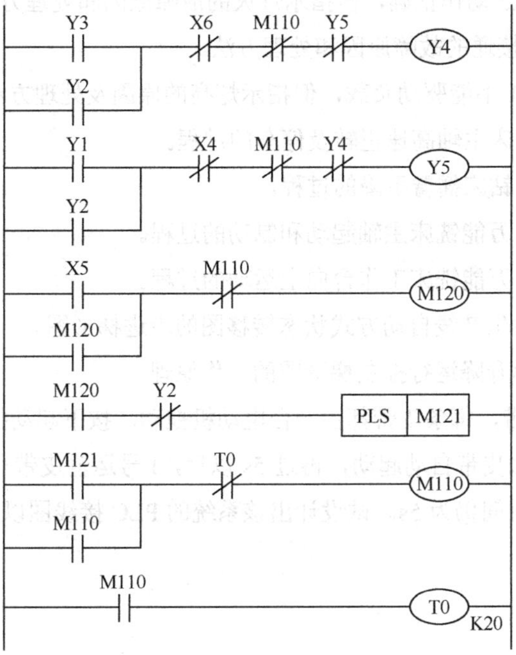

图10-17 电梯升降运行控制梯形图

项目小结

本项目介绍了 PLC 系统可靠性设计的措施和方法，PLC 常见故障及排除方法。PLC 的可靠性很高，但环境的影响及内部元件的老化等因素，也会造成 PLC 不能正常工作。PLC 的故障除电源系统的故障、外环境故障以外，最常见的是输入输出故障。PLC 常见的输入故障有：输入均不接通、PLC 输入全异常、特定输入继电器不接通、输入指示灯不亮、输入随机性动作等；PLC 输出端常见故障有：输出均不能接通、输出均不关断、特定输出继电器不接通、有输出但指示灯不亮等故障。

本项目还重点讲述了三菱 FX 系列 PLC 的综合程序设计。讲述了用三菱 FX_{2N} 系列 PLC 对 T68 卧式镗床、X62W 万能铣床的改造，说明了改造的方案、改造设计了系统的硬件、设计了系统的梯形图，进行了系统的调试。接着讲述了PLC在3层轿外按钮控制电梯中的应用，说明了三层电梯的工作过程，设计了系统的硬件，绘制了系统的软件梯形图，进行了系统的综合运行调试。

习题及思考

1．要保证PLC系统的可靠性，需采用哪些常见措施？

2．简述PLC输入均不接通的故障原因和处理方法。

3．简述PLC输入点X3动作正确，但指示灯灭的故障原因和处理方法。

4．简述PLC输出均不接通的故障原因和处理方法。

5．简述输出继电器Y1不能驱动负载，但指示灯亮的原因及处理方法。

6．分析图10-4 T68镗床主轴高速正转及停车的过程。

7．分析图10-7 Z3040钻床摇臂下降的过程。

8．分析图10-9 X62W万能铣床主轴起动和制动的过程。

9．分析图10-9 X62W万能铣床工作台向上运动的过程。

10．写出图10-11电镀生产线自动方式状态转移图的步进梯形图。

11．分析图10-17电梯升降运行控制梯形图的工作原理。

12．现有3条运输皮带，每条皮带都由一台电动机拖动。按下起动按钮以后，3号运输皮带开始运行。5s以后，2号运输皮带自动起动，再过5s以后，1号运输皮带自动起动。停机的顺序与起动的顺序正好相反，间隔时间仍为5s。试设计出该系统的PLC接线图以及相应的梯形图程序。

附录　FX_{2N} 系列 PLC 功能指令总表

分类	指令编导 FNC	指令助记符	指令格式、操作数（可用软元件）	指令名称及功能简介	D 命令	P 命令
程序流程	00	CJ	[S·]（指针 P0~P127）	条件件跳转； 程序跳转到[S·]P 指针指定处，P63 为 END 步序		O
	01	CALL	[S·]（指针 P0~P127）	调用子程序； 程序调用[S·]P 指针指定的子程序，嵌套 5 层以内		O
	02	SPET		子程序返回； 从子程序返回主程序		
	03	IRET		中断返回主程序		
	04	EI		中断允许		
	05	DI		中断禁止		
	06	FEND		主程序结束		
	07	WDT		监视定时器；顺控指令中执行监视定时器刷新		O
	08	FOR	[S·]（W4）	循环开始； 重复执行开始，嵌套 5 层以内		
	09	NEXT		循环结束，重复执行结束		
传送和比较	010	CMP	[S1·] (W4)　[S2·] (W4)　[D·] (B′)	比较；[S1·]同[S2·]比较→[D·]	O	O
	011	ZCP	[S1·] (W4)　[S2·] (W4)　[S·] (W4)　[D·] (B′)	区间比较；[S·]同[S1·]~[S2·]比较→[D·]，[D·]占 3 点	O	O
	012	MOV	[S·] (W4)　[D·] (W2)	传送；[S·]→[D·]	O	O
	013	SMOV	[S·] (W4)　[*m*1·] (W4″)　[*m*2·] (W4″)　[D·] (W2)　*n* (W4″)	移位传送；[S·]第 *m*1 位开始的 *m*2 个数位移到[D·]的第 *n* 个位置，*m*1、*m*2、*n*=1~4		O
	014	CML	[S·] (W4)　[D·] (W2)	取反；[S·]取反→[D·]	O	O
	015	BMOV	[S·] (W3′)　[D·] (W2′)　*n* (W4″)	块传送；[S·]→[D·]（*n* 点→*n* 点），[S·]包括文件寄存器，*n*≤512		O
	016	FMOV	[S·] (W4)　[D·] (W2′)　*n* (W4″)	多点传送；[S·]→[D·]（1 点~*n* 点）；*n*≤512	O	O
	017	XCH◥	[D1·] (W2)　[D2·] (W2)	数据交换[D1·] ←→ [D2·]	O	O
	018	BCD	[S·] (W3)　[D·] (W2)	求 BCD 码；[S·]16/32 位二进制数转换成 4/8 位 BCD→[D·]	O	O
	019	BIN	[S·] (W3)　[D·] (W2)	求二进制码；[S·]4/8 位 BCD 转换成 16/32 位二进制数→[D·]	O	O

续表

分类	指令编号 FNC	指令助记符	指令格式、操作数（可用软元件）				指令名称及功能简介	D 命令	P 命令
四则运算和逻辑运算	020	ADD	[S1 •] (W4)	[S2 •] (W4)	[D •] (W2)		二进制加法；[S1 •]+[S2 •]→[D •]	O	O
	021	SUB	[S1 •] (W4)	[S2 •] (W4)	[D •] (W2)		二进制减法；[S1 •]−[S2 •]→[D •]	O	O
	022	MUL	[S1 •] (W4)	[S2 •] (W4)	[D •] (W2′)		二进制乘法；[S1•]×[S2•]→[D •]	O	O
	023	DIV	[S1 •] (W4)	[S2 •] (W4)	[D •] (W2′)		二进制除法；[S1•]÷[S2•]→[D •]	O	O
	024	INC◥	[D •](W2)				二进制加 1；[D•]+1→[D•]	O	O
	025	DEC◥	[D •](W2)				二进制减 1；[D•]−1→[D•]	O	O
	026	AND	[S1 •] (W4)	[S2 •] (W4)	[D •] (W2)		逻辑字与：[S1•]∧[S2•]→[D •]	O	O
	027	OR	[S1 •] (W4)	[S2 •] (W4)	[D •] (W2)		逻辑字或：[S1•]∨[S2•]→[D •]	O	O
	028	XOR	[S1 •] (W4)	[S2 •] (W4)	[D •] (W2)		逻辑字异或：[S1•]⊕[S2•]→[D •]	O	O
	029	NEG◥	[D •](W2)				求补码；[D •]按位取反+1→[D •]	O	O
循环移位与移位	030	ROR◥	[D •](W2)	*n* (W4″)			循环右移；执行条件成立，[D•]循环右移 *n* 位（高位→低位→高位）	O	O
	031	ROL◥	[D •](W2)	*n* (W4″)			循环左移；执行条件成立，[D•]循环右移 *n* 位（低位→高位→低位）	O	O
	032	RCR◥	[D •](W2)	*n* (W4″)			带进位循环右移；[D •]带进位循环右移 *n* 位（高位→低位→+进位→高位）	O	O
	033	RCL◥	[D •](W2)	*n* (W4″)			带进位循环左移；[D •]带进位循环左移 *n* 位（低位→高位→+进位→低位）	O	O
	034	SFTR◥	[S •] （B）	[D •] （B′）	*n*1 (W4″)	*n*2 (W4″)	位右移；*n*2 位[S •]右移→*n*1 位的[D •]，高位进，低位溢出		O
	035	SFTL◥	[S •] （B）	[D •] （B′）	*n*1 (W4″)	*n*2 (W4″)	位左移；*n*2 位[S •]左移→*n*1 位的[D •]，低位进，高位溢出		O
	036	WSFR◥	[S •] （W3′）	[D •] （W2′）	*n*1 (W4″)	*n*2 (W4″)	字右移；*n*2 字[S •]右移→[D •]开始的 *n*1 字，高字进，低字溢出		O
	037	WSFL◥	[S •] （W3′）	[D •] （W2′）	*n*1 (W4″)	*n*2 (W4″)	字左移；*n*2 字[S •]左移→[D •]开始的 *n*1 字，低字进，高字溢出		O
	038	SFWR◥	[S •] （W4）	[D •] （W2′）	*n* （W4″）		FIFO 写入；先进先出控制的数据写入，2≤*n*≤512		O
	039	SFRD◥	[S •] （W2′）	[D •] （W2′）	*n* （W4′）		FIFO 读出；先进先出控制的数据读出，2≤*n*≤512		O

续表

分类	指令编导FNC	指令助记符	指令格式、操作数（可用软元件）				指令名称及功能简介	D命令	P命令
数据处理	040	ZRST◥	[D1·]（W1′、B′）	[D2·]（W1′、B′）			成批复位；[D1·]~[D2·]复位，[D1·]<[D2·]		O
	041	DECO◥	[S·]（B、W1、W4″）	[D·]（B′ W1）	n（W4″）		解码；[S·]的n(n=1~8)位二进制数解码为十进制数α→[D·]，使[D·]的第α位为“1”		O
	042	ENCO◥	[S·]（B、W1）	[D·]（W1）	n（W4″）		解码；[S·]的2^n(n=1~8)位中的最高“1”位代表的位数（十进制数）编码为二进制数→[D·]		O
	043	SUM	[S·]（W4）	[D·]（W2）			求置ON位的总和，[S·]中“1”的数目存入[D·]	O	O
	044	BON	[S·]（W4）	[D·]（B′）	n（W4″）		ON位判断；[S·]中第n位为ON时，[D·]为ON（n=0~15）		O
	045	MEAN	[S·]（W3′）	[D·]（W2）	n（W4″）		平均值；[S·]中n点平均值→[D·]（n=1~64）		O
	046	ANS	[S·]（T）	m（K）	[D·]（S）		标志置位；若执行条件为ON，[S·]中定时器定时m ms后，标志位[D·]置位。[D·]为S900~S999		
	047	ANR◥					标志复位；被置位的定时器复位		O
	048	SOR	[S·]（D、W4″）	[D·]（D）			二进制平方根；[S·]平方根值→[D·]	O	O
	049	FLT	[S·]（D）	[D·]（D）			二进制整数与二进制浮点数转换；[S·]内二进制整数→[D·]二进制浮点数	O	O
高速处理	050	REF	[D·]（X、Y）	n（W4″）			输入输出刷新；指令执行，[D·]立即刷新。[D·]为X000，X010，……，Y000，Y010……，n为8，16，…，256		O
	051	REFF	n（W4″）				滤波调整；输入滤波时间调整为$n$ms，刷新X0~X17，n=0~60		O
	052	MTR	[S·]（X）	[D1·]（Y）	[D2·]（B′）	n（W4″）	矩阵输入（使用一次）；n列8点数据以[D1·]输出的选通信号分时将[S·]数据读入[D2·]		
	053	HSCS	[S1·]（W4）	[S2·]（C）	[D·]（B′）		比较置位（高速计数）；[S1·]=[S2·]时，[D·]置位，中断输出到Y，[S2·]为C235~C255	O	
	054	HSCR	[S1·]（W4）	[S2·]（C）	[D·]（B′ C）		比较复位（高速计数）；[S1·]=[S2·]时，[D·]复位，中断输出到Y，[D·]为C时，自复位	O	

续表

分类	指令编号FNC	指令助记符	指令格式、操作数（可用软元件）				指令名称及功能简介	D命令	P命令
高速处理	055	HSZ	[S1·]（W4）	[S2·]（W4）	[S·]（C）	[D·]（B′）	区间比较（高速计数）；[S·]与[S1·]~[S2·]比较，结果驱动[D·]	O	
	056	SPD	[S1·]（X0~X5）	[S2·]（W4）	[D·]（W1）		脉冲密度：在[S2·]时间内，将[S1·]输入的脉冲存入[D·]		
	057	PLSY	[S1·]（W4）	[S2·]（W4）	[D·]（Y0 或 Y1）		脉冲密度：在[S2·]时间内，将[S1·]的频率从[D·]送出[S2·]个脉冲；[S1·]：1~1000Hz	O	
	058	PWM	[S1·]（W4）	[S2·]（W4）	[D·]（Y0 或 Y1）		脉宽调制（使用一次）；输出周期[S2·]、脉冲宽度[S1·]的脉冲至[D·]。周期为 1~32767ms，脉宽为 1~32767ms		
	059	PLSR	[S1·]（W4）	[S2·]（W4）	[S3·]（W4）	[D·]（Y0 或 Y1）	可调速脉冲输出（使用一次）；[S1·]最高频率：10~20000Hz；[S2·]总输出脉冲数；[S3·]增减速时间：5000ms 以下；[D·]：输出脉冲	O	
便利指令	060	IST	[S·]（X、Y、M）	[D1·]（S20~S899）	[D2·]（S20~S899）		状态初始化（使用一次）；自动控制步进顺近代中的状态初始化。[S·]为运行模式的初始输入；[D1·]为自动模式中的实用状态的最小号码；[D2·]为自动模式中的实用状态的最大号码		
	061	SER	[S1·]（W3′）	[S2·]（C′）	[D·]（W2′）	*n*（W4″）	查找数据；检索以[S1·]为起始的 *n* 个与[S2·]相同的数据，并将其个数存于[D·]	O	O
	062	ABSD	[S1·]（W3′）	[S2·]（C′）	[D·]（B′）	*n*（W4″）	绝对值式凸轮控制（使用一次）；对应[S2·]计数器的当前值，输出[D·]开始的 *n* 点由[S1·]内数据决定的输出波形		
	063	INCD	[S1·]（W3′）	[S2·]（C）	[D·]（B′）	*n*（W4″）	增量式凸轮顺控（使用一次）；对应[S2·]的计数器当前值，输出[D·]开始的 *n* 点由[S1·]内数据决定的输出波形。[S2·]的第二个计数器统计复位次数		
	064	TIMR	[D·]（D）	*n*（0~2）			示教定时器；用[D·]开始的第二个数据寄存器测定执行条件 ON 的时间，乘以 *n* 指定的倍率存入[D·]，*n* 为 0~2		

续表

分类	指令编号FNC	指令助记符	指令格式、操作数（可用软元件）					指令名称及功能简介	D命令	P命令
便利指令	065	STMR	[S·]（T）	n（W4″）	[D·]（B′）			特殊定时器；m指定的值作为[S·]指定定时器的设定值，使[D·]指定的4个器件构成延时断开定时器、输入ON→OFF后的脉冲定时器、输入OFF→ON后的脉冲定时器、滞后输入信号向相反方向变化的脉冲定时器		
	066	ALT◥	[D·]（B′）					交替输出；每次执行条件由OFF→ON的变化时，[D·]由OFF→ON、ON→OFF……交替输出	O	
	067	RAMP	[S1·]（D）	[S2·]（D）	[D·]（B′）	n（W4″）		斜坡信号[D·]的内容从[S1·]的值到[S2·]的值慢慢变化，其变化时间为n个扫描周期。n:1~32767		
	068	ROTC	[S·]（D）	m1（W4″）	m2（W4″）	[D·]（B′）		旋转工作台控制（使用一次）；[S·]指定开始的D为工作台位置检测计数寄存器，其次指定的D为取出位置号寄存器，再次指定的D为要取工件号寄存器，m1为分度区数，m2为低速运行行程。完成上述设定，指令就自动在[D·]指定输出控制信号		
	069	SORT	[S·]（D）	m1（W4″）	m2（W4″）	[D·]（D）	n（W4″）	表数据排序（使用一次）；[S·]为排序表的首地址，m1为行号，m2为列号。指令将以n指定的列号，将数据从小开始进行整理排列，结果存入以[D·]指定的为首地址的目标元件中，形成新的排序表；m1:1~32,m2:1~6,n:1~m2		
外部机器I/O	070	TKY	[S·]（B）	[D1·]（W2′）	[D2·]（B′）			十键输入（使用一次）；以[D1·]为选通信号，顺序将[S·]，每按一次键，其键号依次存入[D1·]，[D2·]指定的位元件依次为ON	O	
	071	HKY	[S·]（X）	[D1·]（Y）	[D2·]（W1）	[D3·]（B′）		十六键输入（使用一次）；以[D1·]为选通信号，顺序将[S·]所按键号存入[D2·]，每次按键以BIN码存入，超出上限9999，溢出；按A~F键，[D3·]指定位元件依次为ON	O	

续表

分类	指令编号FNC	指令助记符	指令格式、操作数（可用软元件）				指令名称及功能简介	D命令	P命令
	072	DSW	[S・]（X）	[D1・]（Y）	[D2・]（W1）	*n*（W4″）	数字开关（使用二次）；四位一组（*n*=1）或四位二组（*n*=2）BCD 数字开关由[S・]输入，以[D1・]为选通信号，顺序将[S・]所键入数字送到[D2・]		
	073	SEGD	[S・]（W4）		[D・]（W2）		七段码译码：将[S・]低四位指定的 0~F 的数据译成七段码显示的数据格式存入[D・]，[D・]高 8 位不变		O
	074	SEGL	[S・]（W4）	[D・]（X）	*n*（W4″）		带锁存七段码显示（使用二次），四位一组（*n*=0~3）或四位二组（*n*=0~7）七段码，由[D・]的第 2 四位为选通信号，顺序显示由[S・]经[D・]的第 1 四位或[D・]的第 3 四位输出的值		O
外部机器I/O	075	ARWS	[S・]（B）	[D1・]（W1）	[D2・]（Y）	*n*（W4″）	方向开关（使用一次）；[S・]指定位移位与各位数值增减用的箭头开关，[D1・]指定的元件中存放显示的二进制数，根据[D2・]指定的第 2 个四位输出的选通信号，依次从[D2・]指定的第 1 个四位输出显示。按位移开关，顺序选择所要显示位；按数值增减开关，[D1・]数值由 0~9 或 9~0 变化。*n* 为 0~3，选择选通位		
	076	ASC	[S・]（字母数字）		[D・]（W1′）		ASCII 码转换[S・]存入微机输入 8 个字节以下的字母数字。指令执行后，将[S・]转换为 ASC 码后送到[D・]		
	077	PR	[S・]（W1′）		[D・]（Y）		ASCII 码打印（使用二次）；将[S・]的 ASC 码→[D・]		
	078	FROM	*m*1（W4″）	*m*2（W4″）	[D・]（W2）	*n*（W4″）	BFM 读出；将特殊单元缓冲存储器（BMF）的 *n* 点数据读到[D・]；*m*1=0~7，特殊单元特殊模块号；*m*2=0~31，缓冲存储器（BFM）号码；*n*=1~32，传送点数	O	O
	079	TO	*m*1（W4″）	*m*2（W4″）	[S・]（W4）	*n*（W4″）	写入 BFM；将可编程控制器[S・]的 *n* 点数据写入特殊单元缓冲存储器（BFM），*m*1=0~7，特殊单元模块号；*m*3=0~31，缓冲存储器（BFM）号码；*n*1=0~32，传送点数	O	O

续表

分类	指令编导 FNC	指令助记符	指令格式、操作数（可用软元件）				指令名称及功能简介	D命令	P命令
外部机器SER	080	RS	[S·]（D）	*m*（W4″）	[D·]（D）	*n*（W4″）	串行通信传递；使用功能扩展板进行发送接收串行数据。[S·]*m* 点为发送地址，[D·]*n* 点为接收地址。*m*、*n*：0~256		
	081	PRUN	[S·]（KnM、KnX）（*n*=1~8）		[D·]（KnY、KnM）（*n*=1~8）		八进制位传送；[S·]转换为八进制，送到[D·]	O	O
	082	ASCI	[S·]（W4）	[D·]（W2′）	*n*（W4″）		HEX→ASCII 变换；将[S·]内 HEX（十六进）制数据的各位转换成 ASCII 码向[D·]的高低 8 位传送。传送的字符数由 *n* 指定，*n*：1~256		O
	083	HEX	[S·]（W4′）	[D·]（W2）	*n*（W4″）		ASCII→HEX 变换；将[S·]内高低 8 位的 ASCII（十六进制）数据的各位转换成 ASCII 码向[D·]的高低 8 位传送。传送的字符数由 *n* 指定，*n*：1~256		O
	084	CCD	[S·]（W3′）	[D·]（W1″）	*n*（W4″）		检验码；用于通信数据的校验。以[S·]指定的元件为起始的 *n* 点数据，将其高低 8 位数据的总和检验检查[D·]与[D·]+1 的元件		O
	085	VRRD	[S·]（W4″）		[D·]（W2）		模拟量输入；将[S·]指定的模拟量设定模板的开关模拟值 0~255 转换为 8 位 BIN 传送到[D·]		O
	086	VRRC	[S·]（W4″）		[D·]（W2）		模拟量开关设定[D·]指定折开关刻度 0~10 转换为 8 位 BIN 传送到[D·]。[S·]：开关号码 0~7		O
	087								
	088	PID	[S1·]（D）	[S2·]（D）	[S3·]（D）	[D·]（D）	PID 回路运算；在[S1·]设定目标值；在[S2·]设定测定当前低；在[S3·]~[S3·]+6 设定控制参数值；执行程序时，运算结果被存入[D·]。[S3·]：D0~D975		
	089								
浮点运算	110	ECMP	[S1·]	[S2·]	[D·]		二进制浮点比较；[S1·]与[S2·]比较→[D·]	O	O
	111	EZCP	[S1·]	[S2·]	[S·]	[D·]	二进制浮点区域比较；[S1·]与[S2·]区间与[S·]比较→[D·]。[D·]占 3 点，[S1·]<[S2·]	O	O

续表

分类	指令编导FNC	指令助记符	指令格式、操作数（可用软元件）	指令名称及功能简介	D命令	P命令
浮点运算	118	EBCD	[S・] [D・]	二进制浮点转换十进制浮点；[S・]转换为十进制浮点→[D・]	O	O
	119	EBIN	[S・] [D・]	十进制浮点转换二进制浮点；[S・]转换为二进制浮点→[D・]	O	O
	120	EADD	[S1・] [S2・] [D・]	二进制浮点加法；[S1・]+[S2・]→[D・]	O	O
	121	ESUB	[S1・] [S2・] [D・]	二进制浮点减法；[S1・]-[S2・]→[D・]	O	O
	122	EMUL	[S1・] [S2・] [D・]	二进制浮点乘法；[S1・]×[S2・]→[D・]	O	O
	123	EDIV	[S1・] [S2・] [D・]	二进制浮点除法；[S1・]÷[S2・]→[D・]	O	O
	127	ESOR	[S・] [D・]	开方；[S・]开方→[D・]	O	O
	129	INT	[S・] [D・]	二进制浮点→BIN整数转换；[S・]转换BIN整数→[D・]	O	O
	130	SIN	[S・] [D・]	浮点SIN运算；[S・]角度的正弦→[D・]。0°≤角度<360°	O	O
	131	COS	[S・] [D・]	浮点COS运算；[S・]角度的余弦→[D・]。0°≤角度<360°	O	O
	132	TAN	[S・] [D・]	浮点TAN运算；[S・]角度的正切→[D・]。0°≤角度<360°	O	O
数据处理2	147	SWAP	[S・]	高底位变换；16位时，低8位与高8位交换；32位时，各个低8位与高8位交换		O
时钟运算	160	TCMP	[S1・] [S2・] [S3・] [S・] [D・]	时钟数据比较；指定时刻[S・]与时钟数据[S1・]时[S2・]分[S3・]秒比较，比较结果在[D・]显示。[D・]占有3点		O
	161	TZCP	[S1・] [S2・] [S・] [D・]	时钟数据区域比较；指定时刻[S・]与时钟数据区域[S1・]～[S2・]比较，比较结果在[D・]显示。[D・]点有3点。[S1・]≤[S2・]		O
	162	TADD	[S1・] [S2・] [D・]	时钟数据加法；以[S2・]起始的3点时刻数据加上存入[S1・]起始的3点时刻数据，其结果存入以[D・]起始的3点中		O

续表

分类	指令编号 FNC	指令助记符	指令格式、操作数（可用软元件）			指令名称及功能简介	D 命令	P 命令
时钟运算	163	TSUB	[S2・]	[S2・]	[D・]	时候数据减法；以 [S2・] 起始的 3 点时刻数据加上存入 [S1・] 起始的 3 点时刻数据，其结果存入以 [D・] 起始的 3 点中		O
	166	TRD	[D・]			时钟数据读出；将内藏的实时时钟的数据在 [D・] 点有的 7 点读出		O
	167	TWR	[S・]			时钟数据写入；将 [S・] 点有的 7 点数据写入内藏的实时时钟		O
格雷码转换	170	GRY	[S・]	[D・]		格雷码转换；将 [S・] 格雷码转换为二进制值，存入 [D・]	O	O
	171	GBIN	[S・]	[D・]		格雷码逆变换；将 [S・] 二进制值转换为格雷码，存入 [D・]	O	O
接点比较	224	LD=	[S1・]	[S2・]		触点形比较指令；连接母线形接点，当 [S1・] = [S2・] 时接通	O	
	225	LD>	[S1・]	[S2・]		解点形比较指令；连接母线接点，当[S1・]>[S2・]时接通	O	
	226	LD<	[S1・]	[S2・]		触点形比较指令；连接母线形接点，当 [S1・] < [S2・] 时接通	O	
	228	LD<>	[S1・]	[S2・]		触点形比较指令；连接母线形接点，当 [S1・] <> [S2・] 时接通	O	
	229	LD≤	[S1・]	[S2・]		触点形比较指令；连接母线形接点，当 [S1・] <> [S2・] 时接通	O	
	230	LD≥	[S1・]	[S2・]		触点形比较指令；连接母线形接点，当 [S1・] <> [S2・] 时接通	O	
	232	AND=	[S1・]	[S2・]		触点形比较指令，串联形接点，当[S1・]<>[S2・]时接通	O	
	233	AND>	[S1・]	[S2・]		触点形比较指令，串联形接点，当[S1・]<>[S2・]时接通	O	
	234	AND<	[S1・]	[S2・]		触点形比较指令，串联形接点，当[S1・]<>[S2・]时接通	O	
	236	AND<>	[S1・]	[S2・]		触点形比较指令，串联形接点，当[S1・]<>[S2・]时接通	O	

续表

分类	指令编导FNC	指令助记符	指令格式、操作数（可用软元件）		指令名称及功能简介	D命令	P命令
	237	AND≤	[S1·]	[S2·]	触点形比较指令，串联形接点，当[S1·]<>[S2·]时接通	O	
	238	AND≥	[S1·]	[S2·]	触点形比较指令，串联形接点，当[S1·]<>[S2·]时接通	O	
	240	OR=	[S1·]	[S2·]	触点形比较指令，并联形接点，当[S1·]<>[S2·]时接通	O	
接点比较	241	OR>	[S1·]	[S2·]	触点形比较指令，并联形接点，当[S1·]<>[S2·]时接通	O	
	242	OR<	[S1·]	[S2·]	触点形比较指令，并联形接点，当[S1·]<>[S2·]时接通	O	
	244	OR<>	[S1·]	[S2·]	触点形比较指令，并联形接点，当[S1·]<>[S2·]时接通	O	
	245	OR≤	[S1·]	[S2·]	触点形比较指令，并联形接点，当[S1·]<>[S2·]时接通	O	
	246	OR≥	[S1·]	[S2·]	触点形比较指令，并联形接点，当[S1·]<>[S2·]时接通	O	

注：表中D命令栏中有“O”的表示可以是32位的指令；P命令栏中有“O”的表示可以是脉冲执行型的指令。